Volker Buddensiek
Sukkulente Euphorbien

Volker Buddensiek

Sukkulente Euphorbien

67 Farbfotos
27 Zeichnungen

VERLAG
EUGEN
ULMER

Titelfoto: *Euphorbia obesa*.
Umschlagrückseite: *Euphorbia atropurpurea*.
Farbfoto Seite 2: *Euphorbia aureoviridiflora*.

Die Deutsche Bibliothek – CIP-Einheitsaufnahme

Buddensiek, Volker:
Sukkulente Euphorbien / Volker Buddensiek. –
Stuttgart (Hohenheim) : Ulmer, 1998
ISBN 3-8001-6634-8

Das Werk einschließlich aller seiner Teile ist urheberrechtlich geschützt. Jede Verwertung außerhalb der engen Grenzen des Urheberrechtsgesetzes ist ohne Zustimmung des Verlages unzulässig und strafbar. Das gilt insbesondere für Vervielfältigungen, Übersetzungen, Mikroverfilmungen und die Einspeicherung und Verarbeitung in elektronischen Systemen.

© 1998 Eugen Ulmer GmbH & Co.
Wollgrasweg 41, 70599 Stuttgart (Hohenheim)
Printed in Germany
Lektorat: Agnes Pahler
Textbearbeitung: Birgit Fiebiger, Cornelia Fritsch
Herstellung: Jürgen Sprenzel
Einbandgestaltung: Alfred Krugmann, Freiberg am Neckar,
mit Fotos von Eberhard Morell, Dreieich (Titelfoto),
und Volker Buddensiek, Stadthagen (Umschlagrückseite)
Satz: Dörr + Schiller GmbH, Stuttgart
Druck und Bindung: Friedrich Pustet, Regensburg

Vorwort

Begeisterung beginnt oft unvorhergesehen. Vor über zwanig Jahren stöberte ich als angehender Biologiestudent durch die Gewächshäuser der Universität Hannover. Dabei fiel mir eine kleine Pflanze auf, deren kompakter Stamm in eigenartigem Kontrast zu ihrer großen Blattrosette stand. Fasziniert von ihrem ungewöhnlichen Aussehen erstand ich das mit *Euphorbia leuconeura* beschriftete Pflänzchen. Zu Hause fand ich für meine Neuerwerbung nur noch eine Lücke auf der Fensterbank in der zweiten Reihe. Dort stand sie zwischen Mäusedorn und Dieffenbachie und begann bald, ihre Blätter gelb zu färben. Da die Pflanze der trockenen Heizungsluft ausgesetzt war, meinte ich, ich müsse sie oft und reichlich gießen – und brachte sie damit fast um. Glücklicherweise habe ich aber noch rechtzeitig den Gärtner gefragt, warum es ihr bei mir so schlecht gehe. Der erklärte mir, daß Euphorbien die idealen Zimmerpflanzen seien, weil sie mit wenig Wasser auskommen, das trocken-warme Klima geheizter Räume ertragen und keine kalte Überwinterung brauchen wie die Kakteen. So erhielt ich meine erste Lektion in Euphorbien-Pflege.

Bald danach entdeckte ich eine Pflanze, die völlig anders aussah. Klein, fast kugelig, stachelig: *Euphorbia polygona*. Erstaunt las ich auf dem Steckschild, daß auch dies ein Mitglied der Wolfsmilchgewächse war. Ich schaute auf dem Tisch des Gartencenters herum und entdeckte noch weitere Vertreter der Gattung. Die Unterschiede in der Gestalt weckten meine Neugier: Was waren das für Pflanzen, die so verschiedene Wuchsformen entwickelt hatten? Natürlich nahm ich einige kleine Töpfe mit.

Seither kann ich kaum an einer Gärtnerei vorbeigehen, ohne mich nach Euphorbien umzuschauen. Längst haben sie alle Fensterbänke für sich erobert. Und nach einer Phase, in der nur noch zusätzlich in die Fenster eingezogene Bretter die Töpfe aufzunehmen vermochten, mußte schließlich ein Gewächshaus her.

Der Formenreichtum der Euphorbien fasziniert mich heute noch wie damals, kulturgeschichtliche und medizinische Aspekte sind ebenso hinzugekommen, wie die Beschäftigung mit Problemen des Artenschutzes und der Wunsch, die Pflanzen zu vermehren. Zu beobachten, wie aus einem winzigen Keimling ein kleines Medusenhaupt heranwächst, kann innere Ruhe und Zufriedenheit verleihen. Der Hobbygärtner lernt so ganz unmittelbar, den inneren Rhythmus der Pflanzen zu beachten und daß alle Arbeiten ihre eigene Zeit haben.

Den Lesern dieses Buches wünsche ich, daß sie ebensoviel Freude an Euphorbien finden mögen, wie diese Pflanzen mir bereitet haben.

Stadthagen,
Frühjahr 1998   Volker Buddensiek

Euphorbia caput-medusae.

Inhaltsverzeichnis

Vorwort 5

Allgemeiner Teil

Von Sukkulenten und „anderen Sukkulenten" 8
Was sind Sukkulenten? 8
Was sind Euphorbien? 10

Kulturhistorische Bedeutung 16
Pflanzen mit Geschichte 16
Achtung giftig! 19
Verwendung in der Volksmedizin 21

Botanische Systematik und Morphologie 23
Stellung im Pflanzenreich 23
Morphologie der Gattung *Euphorbia* 23
    Blüte 23
    Früchte 26
    Gliederung der Vielfalt sukkulenter Euphorbien 27
Wuchsformen 32

Kulturhinweise 39
Grundsätzliches 39
Licht 41
Substrat und Düngung 42
Wasserversorgung und Gießen 44
Temperatur 47
Empfindliche Arten 47

Vermehrungsmethoden 49
Samengewinnung und Aussaat 49
Stecklinge 52
Pfropfen 54

Pflanzenschutz 56
Krankheiten und Schädlinge 56
    Wurzelfäule 56
    Mehltau 56
    Spitzentrockenheit 57
    Weiße Fliege 57
    Woll- oder Schmierläuse 58
    Wurzelläuse 58
    Trauermücken 59
    Thripse 59
    Spinnmilben „Rote Spinne" 60
    Nematoden 60
Behandlungsmethoden 60

Artenschutz 63
Persönliche Verantwortung des Sammlers 63
Internationaler und nationaler Schutz 65

Systematischer Teil

Arten von A–Z 68
Artenliste mit Synonymen 156

Literaturhinweise 169
Wichtige Adressen 172
Bildquellen 172
Register 174

Von Sukkulenten und „anderen Sukkulenten"

Was sind Sukkulenten?

Als „Sukkulente" wird von Botanikern ein Pflanzentypus bezeichnet, der sich auf ganz besondere Weise an das Leben im trockenheißen Klima von Trockenwald, Steppe, Halbwüste oder Wüste angepaßt hat. Alle Pflanzen, die an diesen Standorten überleben, haben im Laufe ihrer Evolution die Fähigkeit entwickelt, auf die eine oder andere Art die dort herrschenden klimatischen Bedingungen zu ertragen – und das heißt zu allererst, daß sie in der Lage sein müssen, regelmäßig oder unregelmäßig eintretende Trockenperioden zu überstehen.

Die jeweiligen Anpassungsmerkmale erlauben es, diese allgemein als Trockenpflanzen (botanisch **Xerophyten**) bezeichneten Arten in einige wenige Gruppen zusammenzufassen.

So übersteht eine Gruppe von Trockenpflanzen Dürrezeiten als Samen (sogenannte **Therophyten**) oder – wie zum Beispiel Zwiebelgewächse – durch unterirdische Überdauerungsorgane (**Geophyten**). Einen anderen Weg haben viele Steppen- und Savannengräser oder auch die Hartlaubgewächse sommerwarmer Gebiete beschritten, die Wasserverluste durch Umgestaltung der Blätter reduziert haben und sich zugleich durch vermehrte Ausbildung von Festigungsgewebe gegen Welkeschäden schützen; Pflanzen dieses Typus werden als **Sklerophylle** bezeichnet. Bei einer vierten Gruppe, den **Malakophyllen**, kommt es dagegen zu einem Welken der weichen, oft dicht behaarten Blätter. Durch Blattabwurf können diese Pflanzen ihre Oberfläche stark reduzieren. Zahlreiche Gewürzkräuter wie Thymian, Lavendel oder Salbei gehören in diese Gruppe.

Sukkulenten haben schließlich einen weiteren Weg beschritten, um Trockenperioden zu überstehen:
– Häufig haben sukkulente Pflanzen ihre Blätter verkleinert oder zurückgebildet, um Wasserverluste durch Verdunstung zu vermindern. Als weitere Anpassung wurde die Körperoberfläche im Verhältnis zur Körpermasse reduziert. So entstanden gedrungene Pflanzen, die im Idealfall – zum Beispiel bei einer Reihe von Kakteen, aber auch bei Wolfsmilchgewächsen wie *Euphorbia obesa* – eine fast perfekte Kugelform erreichen, bei der ein Maximum an Körpermasse einem Minimum an Körperoberfläche gegenübersteht.

Da mit einer Reduktion der Blattspreite aber zugleich die Fläche verkleinert wird, die für die lebenswichtige Photosynthese der Pflanzen zu Verfügung steht, hat sich der Blattgrund, das heißt die Verbindung zwischen Sproß und Blattstiel, häufig zu warzen- oder höckerförmigen Podarien verdickt. In vielen Fällen sind diese Erhebungen in spiraligen Reihen angeordnet, in einem weiteren Schritt können sie zu Kanten oder Rippen verschmolzen sein. Stamm und (soweit nicht ebenfalls der Oberflächen-Reduzierung zum Opfer ge-

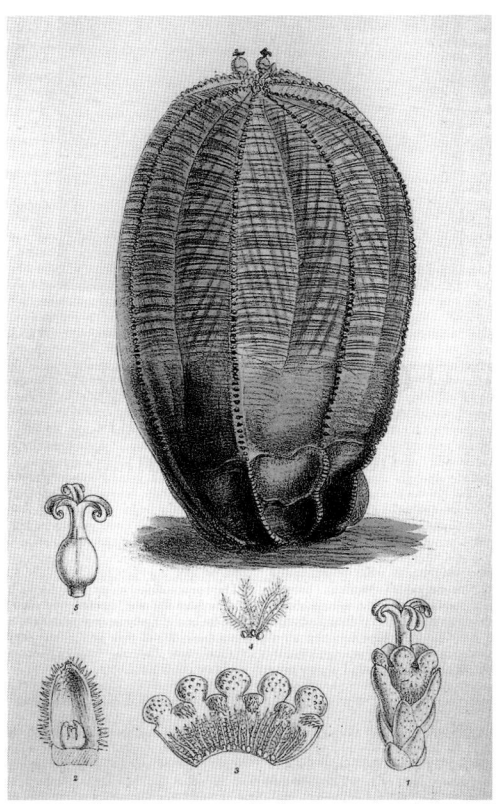

Euphorbia obesa (Connell 1940).

fallen) Zweige übernehmen dann die Aufgabe der Energiegewinnung durch Photosynthese.
– Ein weiterer Verdunstungsschutz kann erreicht werden, indem die Körperoberfläche gewissermaßen „wasserdicht" gemacht wird. Dazu scheiden etliche Sukkulenten eine Wachsschicht auf der Oberfläche ab, die als weißlicher Belag mehr oder weniger deutlich zutage tritt. Bei *E. abdelkuri* läßt sie die gesamte Pflanze gleichmäßig graugrün und wie mit geschmolzenem Wachs überzogen aussehen. Aber auch eine dichte Bedornung kann sowohl über die Beschattung der Oberfläche als auch durch die Schaffung einer windstillen Pufferschicht unmittelbar um die Pflanze herum zu einer Abnahme der Verdunstungsverluste führen.
– Gleichzeitig mit diesen Anpassungen der Gestalt erfolgte die Entwicklung von speziellen Speicherorganen. Um Dürrezeiten unbeschadet überstehen zu können, müssen die Pflanzen der Trockengebiete nach Regenfällen Wasser schnell aufnehmen und über lange Monate speichern können. Paradoxerweise sind diese Pflanzen der trockenen Standorte also besonders wasserreich (das lateinische Wort *succulentus* bedeutet denn auch „saftreich"). Sukkulente Pflanzen können zu 90 bis 95 Prozent aus Wasser bestehen und werden darin nur von Wasserpflanzen (95 bis 98 Prozent Wasser) übertroffen; unsere heimischen, an regelmäßige Niederschläge angepaßten Kräuter bestehen dagegen lediglich zu 70 bis 80 Prozent aus Wasser, frische Kartoffeln zum Vergleich zu etwa 75 Prozent.

Als Wasserspeicher können grundsätzlich alle Organe der Pflanzen dienen. Bei Agaven, Aloen, Mittagsblumen und Dickblattgewächsen sind es die Blätter, die der Wasserspeicherung dienen und teilweise ein spezielles Speichergewebe ausbilden. Bei vielen Wolfsmilchgewächsen und Kakteen werden Teile des Sprosses zum Wasserspeicher. Bei anderen Sukkulenten, aber auch bei etlichen Euphorbien, ist das Speichergewebe ganz oder teilweise in den Wurzelbereich verlagert.
– Solche „saftigen" Pflanzenteile sind natürlich besonders gefährdet, in Trockenzeiten von durstigen Tieren als willkommene Wasserquelle betrachtet zu werden. Zu ihrem Schutz haben sich daher viele sukkulente Pflanzen „bewaffnet": Sie haben Dornen ausgebildet, die es hungrigen Mäulern verleiden sollen, ihnen zu nahe

Euphorbia abdelkuri.

zu kommen. Ein solcher Schutz ist jedoch nur eingeschränkt wirksam, vor allem Insekten lassen sich aufgrund ihrer geringen Größe durch die Dornen nicht schrecken. Wolfsmilchgewächse sind daher einen Schritt weitergegangen und haben sich als biochemische Verteidigung einen teilweise hochgiftigen Milchsaft zugelegt.

Die bekanntesten und bei Pflanzenfreunden wohl auch verbreitetsten Beispiele für sukkulente Pflanzen sind Kakteen. Ihre Heimat sind die Trockengebiete der Neuen Welt. In den Trockengebieten der Alten Welt, das heißt überwiegend in Afrika, in Teilen von Madagaskar, aber auch auf der Arabischen Halbinsel und in den Trockengebieten Asiens, wird diese ökologische Nische teilweise von den Wolfsmilchgewächsen und anderen Sukkulenten besetzt. Trotz vieler Ähnlichkeiten sind Kakteen und Euphorbien jedoch nicht miteinander verwandt. Vielmehr hat die Anpassung an die extremen Bedingungen ihrer Standorte hier wie dort zu ähnlichen Lösungen geführt – eine Erscheinung, die von Biologen als Konvergenz bezeichnet wird.

Allerdings gibt es auch wichtige Unterschiede zwischen beiden Pflanzengruppen. So haben Kakteen ihre Dornen in der Regel durch Umwandlung ihrer Blätter entwickelt, die jeweils einem umgewandelten Kurztrieb angehören und in Gruppen einem Haarkissen aufsitzen, das in seiner Gesamtheit als **Areole** bezeichnet wird. Sukkulente Wolfsmilchgewächse dagegen entwickeln fast alle noch echte Laubblätter, auch wenn diese gelegentlich klein und schuppenartig reduziert sind oder nach erfolgtem Austrieb rasch abgeworfen werden. Ihre Dornen haben sich aus Nebenblättern, aus verholzenden Blütenstandsstielen oder verholzenden Zweigen entwickelt. Auch in der Form und der Entwicklung ihrer Blüten und Früchte unterscheiden sich beide Familien.

Ein unsicheres Unterscheidungsmerkmal ist dagegen der Besitz von Milchsaft, da auch einige wenige Kakteenarten existieren, die Milchsaft führen.

Was sind Euphorbien?

Weltweit werden Arten aus etwa 50 Pflanzenfamilien, die sich den Bedingungen von Steppen, Halbwüsten oder Wüsten angepaßt haben, den sukkulenten Pflanzen zugerechnet. Die Vielfalt der Gestalten, die sich dort unter dem Anpassungsdruck dieser unwirtlichen Standorte entwickelte, ent-

Euphorbia canariensis ▷

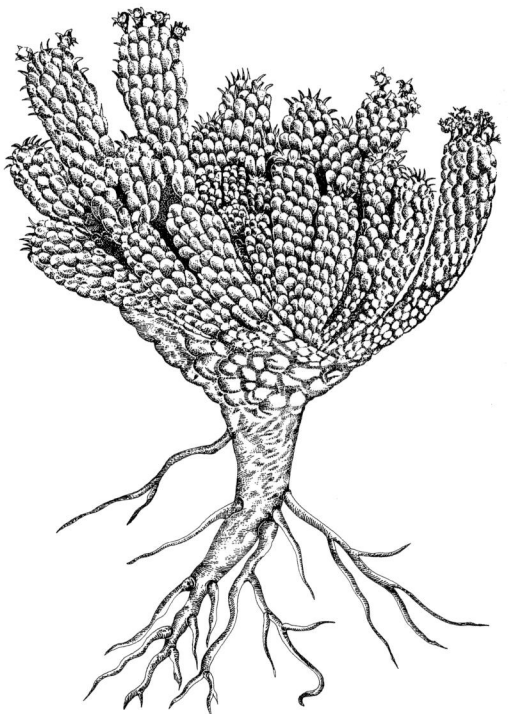

Euphorbia caput-medusae (Burmann 1738).

zieht sich jeder Beschreibung; sie hat seit jeher viele Pflanzenfreunde fasziniert.

Lange Zeit waren Kakteen unzweifelhaft die beliebtesten sukkulenten Pflanzen – und sie sind es wohl heute noch. In den letzten Jahren hat sich aber unter Pflanzenfreunden immer weiter der Wunsch nach etwas Neuem und zugleich Ausgefallenem verbreitet – nach Pflanzen, die nicht jeder besitzt. Dieser Wunsch wurde von Züchtern und vom Pflanzenhandel schnell aufgenommen, und so entstand als ein neues Betätigungsfeld der Bereich der „anderen Sukkulenten".

Den Wunsch nach wirklich ungewöhnlichen Pflanzen erfüllen unter den „anderen Sukkulenten" in ganz besonderer Weise die Wolfsmilchgewächse, die – von ihrem botanischen Gattungsnamen *Euphorbia* abgeleitet – als Euphorbien bezeichnet werden. Wohl keine andere Gattung hat eine derartige Vielfalt an sukkulenten Erscheinungsformen und Wuchstypen hervorgebracht. Innerhalb einer einzigen Pflanzengattung finden sich hier Erscheinungen wie die sogenannten Medusenhäupter, die in keiner anderen Pflanzenfamilie ihre Entsprechung finden, und die beliebte *Euphorbia obesa*, die ihre Gestalt in fast vollkommener Weise auf die Form einer Kugel reduziert hat. Es gibt baumförmige Euphorbien, die in ihrer Heimat über 30 m hoch werden und das Bild der Landschaft prägen können. Und es gibt Arten, deren Körper völlig im Erdboden verborgen bleiben und die nur während einer kurzen Wachstumsphase einige wenige Blätter hervorbringen. Aber auch an die nicht sukkulenten Euphorbien, von denen allein in Mitteleuropa einschließlich der durch den Menschen eingeführten und hier verwilderten über 20 Arten existieren, sei hier erinnert. Bei den heimischen Arten handelt es sich allerdings überwiegend um ein- oder zweijährige, teilweise auch ausdauernde krautige Pflanzen. Darunter findet sich zum Beispiel die Kreuzblättrige Wolfsmilch (*E. lathyris*) als eine seit dem Altertum bekannte Kulturpflanze, aber auch Garten- und Ackerunkräuter wie die Sonnenwend-Wolfsmilch (*E. helioscopia*) oder die Garten-Wolfsmilch (*E. peplus*).

Doch deckt die Gattung *Euphorbia* nicht nur die gesamte Spannbreite von einjährigen, krautigen Pflänzchen bis zu imposanten Bäumen ab, es gibt auch eine große Anzahl von Wolfsmilcharten, die den unterschiedlichsten Vertretern anderer Pflanzenfamilien verblüffend ähneln, so zum Beispiel *E. epiphylloides*, *E. genistoides*, *E. opuntioides*, *E. pachypodioides*, *E. pedilanthoides*,

Was sind Euphorbien?

E. stapelioides, deren Namen bereits auf ihre Ähnlichkeit hinweisen.

Aber auch in einzelnen Details bieten die Euphorbien eine erstaunliche Fülle unterschiedlicher Formen. Als Beispiel sei hier nur die Bedornung aufgeführt: Neben völlig dornenlosen Arten gibt es solche, bei denen der Blattgrund lang hakenförmig ausgezogen ist und nach Abfallen der Blätter dornartig verholzt. Derartige Blattgrunddornen weisen zum Beispiel *E. hamata* und *E. peltigera* auf.

Bei einer hohen Anzahl von Euphorbien-Arten haben sich seitlich am Blattansatz aus Nebenblättern sogenannte Nebenblatt- oder Stipulardornen entwickelt, die auch nach dem Abfallen der Blätter langfristig erhalten bleiben. Nebenblattdornen können dünn und kaum wahrnehmbar sein (zum Beispiel bei *E. asthenacantha*) oder mehrere Zentimeter lang werden (zum Beispiel bei *E. grandicornis*). Meist sind sie paarig, häufig auch durch zusätzliche Nebendornen ergänzt, so daß vier unterschiedliche oder auch gleich große Dornen zusammenstehen (zum Beispiel bei *E. aeruginosa*).

Die paarigen Nebenblattdornen können wie bei *E. unispina* zu einem einzelnen Dorn

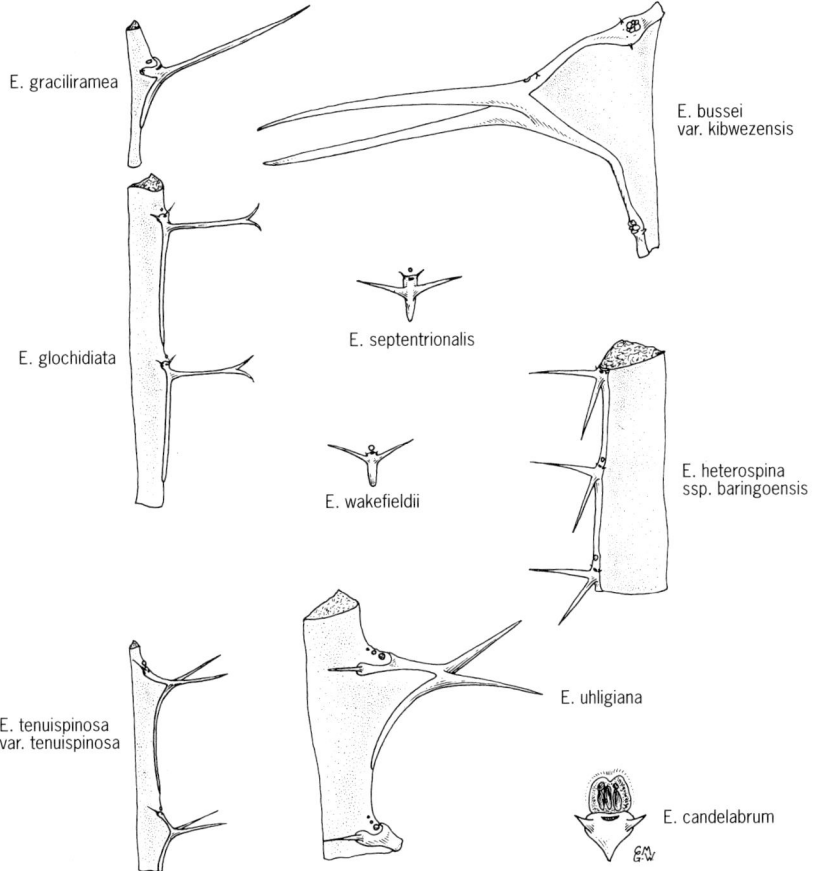

Formen von Dornenschildern und Nebenblattdornen (Carter 1988).

Euphorbia peltigera. *Euphorbia stellaespina.*

verschmelzen. Die Verschmelzung kann sich aber auch auf die Basis beschränken, so daß die Dornen an der Spitze gegabelt erscheinen (zum Beispiel bei *E. glochidiata*).

Schließlich können die Dornen und Nebendornen sich auch an ihrer Basis abflachen, miteinander verschmelzen und kammartige Strukturen entlang der Kanten bilden (zum Beispiel bei *E. viguieri*).

Diese Fülle an unterschiedlichen Blatt- und Nebenblattdornen zeigt schon ein höheres Maß an Abwechslungsreichtum, als man es in vielen anderen Gruppen sukkulenter Pflanzen finden kann. Doch für Euphorbien stellt dies nur die eine Variante möglicher Bedornung dar.

Daneben haben andere Arten einen zweiten Typus von Dornen entwickelt, der sich von Blütenständen (Infloreszenzen) ableitet und als Infloreszenzdorn bezeichnet wird. Diese Dornen entstehen, indem Blütenstandsstiele nach dem Verblühen verholzen. Von den Nebenblattdornen lassen sie sich unterscheiden, da sie einzeln oder zu mehreren in den Blattachseln inserieren und zumindest im jungen Zustand in der Regel winzige schuppenartige Blättchen tragen.

In einem weiteren Schritt vollzogen einige Arten die Trennung zwischen echten, der Fortpflanzung dienenden Blütenständen, deren Stiele nicht mehr verholzen, und sterilen Blütenstandsstielen, die nur noch hervorgebracht werden, um sich durch Verholzung zu Dornen zu entwickeln. (Lediglich die aus sterilen Blütenständen hervorgehenden Infloreszenzdornen bilden eine scharfe, verhärtete Spitze aus und stellen in botanischer Hinsicht echte Dornen dar. Fertile Blütenstände, deren Cyathien nach der Blüte verloren gehen, weisen dagegen ein stumpfes Ende auf und sind somit eigentlich als Scheindornen einzustufen.)

Als Krönung dieses Typus der Dornenbildung gibt es schließlich zwei Arten (nämlich *E. stellaespina* und *E. pillansii*), deren Dornen an der Spitze sternförmig verzweigt sind, genauso wie es ihre Blütenstände wohl früher einmal waren. *E. pillansii* bildet neben unverzweigten Dornen auch sternförmige aus, die in ihrem Zentrum einen endständigen Blütenstand tragen. Bei *E. stellaespina* dagegen treten neben den großen, ausschließlich sterilen Infloreszenzdornen kleine, unverzweigte Blütenstände auf, die nicht mehr verholzen.

Schließlich und endlich verwundert es kaum noch, daß Euphorbien schließlich noch einen weiteren Weg eingeschlagen haben, indem ihre Zweige teilweise eine hakige, dornenförmige Gestalt annehmen (zum Beispiel bei *E. stenoclada*). Durch ihre unregelmäßige, dichte Verzweigung sind solche Arten in der Lage, ein wahrhaft undurchdringliches Gestrüpp zu bilden, in dem jeder Versuch, es zu durchqueren, hoffnungslos scheitern muß.

Verholzen die Zweigenden endlich völlig (wie zum Beispiel bei *E. lignosa*), hat auch dieser Weg zur Ausbildung echter Dornen (Sproßdornen) geführt.

Diese einzigartige Fülle an Formen macht den eigentlichen Reiz einer Euphorbien-Sammlung aus – und zwar sowohl aufgrund der faszinierenden Vielfalt der bizarren Formen als auch wegen der erstaunlichen Zahl von Arten, die in ihrer Gestalt zwischen den Extremen liegen und mit ihrem jetzigen Aussehen verdeutlichen, welche Entwicklungsstadien im Laufe der Evolution durchlaufen wurden, um die extremen Formen zu entwickeln.

Zur Beliebtheit der Euphorbien trägt aber auch ein ganz praktischer Vorteil bei: Sie kommen unseren zentralgeheizten Wohnungen entgegen, denn sie vertragen im Gegensatz zu den Kakteen, die mehrheitlich in kühlen Räumen überwintert werden müssen, die trocken-warme Luft über der Heizung recht gut, und das, ohne gleichzeitig ein hohes Maß an aktiver Pflege oder häufiges Gießen zu verlangen. Da viele von ihnen recht langsam wachsen, sind Euphorbien für die Kultur auf dem Fensterbrett oder im Gewächshaus gut geeignet. Selbst Arten, die Baumeshöhe erreichen können, lassen sich über Jahre in Zimmerkultur halten.

Kulturhistorische Bedeutung

Pflanzen mit Geschichte

Da Euphorbien bei der kleinsten Verletzung einen giftigen, Haut und Schleimhäute schmerzhaft reizenden Milchsaft ausscheiden, ist es sehr wahrscheinlich, daß die Bekanntschaft der Menschen mit diesen Pflanzen eine recht alte ist. So nimmt es denn auch nicht Wunder, daß bereits der Stammvater der Ärzte, Hippocrates (469 bis 399 v. Chr.), Euphorbien als Heilpflanzen erwähnt. Allerdings ist nicht ganz klar, ob der berühmte Arzt sich auf eine sukkulente Euphorbie bezog. Die erste schriftliche Überlieferung einer eindeutig als sukkulent einzustufenden Wolfsmilch findet sich beim griechischen Philosophen Theophrast (372 bis 287 v. Chr.), dem Nachfolger des Aristoteles. Er beschreibt in seinem Buch eine dornige Pflanze – wahrscheinlich E. neriifolia – aus Gedrosia (das heißt aus dem Süden des heutigen Iran und Pakistan), die bei Verletzungen einen Saft abgibt, der Tiere und Menschen blind macht, wenn er in die Augen gelangt.

Eine ausführlichere Beschreibung einer sukkulenten Wolfsmilchart – wahrscheinlich E. officinarum oder E. resinifera – findet sich beim römischen Historiker und Wissenschaftler Plinius dem Älteren (23 bis 79 n. Chr.). Darin beschreibt er, daß König Juba II. von Mauretanien, zu dessen Ehren heute E. lamarckii ssp. regisjubae benannt ist, die Heilkraft einer im Atlasgebirge wachsenden dornigen Pflanze entdeckt habe. Deren milchiger Saft habe eine so starke Wirkung, daß die Pflanzen nur aus größerer Entfernung mit einer eisenbeschlagenen Stange angeritzt werden könnten. Der austretende Saft werde in Ziegenmägen gesammelt, die unterhalb der Einkerbungen angebracht würden. Geronnen werde das Mittel als „Gummi Euphorbium" gegen Schlangenbisse angewandt und als Weihrauch verkauft. Kurioserweise führt Plinius es nach den Angaben des Königs Juba auch als Mittel zur Verbesserung der Sehkraft auf. Gleichzeitig beschreibt er, daß der Saft so wertvoll war, daß er in betrügerischer Absicht mit warmem Wasser gestreckt wurde.

König Juba (25 v. Chr. bis 18 n. Chr.) hat dieser Pflanze der Legende nach den Namen „Euphorbea" gegeben, da ihn deren gedrungene, fleischige Gestalt an seinen Leibarzt Euphorbus erinnerte (das griechische Wort *euphorbos* bedeutet „wohlgenährt"). Obwohl diese Namensgebung aus einer Laune heraus geschah, hat er seinen Arzt damit unvergeßlich gemacht.

Dieser Euphorbus hatte einen Bruder namens Antonius Musa, der ebenfalls Arzt war und der – so heißt es – den römischen Kaiser von einer schweren Krankheit geheilt hatte. Um seine Verdienste zu ehren, ließ der römische Senat eine Bronzestatue errichten. Antonius Musa muß also wohl zu seiner Zeit ein bedeutender Mann gewesen sein, während sein Bruder Euphorbus eher das Ziel milden Spottes war. Doch bereits Carl von Linné wies auf die Vergänglichkeit des

Ruhmes hin, der sich auf etwas scheinbar so Dauerhaftes wie Bronze gründet, während der Ruhm, der mit einer vergänglichen Pflanze verknüpft ist, die Jahrhunderte überdauert hat. Von Linné stammen die Sätze: „Wo ist nun die Statue des Musa? Sie ist untergegangen, verschwunden! Aber die von Euphorbus ist dauerhaft, immerwährend, und kann niemals zerstört werden."

Die älteste Abbildung einer sukkulenten Euphorbie stammt vermutlich aus dem Jahre 1570, sie erschien im Kräuterbuch des Dodonaeus und stellt *E. officinarum* dar.

Anschließend dauerte es noch über 200 Jahre, bis die erste Zeichnung einer sukkulenten Euphorbie an ihrem natürlichen Fundort angefertigt wurde. In seinem Buch „Narrative of Four Journeys" aus dem Jahre 1789 zeigt Paterson eine *E. virosa* mit der Bildunterschrift: „Vermutlich die stärkste Giftpflanze in Afrika".

Die Kolonialisierung Afrikas und Indiens wurde von einer intensiven botanischen Erforschung begleitet, und Expeditionen brachten Berichte von seltsamen und wunderbaren Pflanzen nach Europa zurück. Bald wurden umfangreiche Pflanzensammlungen per Schiff in die Heimat geschickt, und bis 1700 waren zum Beispiel in Amsterdam nach WIJNANDS (1983) bereits elf sukkulente Euphorbien-Arten in Kultur (*heutige* Namen und Jahr ihrer Einführung nach Europa):

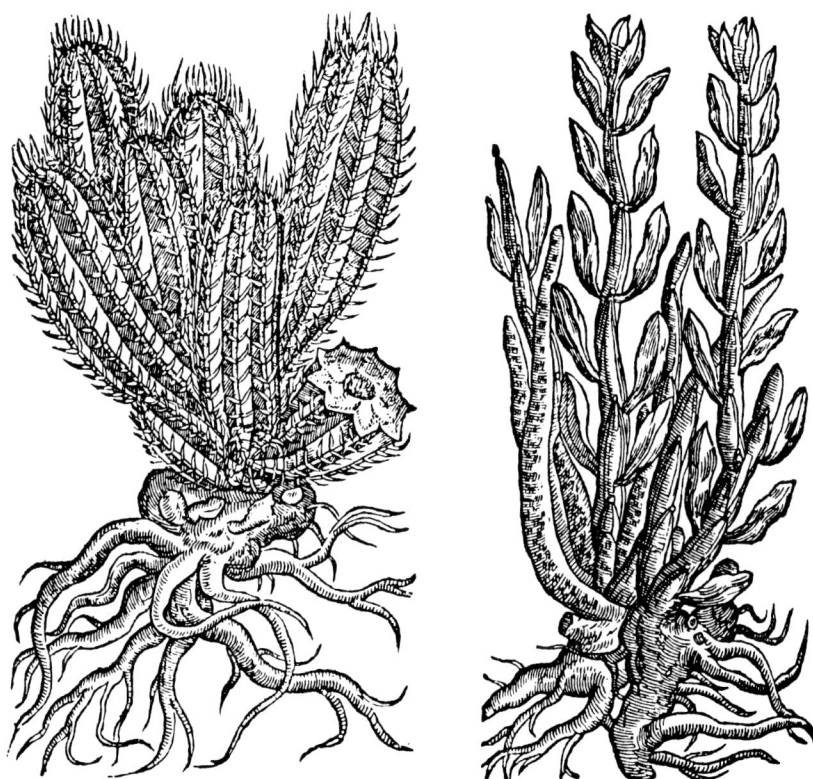

Euphorbia officinarum aus dem Kräuterbuch des Dodonaeus von 1583.

> E. officinarum (1570),   E. tirucalli (1697),
> E. pugniformis (1679),   E. trigona (1697),
> E. mauritanica (1689),   E. balsamifera (1699),
> E. canariensis (1690),   E. clava (1700),
> E. nivulia (1690),   F. neriifolia (1700).
> E. antiquorum (1697),

Die systematische Einordnung und wissenschaftliche Namensgebung sukkulenter Euphorbien geht auf einen der Väter der modernen Biologie zurück, auf CARL VON LINNÉ, der in seiner 1753 erschienenen „Species Plantarum" die wesentlichen Merkmale der Gattung *Euphorbia* bestimmte und bereits zwölf sukkulente Arten beschrieb.

Seither hat die Anzahl der beschriebenen Arten ständig zugenommen, und es ist nicht anzunehmen, daß die letzte Veröffentlichung dazu bereits geschrieben wurde.

Euphorbia tirucalli, *E. grandicornis*, *E. neriifolia* und zwei kleine Exemplare von *E. lactea* aus einem Pflanzenkatalog von 1887 (Blanc Katalog). ▷

Euphorbia virosa (Paterson 1789).

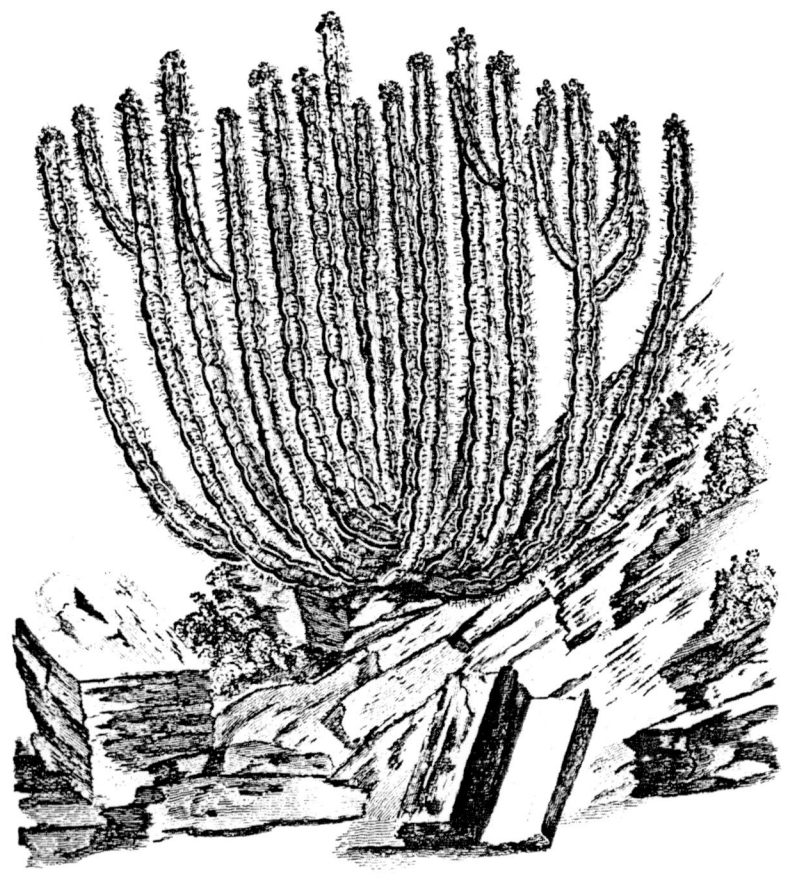

Achtung giftig!

Von den großen griechischen Ärzten ausgehend wurde das Wissen um die Heilkraft des „Gummi Euphorbium" bis in das Mittelalter weitergegeben und durch neue Anwendungen ergänzt. Handelswege erstreckten sich bis nach Indien, wo das „Gummi Euphorbium" aus *E. antiquorum* (übersetzt: die Euphorbie der Alten) gewonnen wurde, ebenso nach Marokko, wo *E. officinarum* (die Offizinelle, das heißt medizinische Drogen Enthaltende) und *E. resinifera* (die Harzhaltige) zur Euphorbium-Gewinnung genutzt wurden, und zu den Kanarischen Inseln, wo man das Mittel aus *E. canariensis* und *E. handiensis* herstellte. Es wurde zur Heilung von verletzten Sehnen eingesetzt, als Salbe gegen Krankheiten des Kopfes, des Magens und der Blase. Nervenkrankheiten, Lähmungen und Migräne wurden damit behandelt, Ischias und Gelbsucht. Geschnupft sollte es sogar gegen Gedächtnisverlust und Lethargie helfen.

In Anbetracht der heftigen Reizung, die Euphorbium bei innerlicher Anwendung hervorruft, erscheinen einige dieser Anwendungen nicht sehr empfehlenswert. Und so finden sich auch immer wieder Warnungen und Berichte über Todesfälle. Bei äußerlichem Kontakt ruft der Milchsaft zum Teil äußerst schmerzhafte, entzündliche Reaktionen hervor. Auf der Haut führt der Milchsaft der Euphorbien zu einer schmerzhaften Rötung und einem Anschwellen, oft auch zu offenen und nässenden, manchmal auch eiternden Pusteln, später zur Bildung von trockener, schuppender Haut und Schorf, schließlich sogar zum Absterben des Gewebes. Wird Milchsaft verschluckt, setzt ein brennender Schmerz auf Lippen, Zunge und den Mundschleimhäuten ein, manchmal gefolgt von Erbrechen und heftiger Entleerung der Eingeweide. Gelangt Milchsaft ins Auge, führt er zu einer schmerzhaften Entzündung der Bindehaut und einem Anschwellen des Augenlids, unter Umständen sogar zu Blindheit.

Aber der Milchsaft der Euphorbien enthält nicht nur giftige, sondern auch wirtschaftlich interessante Substanzen: So hat man festgestellt, daß Milchsaft von *E. abyssinica* bis zu 16,7 Prozent Kautschuk enthält, der Latex von *E. dregeana* 17,6 Prozent und der von *E. mauritanica* 15,8 Prozent. Wiederholt wurde versucht, industriell verwertbaren Kautschuk aus Euphorbien zu gewinnen, so auch aus *E. tirucalli*, *E. ingens* und *E. triangularis*, allerdings bisher ohne kommerziellen Erfolg, da die Qualität des daraus erzeugten Gummis nicht ausreichend war. Der echte Kautschukbaum (*Hevea brasiliensis*) und der den Cearakautschuk liefernde

Manihot glaziovii gehören übrigens ebenfalls zur Familie der Wolfsmilchgewächse. Andere wirtschaftlich bedeutsame Vertreter der Familie Euphorbiaceae sind Maniok (*Manihot utilissima*), Rizinus (*Ricinus communis*) und der wegen seiner ölhaltigen Samen zur Gewinnung technischer Öle angebaute Tungölbaum (*Aleurites fordii*).

Eine Reihe afrikanischer Wolfsmilcharten (zum Beispiel die kollektiv als „Noors" bezeichneten Arten *E. triangularis, E. ingens, E. virosa, E. tetragona, E. cooperi* und *E. ledienii*) scheidet in ihren Blüten eine große Menge Nektar aus, der auf Bienen eine hohe Anziehungskraft ausübt. Noorshonig, der aus diesem Nektar produziert wird, enthält immer noch in solchen Mengen die Reizstoffe des Latex, daß er ein starkes Brennen in Mund und Rachen hervorruft. Die Beschwerden sollen über Stunden anhalten können und durch Wassertrinken sogar noch verstärkt werden. Unter ungünstigen Umständen können den südafrikanischen Imkern jährlich mehrere Tonnen Honig verdorben und somit unverkäuflich werden.

Erstaunlicherweise haben sich die Wildtiere Afrikas an den giftigen Milchsaft der Euphorbien angepaßt; manche Arten können die Pflanzen fressen, ohne Schaden zu nehmen. Dagegen löst der Milchsaft bei Haustieren Koliken oder Durchfall aus. Einige Euphorbien, wie zum Beispiel *E. esculenta* (übersetzt: die eßbare Euphorbie), *E. hamata* oder die jungen Triebe von *E. caputmedusae*, enthalten dagegen wenig bzw. keine Giftstoffe und werden als Viehfutter gesammelt. Aus dem Saft von *E. triangularis* wird sogar ein Kaugummi hergestellt!

In industriellem Maßstab wurde *E. antisyphilitica* zur Herstellung von Kaugummi genutzt. Hier wurden allerdings die Wachsausscheidungen, welche die Pflanzen als Verdunstungsschutz überziehen, durch Kochen der Triebe in Schwefliger Säure gewonnen. Weitere Verwendungsmöglichkeiten für das so gewonnene Wachs waren die Produktion von Siegelwachs, Grammophon-Platten, elektrischen Isolationen, Imprägniermitteln und Polituren. Bis in die Mitte dieses Jahrhunderts wurde der Anbau von *E. antisyphilitica* daher in Texas und Mexiko in großem Umfang betrieben.

Der giftige, bei der kleinsten Verletzung der Pflanzen austretende Milchsaft (Latex) der Euphorbien ist in allen Pflanzenteilen vorhanden. Er besteht aus einer Vielzahl, zum Teil heute noch unbekannter chemischer Verbindungen. In seiner Zusammensetzung variiert der Milchsaft von Art zu Art; in wechselnden Anteilen besteht er nach CALVIN (1987), EVANS und EDWARDS (1987), RIZIK (1987) und SEIGLER (1994) aus einer Lösung von unterschiedlichen Substanzen der im folgenden beschriebenen Stoffklassen in **Wasser**, das etwa 70 Prozent des Milchsaftes ausmacht:

Zucker

Zucker treten in verschiedener Zusammensetzung auf. Sie dienen unter anderem zum Aufbau der Zellwände und Membranen und als Reservestoffe, zum Beispiel Stärkekörner, die unterschiedlich gestaltet sein können. Innerhalb der Gattung *Euphorbia* sind sie stabförmig.

Eiweiße

Der Milchsaft von Euphorbien enthält zum Beispiel proteolytische (eiweißspaltende) Enzyme wie das sehr giftige Euphorbin oder Lectine, das sind spezifische Eiweiße, die mit Oberflächenstrukturen tierischer Zellen reagieren und diese verklumpen.

Alkaloide
Diese Sammelbezeichnung steht für organische Stickstoffverbindungen unterschiedlichsten Aufbaus. Alkaloide sind im Pflanzenreich weit verbreitet, viele weisen eine starke Wirkung auf das Nervensystem auf und begründen die medizinische Verwendung der Pflanzen.

Fettsäure-Ester
Es handelt sich um Verbindungen aus meist langkettigen gesättigten und ungesättigten Fettsäuren mit acht bis 14 Kohlenstoffatomen und ein- oder mehrfachen Alkoholen (häufig Di- und Triterpenen). Diese Verbindungen sind für die entzündlichen Reaktionen auf Haut und Schleimhäuten verantwortlich.

Terpene
Diese weitverbreitete Klasse von Kohlenwasserstoff-Verbindungen ist nach ihrer chemischen Struktur aus Einheiten von fünf Kohlenstoff- und acht Wasserstoff-Atomen (Isoprenmolekülen) aufgebaut. Im Milchsaft der Euphorbien finden sich überwiegend Alkohole und Ketone, die sich von Diterpenen (Verbindungen aus vier Isoprenmolekülen) und Triterpenen (Verbindungen aus sechs Isoprenmolekülen) ableiten und sich überwiegend mit Fettsäuren unter Wasserabspaltung zu Fettsäure-Estern verbinden. Seltener verbinden sie sich mit Zuckern unter Wasserabspaltung zu Glykosiden. (Auch der aus *Hevea brasiliensis* gewonnene Natur-Kautschuk gehört in die Gruppe der Isoprene, ist aber als hochpolymeres Isopren aus mehreren tausend Einheiten aufgebaut.)
Die **Diterpene** bzw. die durch Veränderung am Kohlenstoffgerüst aus ihnen hervorgehenden Diterpenoide können nach ihrem Aufbau drei Gruppen zugeordnet werden, die als Tigliane (zum Beispiel Phorbol), Ingenane (zum Beispiel Ingenol) und Daphnane (zum Beispiel Daphnetoxin) bezeichnet werden. Einzelne dieser Substanzen werden zur Zeit im Hinblick auf eine tumorfördernde Wirkung, andere hinsichtlich ihrer Eignung zur Behandlung von Krebserkrankungen untersucht.

Triterpene und ihre Ester stellen die Hauptkomponente im Milchsaft vieler *Euphorbia*-Arten dar. Treten Veränderungen am Kohlenstoffgerüst auf, werden die entsprechenden Substanzen als Triterpenoide bezeichnet. In diese Gruppe gehören zum Beispiel die Sterole (pflanzliche Steroide). So wurden zum Beispiel aus der Wurzel der nicht sukkulenten *E. fisheriana* die in der traditionellen chinesischen Medizin als Anti-Tumor-Mittel eingesetzt wird, die Steroide Campesterol, Stigmasterol und Sitosterol isoliert. Während einige Triterpenoide wie Euphol, Euphorbol oder Tirucallol in einer Reihe von Arten nachgewiesen wurden, gelang der Nachweis anderer Triterpenoide bisher nur in jeweils einer oder in wenigen Arten (zum Beispiel Nerifoliol in *E. neriifolia* oder Obtusifoliol in *E. officinarum* ssp. *echinus* und *E. obtusifolia*).

Bis heute sind innerhalb der Familie der Wolfsmilchgewächse mehrere tausend Substanzen isoliert worden, darunter Stoffe, deren Synthesewege so lang und komplex sind, daß ihr Vorkommen oder Fehlen Hinweise auf Verwandtschaftsbeziehungen innerhalb der Gattungen geben kann.

Verwendung in der Volksmedizin

Wenn auch Euphorbium in der modernen Medizin nicht mehr verwendet wird, finden Euphorbien doch weiterhin in der Volksmedizin Afrikas und Indiens ihren Platz: Der

Milchsaft von *E. restituta* wird von Hottentotten-Frauen benutzt, um die Geburt zu beschleunigen. Viele Stämme kennen Euphorbien-Saft als Brech- und Abführmittel, in Transvaal werden mit dem Saft von *E. clavarioides* Warzen behandelt, die Bantu Südafrikas bereiten daraus eine Lotion, in der sie geschwollene Füße baden. Innerlich wird der Milchsaft zur Behandlung von Erkältungen, Gonorrhöe und akuter Blinddarmentzündung benutzt. *E. gorgonis* wird ebenfalls zur Behandlung von Warzen und Geschwüren eingesetzt, sogar Zahnschmerzen werden mit einem Tropfen Milchsaft in der Zahnhöhle behandelt. *E. neriifolia* wird zur Senkung von Fieber benutzt, *E. antiquorum* bei Verdauungsstörungen, *E. milii* gegen Hepatitis. Bei all diesen Anwendungen wird sehr genau auf die Zubereitung und die verabreichte Menge geachtet – vor Nachahmung muß gewarnt werden!

Auch zu Jagdzwecken wird der Milchsaft von Euphorbien benutzt: Er ist Bestandteil des Pfeilgiftes der Walingulu, berühmter Elefantenjäger. Die Buschmänner der Kalahari bereiten ihr Pfeilgift aus *E. candelabrum*. In Simbabwe benutzt man den Milchsaft von *E. cooperi* zum Fischfang: Um einen Stein wird Gras gewickelt, das mit Milchsaft getränkt wurde. Wird der Stein ins Wasser geworfen, zerstört der Saft so rasch das empfindliche Kiemengewebe, daß die Fische sterben, bevor ihr Fleisch durch das Gift ungenießbar wird. Bereits nach einer Viertelstunde treiben die ersten Tiere an der Oberfläche und können ohne Mühe eingesammelt werden.

Schließlich spielen Euphorbien auch in der religiösen Überlieferung einiger afrikanischer Stämme eine Rolle. So war es in der Transkei bei der Geburt von Zwillingen üblich, daß der Vater der Kinder zwei Exemplare von *E. ingens* neben der Hütte pflanzte. Die Pflanzen sollten die Kinder vor bösen Einflüssen schützen, und solange die Euphorbien gediehen, sollte es auch den Kindern gutgehen. Einen Stamm von *E. tetragona* auf dem Feld zu verbrennen soll eine gute Ernte sichern. In Westafrika werden *E. poissonii* und *E. sudanica* als Fetischpflanzen verwandt.

Eine ganz weltliche Verwendung finden Euphorbien, die einen sicheren Schutz vor eindringenden Raubtieren bieten. In Nigeria werden regelrechte lebende Zäune hergestellt, indem Zweige von *E. desmondii* oder *E. kamerunica* geschnitten und dicht an dicht in die Erde gesteckt werden. Eine weite Verbreitung hat auch *E. tirucalli*, die dichte Hecken bildet und deren giftiger Milchsaft vorübergehende Blindheit hervorrufen kann. Kein Tier wird es wagen, eine solche Schutzanpflanzung zu durchbrechen!

Schließlich benutzt man Euphorbien auch als Musikinstrumente: So wird im Norden Nigerias *E. kamerunica* als Rhythmusinstrument eingesetzt, indem man mit einem Stock über die warzigen Kanten der getrockneten Pflanze reibt.

Ergänzt wird das Wissen um die Giftigkeit der Euphorbien durch die Suche nach Gegengiften: So hat die nordafrikanische, zu den Korbblütlern gehörige *Kleinia anteuphorbium* (= *Senecio anteuphorbium*) ihren Namen nach ihrer Wirkung als Gegengift zum Milchsaft der Wolfsmilchgewächse erhalten. Der Saft frisch ausgepreßter Blätter von *Aeonium lindleyi* (einem Dickblattgewächs von den Kanarischen Inseln) soll zumindest den Schmerz nehmen, der mit einer Hautreizung durch den Milchsaft verbunden ist.

Botanische Systematik und Morphologie

Stellung im Pflanzenreich

Die Vielfalt der Blütenpflanzen dieser Erde wird von Botanikern in ein System von Verwandtschaftsbeziehungen gebracht, das sich hauptsächlich an morphologischen und anatomischen Merkmalen (besonders der Blüten und Früchte) orientiert. Pflanzen, die in wichtigen Merkmalen übereinstimmen, werden in Familien zusammengefaßt, innerhalb derer jeweils die Arten mit der höchsten Übereinstimmung in wichtigen Merkmalen zu Gattungen zusammengefaßt werden.

Morphologie der Gattung Euphorbia

Blüte

Charakteristisch für die Gattung *Euphorbia* ist eine ganz besondere Ausbildung ihrer Blüten. Um dies verständlich zu machen, ist ein kleiner Exkurs in den allgemeinen Aufbau von Blüten notwendig:

Vereinfacht gesagt setzen Blüten sich aus einigen wenigen Elementen zusammen: Das Zentrum der Blüte bilden in der Regel die Fruchtblätter (Karpelle), die in ihrer Gesamtheit die Samenanlagen einschließen und als Gynoeceum bezeichnet werden. Karpelle können in unterschiedlicher Anzahl vorhanden sein, sie können ihre Eigenständigkeit beibehalten haben und jeweils

---

Die Familie der Wolfsmilchgewächse (botanisch Euphorbiaceae) umfaßt 331 Gattungen, von denen jedoch nur sieben Sukkulenz aufweisen, nämlich die Gattungen

Elaeophorbia (vier Arten; ausschließlich Bäume; Westafrika)
Endadenium (nur eine Art: *Endadenium gossweileri* N. E. BROWN, eng mit *Monadenium* verwandt; Angola)
Euphorbia (etwa 2000 Arten; Geophyten, krautige Pflanzen, Sträucher, Bäume, etwa 500 bis 700 halbsukkulente oder sukkulente Arten; Verbreitungsschwerpunkt sind die Tropen, wenige – nicht sukkulente – Arten in den gemäßigten Breiten)
Jatropha (etwa 170 Arten; krautige, strauchige oder baumförmige Pflanzen, nur wenige sukkulente Arten; weltweite Verbreitung in den Subtropen)
Monadenium (etwa 50 Arten; Geophyten, krautige und strauchige Pflanzen bis kleine Bäume; Zentrum der Verbreitung ist Ost- und Südostafrika)
Pedilanthus (14 Arten; strauchige bis baumförmige Pflanzen; Mexiko bis nördliches Südamerika, Karibik)
Synadenium (etwa 20 Arten; strauchige bis baumförmige Pflanzen; Zentrum der Verbreitung ist Ost- und Südostafrika)

aus der Narbe, einem Griffel und dem Fruchtblatt bestehen; sie können aber auch teilweise verschmelzen. Während die Narbe der Aufnahme der Pollen dient, leitet der mehr oder weniger lange Griffel die aus den Pollen auswachsenden Pollenschläuche in seinem Inneren zu dem in der Tiefe der Blüte liegenden Fruchtblatt, aus dem sich nach der Befruchtung eine Frucht entwickelt, die in sich die Samen birgt.

Um diesen weiblichen Anteil herum sind in wechselnder, aber für die Arten jeweils charakteristischer Anzahl kreisförmig die männlichen Organe (Staubblätter oder Stamina) angeordnet. Diese bestehen jeweils aus einem Staubfaden (Filament) und dem Staubbeutel (Anthere), der sich wiederum aus einem sterilen Mittelstück (Konnektiv) und vier Pollensäcken zusammensetzt, die den Blütenstaub (Pollen) enthalten.

Die weiblichen und männlichen Organe werden von der Blütenhülle, dem Perianth, umgeben, das entweder aus einer einfachen Hülle (Perigon) mit gleichartigen Blütenblättern besteht oder aber in einen Kelch (Calyx) aus (meist kleinen grünen) Kelchblättern (Sepalen) und eine Krone (Corolla) aus Kronblättern (Petalen) gegliedert ist. Zusätzlich können an der Basis der Blütenblätter Nektar absondernde Drüsen vorhanden sein.

Abwandlungen von diesem Schema sind möglich. So bilden einige Arten getrenntgeschlechtliche Blüten, bei denen ein Teil der Blüten nur noch die weiblichen Organe enthalten, während andere Blüten – zum Teil auf der gleichen Pflanze (monözische Arten), bei anderen, diözischen Arten, auch auf einer anderen Pflanze – nur noch die männlichen Anteile enthalten.

Euphorbien-Blüten weichen von diesem Schema stark ab: Das, was uns als eine Blüte erscheint, ist in Wirklichkeit ein auf das äußerste reduzierter Blütenstand. Sein Zentrum wird von einem einzelnen Gynoeceum gebildet, das den Rest einer extrem reduzierten weiblichen Blüte darstellt.

Dieses Gynoeceum wird von fünf Gruppen männlicher Blüten umgeben, die ebenfalls eine extreme Reduzierung erfahren haben: Jedes einzelne Staubblatt wird als Rest einer männlichen Blüte interpretiert. Eine leichte Einkerbung am Stiel des Staubblattes wird als Übergang zu dem zugehörigen Blütenstiel gedeutet und als Nachweis der Reduzierung gewertet.

Diese „Blüte", die also in Wirklichkeit ein ganzer Blütenstand ist, wird von einer becherförmigen Blütenhülle, dem Involucrum, umgeben, das aus vier bis fünf miteinander verwachsenen Hochblättern, den Involucralbrakteen, gebildet wird. Zwischen diesen Involucralblättern finden sich vier oder fünf Honigdrüsen, die unterschiedliche Formen aufweisen können und mehr oder weniger auffällig gefärbt sind. Dominierende „Blüten"-Farbe ist grün-gelb, eine Reihe von Arten weist aber auch rein gelbe oder grüne, rotbraune bis hin zu scharlachroten Honigdrüsen auf. Botanisch wird eine solche „unechte Blüte" als **Pseudanthium** oder Scheinblüte bezeichnet. Die spezielle Ausprägung bei Euphorbiaceen wird **Cyathium** (Mehrzahl Cyathien, von griechisch cyathos = Tasse) genannt.

Cyathien sind in der Regel relativ unscheinbar und wirken erst in großer Anzahl. So findet man die sogenannten nackten Cyathien häufig auf bestimmte Bereiche wie die Scheitelzonen der Sprosse konzentriert; auch treten sie oft zu Blütenständen aus je drei Cyathien zusammen, die dann jeweils über einen gemeinsamen Blütenstandsstiel verfügen.

Bei anderen Arten wird die optische Auffälligkeit der Cyathien erhöht, indem die

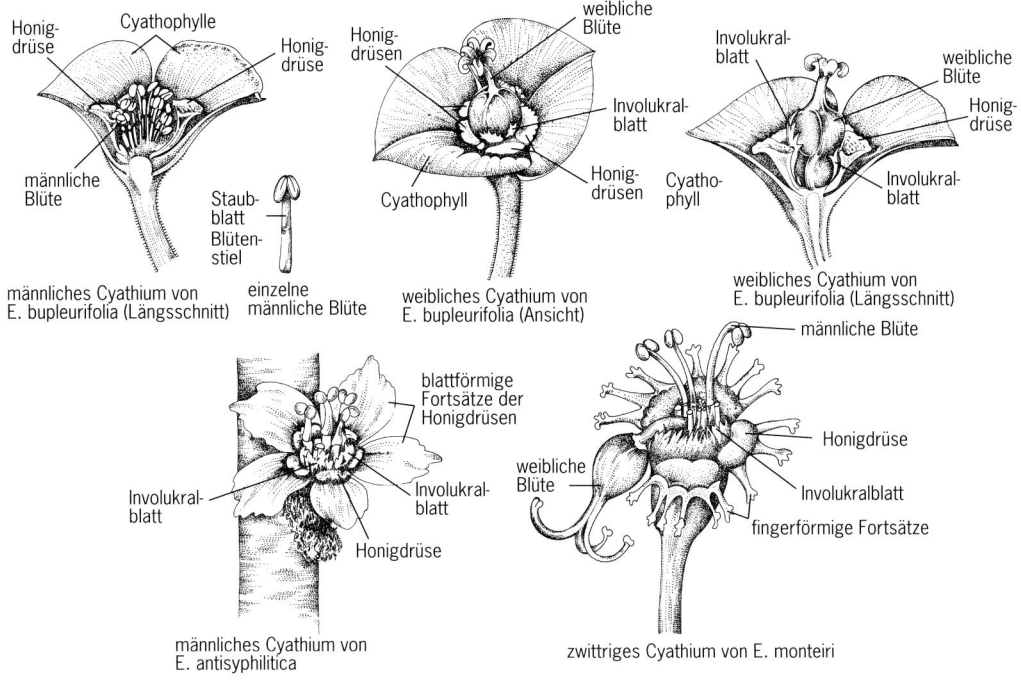

Aufbau des Cyathiums (nach Rauh 1979).

Honigdrüsen kräftig gefärbt sind. Bei einigen Arten weisen die Honigdrüsen fingerförmige oder gabelige Fortsätze auf, die oft ebenfalls farbig betont sind und zum Teil in deutlichem, farblichem Kontrast zu den Nektardrüsen stehen. Im Extremfall (zum Beispiel bei *E. antisyphilitica*) können derartige Fortsätze sogar den Eindruck von Blütenblättern erwecken (petaloide Drüsenanhängsel), so daß das gesamte Cyathium in hohem Maße einer „gewöhnlichen" Blüte ähnelt.

Als dritte Möglichkeit finden sich – besonders ausgeprägt bei vielen madagassischen Arten – unterhalb des Cyathiums zwei große Hochblätter, die dieses durch ihre Färbung häufig zusätzlich betonen. Die leuchtend rot oder gelb, gelbgrün oder grün gefärbten Blätter sind natürlich im botanischen Sinne keine echten Blütenblätter, sondern sogenannte **Cyathophylle**. Diese Cyathophylle können das Cyathium röhrenförmig umhüllen, so daß nur noch Staubblätter und Narbenäste sichtbar sind (wie bei *E. viguieri, E. neohumbertii*), sie können aber auch weit geöffnet sein und fast im rechten Winkel zur Längsachse des Cyathiums abstehen (wie bei *E. milii*). In der Mitte zwischen diesen Extrempositionen bilden die Cyathophylle häufig bei teilweiser seitlicher Überdeckung flache Schalen aus, innerhalb deren das Cyathium sichtbar bleibt (zum Beispiel bei *E. alfredii*).

Durch diesen „Umweg" ist aus der Vielzahl von Blüten eines Blütenstandes durch extreme Reduktion wieder etwas entstanden, das nicht nur *funktionell* einer ursprünglichen Blüte entspricht, sondern auch eine solche *morphologische* Ähnlichkeit aufweist, daß frühe Botaniker darin auch eine echte einfache Blüte sahen. Selbst der Stammvater der wissenschaftlichen Erfassung von Tier- und Pflanzenarten, Carl von Linné, ließ sich davon täuschen.

Wer nun allerdings meint, mit der Entwicklung eines Cyathiums sei bei den Euphorbien ein ursprünglicher Blütenaufbau gleichsam wiederhergestellt und der Endpunkt einer Entwicklung erreicht, wird bald feststellen, daß das Repertoire dieser Gattung damit noch längst nicht erschöpft ist. Zwar „begnügen" sich einige Arten tatsächlich mit einzeln stehenden Cyathien. – Recht häufig tritt aber auch der Fall ein, daß es durch Verzweigung dicht unterhalb des Cyathiums zu einem kleinen Blütenstand aus drei Cyathien mit gemeinsamem Blütenstandsstiel kommt (Cymen, cymöse Verzweigung). In der Regel ist dann nur das mittlere Cyathium vollständig ausgebildet, während die beiden seitlichen wiederum zu rein männlichen Cyathien reduziert wurden.

Einen anderen Weg sind viele Euphorbien Madagaskars gegangen, die durch einfache oder wiederholte gabelige Verzweigung Blütenstände mit (häufig) zwei, vier, acht oder auch 16 Cyathien bilden, deren jedes einzelne auffällig gefärbte Hochblätter besitzt. Bei *E. pauliana* sollen auf diese Art Blütenstände mit bis zu 300 Cyathien auftreten! Man beachte: Da wurde also ein ganzer Blütenstand so weit reduziert, daß er funktionell einer einzelnen Blüte entspricht, nur um anschließend unter Zusammenführung mehrerer solcher Scheinblüten und unter Zuhilfenahme von Hochblättern erneut einen kompletten Blütenstand auszubilden.

Schließlich haben einige Arten den Schritt zur Zweihäusigkeit vollzogen, das heißt ein Individuum bildet nur noch weibliche oder nur noch männliche Cyathien (zum Beispiel *E. meloformis*).

Sind dagegen männliche und weibliche Komponenten innerhalb eines Cyathiums vorhanden, entwickeln sich üblicherweise die weiblichen Blüten zuerst und werden befruchtungsfähig, bevor die männlichen Blüten voll entwickelt sind. Da häufig alle Cyathien eines Sprosses mehr oder weniger simultan aufblühen, ist eine Selbstbestäubung somit weitgehend ausgeschlossen. Die Bestäubung erfolgt – soweit bekannt – offenbar meist durch Fliegen, seltener durch Bienen, Wespen, Hummeln, Käfer oder Ameisen.

Früchte

Die Früchte, die sich aus den Blüten entwickeln, sind bei der Gattung *Euphorbia* trockene, harte, 3-fächrige Kapseln, die pro Fach ein relativ großes Samenkorn enthalten. Sobald die Samen herangereift sind, springen die Samenkapseln entlang ihrer Längsnähte explosionsartig auf und schleudern die Samen über erstaunlich weite Strecken – eine Eigenschaft, die einige Kunstgriffe notwendig macht, wenn man beabsichtigt, die Samen für eine eigene Nachzucht zu ernten.

Die anderen sukkulenten Gattungen der Familie Euphorbiaceae unterscheiden sich von dem oben beschriebenen Blütenaufbau in folgenden Punkten:

Die Gattungen *Monadenium*, *Endadenium* und *Pedilanthus* besitzen bilateral-symmetrische (zygomorphe) Cyathien. Bei *Monadenium* sind die Honigdrüsen hufeisenförmig verwachsen und nach unten geöffnet, die beiden Cyathophylle sind dachartig darüber angeordnet. Bei *Endadenium* sind die Honigdrüsen ringförmig verwachsen, die Cyathien von Involukralbrakteen fast völlig umhüllt.

Bei den Gattungen *Synadenium* und *Elaeophorbia* sind die Cyathien wie bei *Euphorbia* radiärsymmetrisch. Bei *Synadenium* sind die Honigdrüsen jedoch miteinander verwachsen, *Elaeophorbia* besitzt dagegen ebenso wie die Gattung *Euphorbia* deutlich getrennte Honigdrüsen, unterscheidet sich aber von allen anderen oben beschriebenen Gattungen durch die fleischige, nicht aufreißende Frucht.

Die Gattung *Jatropha* schließlich besitzt „richtige", in der Regel eingeschlechtliche Blüten mit jeweils fünf Kelch- und fünf Kronblättern.

Gliederung der Vielfalt sukkulenter Euphorbien

Es gibt eine Reihe von Versuchen, die Vielfalt der Erscheinungsformen innerhalb der Gattung *Euphorbia* zu ordnen und in ein umfassendes System zu bringen. BERGER unterschied 1907 zwölf Gruppen (Sektionen) sukkulenter Euphorbien, WHITE, DYER und SLOANE (1941) teilten allein die südafrikanischen Euphorbien auf der Basis ihres Wuchses, ihrer Bedornung und der Anordnung ihrer Cyathien bereits in 19 verschiedene Wuchstypen ein, LEANDRI definierte für die Euphorbien Madagaskars acht verschiedene Gruppen, CARTER (1988) unterteilt die ostafrikanischen Arten der Gattung *Euphorbia* in neun Untergattungen mit insgesamt sieben Sektionen.

Der erste Versuch einer monographischen Bearbeitung der Gattung *Euphorbia* reicht bis in das Jahr 1862 zurück (BOISSIER 1862). Ein um zahlreiche Arten erweitertes System, das nicht-sukkulente wie auch sukkulente Arten der Gattung *Euphorbia* einbezieht, haben PAX und HOFFMANN (1931) aufgestellt, deren Definition der Gattung an dieser Stelle wiedergegeben sei:

> **Gattung** *Euphorbia* L. „Cyathium glockig bis kreiselförmig, 4- bis 5-lappig, die Abschnitte ganz oder zerschlitzt, oft von den Drüsen verborgen. Drüsen zwischen den Abschnitten, ganz oder 2-hörnig oder fingerteilig, bisweilen mit einem petaloiden Anhängsel versehen. Männl. Blüten sehr selten mit einer kleinen Schuppe an der Gliederung des Filaments. Weibl. Blüten durch einen verlängerten Stiel aus dem Cyathium heraustretend, nackt oder mit einem aus drei kleinen Schüppchen gebildeten Kelch versehen. Griffel drei, frei oder verwachsen, ungeteilt oder 2-spaltig. Kapsel. – Kräuter, Sträucher oder Bäume von sehr verschiedenem Habitus und mit scharfem, giftigem Milchsaft. Stengel bisweilen dick, fleischig, kaktusähnlich, bisweilen fast blattlos. Blätter ungeteilt, meist ganzrandig, gegenständig oder abwechselnd. Cyathien in terminalen Cymen oder in der Achsel zweier Dichotomiezweige oder blattachselständig."

Seit der Veröffentlichung von PAX und HOFFMANN hat es eine Reihe von Änderungen und Ergänzungen gegeben. Insbesondere die ursprüngliche Gliederung in eine Gattung mit elf Sektionen und insgesamt 48 Subsektionen wurde durch „Heraufstufung" einzelner Sektionen sowie Untersektionen zu Untergattungen bzw. zu Sektionen modifiziert. Auch wurden für regionale Floren bestehende Einheiten weiter differenziert und neue Untergattungen bzw. Sektionen beschrieben. Die Frage, ob diese Einteilungen über die regionalen Floren hinaus Gültigkeit haben können, läßt sich jedoch nicht eindeutig beantworten.

Einzelne Autoren haben auch vorgeschlagen, die Gattung *Euphorbia* in kleinere, mehr oder weniger homogene Gattungen aufzuteilen. WHEELER (1943) ist dieser Tendenz entgegengetreten und hat sich für die Beibehaltung der Gattung *Euphorbia* in einem umfassenden Sinne ausgesprochen. Nach seinem Vorschlag ist die Gattung *Euphorbia* in acht Untergattungen einzuteilen.

Auch in der aktuellen Literatur wird regelmäßig auf die oben genannten Autoren und die von ihnen beschriebenen systematischen Einheiten zurückgegriffen. Da es nicht Ziel dieses Buches sein kann, ein weiteres System der Gattung *Euphorbia* aufzustellen, seien hier nur diejenigen Gruppen aufgezählt, die für halbsukkulente und sukkulente Arten von Belang sind:

Chamaesyce-Verwandtschaft (Untergattung *Chamaesyce* RAFINESQUE): Ein- oder mehrjährige Pflanzen, teilweise mit reduziertem Sproß, Zweige aufrecht oder niederliegend, dornenlos. Blätter gegenständig. Cyathien einzeln oder in cymös verzweigenden Blütenständen, endständig oder achselständig, in der Regel zwittrig, mit vier Honigdrüsen, diese mit blattartigen Fortsätzen am äußeren Rand. Wenige halbsukkulente Arten. Heimat Amerika. Beispiel *E. rivae*.

Eremophyton-Verwandtschaft (Untergattung *Eremophyton* (BOISSIER) WHEELER): Ein- oder mehrjährige Kräuter, Sträucher oder kleine Bäume, Stamm und Zweige verholzend oder fleischig, dornenlos. Blütenstände einzeln oder drei (bis fünf) in endständigen Dolden, Hochblätter den Laubblättern ähnlich, Cyathien zwittrig, mit vier (selten zwei oder fünf) Honigdrüsen, diese ohne Fortsätze. Beispiele *E. longituberculosa*, *E. scatorrhiza*.

Tithymalus-Verwandtschaft (Untergattung *Tithymalus* BOISSIER): Sträucher oder kleine Bäume mit verzweigendem, verholztem Stamm, Zweige fleischig oder verholzend, dornenlos. Blätter bleiben über die Vegetationsperiode erhalten. Blütenstände als einfache oder verzweigende Trugdolden oder Cyathien einzeln, Blätter unterhalb der Cyathien zum Teil auffallend gefärbt. Beispiele *E. balsamifera*, *E. atropurpurea*.

Trichadenia-Verwandtschaft (Untergattung *Trichadenia* (PAX) CARTER): Sträucher oder Bäume mit hölzernen oder halbsukkulenten Zweigen oder krautige Pflanzen mit verholztem, unterirdischem Caudex, dornenlos. Cyathien in endständigen Dolden, Hochblätter den Laubblättern ähnlich, Cyathien zwittrig, mit vier oder fünf Honigdrüsen, diese mit zwei hornförmigen oder mit fingerförmigen Fortsätzen am äußeren Rand. Heimat Afrika. Beispiele *E. grantii*, *E. transvaalensis*, *E. trichadenia*.

Lyciopsis-Verwandtschaft (Untergattung *Lyciopsis* (BOISSIER) WHEELER): Mehrjährige Kräuter, Sträucher oder Bäume, mit verholzenden oder fleischigen Zweigen, dornenlos. Cyathien einzeln oder in endständigen oder achselständigen, einfach bis 3-fach verzweigenden Dolden, zwittrig, mit (ein bis) fünf (bis acht) untertassenförmigen, trichterförmigen oder 2-lippigen Honigdrüsen, einige mit fingerförmigen Fortsätzen am äußeren Rand. Beispiele *E. uniglans*, *E. cuneata*.

Somalica-Verwandtschaft (Sektion *Somalica* (CARTER) CARTER): Sträucher mit halbsukkulenten oder weichholzigen Stämmen und Zweigen. Blütenstände endständig, einfach bis 5-fach verzweigend, Cyathien mit fünf Honigdrüsen. In der Regel der Untergattung *Lyciopsis* untergeordnet. Beispiel *E. scheffleri*.

Espinosae-Verwandtschaft (Sektion *Espinosae* PAX et HOFFMANN): Sträucher, halbsukkulent, dornenlos. Cyathien einzeln, achselständig, von kleinen blattartigen oder schuppenartigen Hochblättern umgeben,

Honigdrüsen ganzrandig. In der Regel der Untergattung *Lyciopsis* untergeordnet. Beispiel *E. espinosa*.

Tirucalli-Verwandtschaft (Untergattung *Tirucalli* (BOISSIER) CARTER): Sträucher oder Bäume, Zweige zylindrisch, selten flach, sukkulent. Blätter klein, kurzlebig, deutliche Blattnarben. Cyathien gedrängt oder in endständigen Trugdolden, Cyathien zwei- oder eingeschlechtlich, mit vier bis fünf (bis acht) Honigdrüsen, Hochblätter blatt- oder schuppenartig. Heimat Madagaskar, Afrika, Arabische Halbinsel. Beispiele *E. tirucalli, E. aphylla, E. baroensis, E. enterophora, E. stenoclada*.

Treisia-Verwandtschaft (Sektion *Treisia* HAWORTH): Zwergsträucher oder kleine Stammsukkulente. Blattbasen warzig verdickt, den gesamten Sproß bedeckend, häufig spiralig angeordnet, dornenlos oder Dornen aus verholzenden Blütenstandsstielen. Blätter zum Teil groß, bleiben über die Vegetationsperiode erhalten. Cyathien zwittrig oder eingeschlechtlich, zum Teil zweihäusig, Cyathien zum Teil langgestielt, mit großen, meist grünen Cyathophyllen. Heimat Afrika. Beispiele *E. bupleurifolia, E. clava, E. schoenlandii*.

Medusea-Verwandtschaft (Sektion *Medusea* HAWORTH): Mehrjährige Pflanzen von medusenhaupt-artigem Wuchs. Hauptsproß (zum Teil basal verzweigend) oft bis zum Scheitel im Boden verborgen, mit zahlreichen, oft in mehreren Reihen ringförmig angeordneten Zweigen, diese dem Boden aufliegend, dornenlos oder Dornen aus verholzenden Blütenstielen. Blätter klein, kurzlebig. Cyathien einzeln, an den Zweigen, kurz- bis langgestielt, ein- oder zweihäusig. Heimat Afrika. Beispiele *E. caput-medusae, E. flanaganii*.

Pseudomedusea-Verwandtschaft (Sektion *Pseudomedusea* BERGER): Ähnlich *Medusea*, aber Zweige kurzlebig, dornenlos oder Dornen aus verholzenden Blütenstielen. Cyathien einzeln, sitzend oder kurzgestielt, an den Zweigen und im zentralen Sproßbereich. Heimat Afrika. Beispiel *E. gorgonis*.

Dactylanthes-Verwandtschaft (Sektion *Dactylanthes* HAWORTH): Zwergeuphorbien, Sproß verzweigend, in kurze, kugelförmige oder zylindrische Segmente gegliedert, Oberfläche flach warzig, dornenlos. Blütenstände oder einzelne Cyathien endständig, sitzend oder lang gestielt, mit fünf Honigdrüsen, Anhänge der Honigdrüsen 2-lippig, innere Lippe kurz, äußere mit fingerförmigen Fortsätzen, diese oberseits warzig-grubig. Heimat Afrika. Beispiele *E. globosa, E. ornithopus*.

Meleuphorbia-Verwandtschaft (Sektion *Meleuphorbia* BERGER): Zwergeuphorbien mit kugel- oder gedrungen säulenförmigem Hauptsproß oder Hauptsproß nahezu im Boden verborgen, zum Teil verzweigend, dornenlos oder mit verholzenden Blütenstandsstielen, blattlos. Cyathien in kurz- bis langgestielten Blütenständen, eingeschlechtlich, zweihäusig. Heimat Afrika. Beispiele *E. obesa, E. meloformis, E. susannae*.

Anthacantha-Verwandtschaft (Sektion *Anthacantha* LEMAIRE): Kleine Sträucher, Sproß von warzigen Blattpolstern bedeckt, rippenbildend. Dornen aus verholzenden Blütenstandsstielen, verzweigt oder unverzweigt. Heimat Afrika. Beispiele *E. mammillaris, E. horrida, E. stellaespina*.

Euphorbia-Verwandtschaft (Untergattung *Euphorbia* CARTER): Mehrjährige Kräuter, Sträucher oder Bäume, unverzweigt säulen- oder kugelförmig oder sich verzweigend, Zweige sukkulent, zylindrisch, längsverlaufend kantig oder rippig, Kanten oft warzig gezähnt. Stipeln zu Dornen umgewandelt, meist klein, vereinzelt auch größer als die paarigen Dornen, Dornenschilder

Euphorbia susannae. *Euphorbia glochidiata.* ▷

◁ *Euphorbia balsamifera.*
Euphorbia schoenlandii.
Euphorbia aphylla.

Euphorbia milii.

Euphorbia viguieri.

auf den Kanten bzw. an der Spitze der Warzen, verhornend, vereinzelt reduziert und dornenlos, dann nur bei Sämlingen ausgebildet, meist jedoch mit paarigen Dornen, diese zum Teil verschmelzend. Blätter gewöhnlich klein, ungestielt, kurzlebig, gelegentlich groß, gestielt, langlebig. Blütenstände einzeln oder in Gruppen achselständig, meist einfach verzweigt, oder Cyathien einzeln, Stiele fleischig, Cyathien mit fünf Honigdrüsen, diese gewöhnlich ganzrandig. Artenreichste Gruppe innerhalb der Gattung *Euphorbia*. Beispiele *E. antiquorum, E. glochidiata, E. squarrosa, E. abdelkuri*.

Lacanthis-Verwandtschaft (Untergattung *Lacanthis* (RAFINESQUE) GILBERT): Mehrjährige Kräuter, Sträucher oder Geophyten, Stamm, Zweige und Wurzeln dick fleischig oder verholzend. Stipeln umgewandelt zu Borsten oder Dornen, zum Teil kammartig verschmolzen, selten fehlend, keine Dornenschilder. Die Blätter erreichen eine unterschiedliche Größe, zum Teil sind sie sukkulent. Blütenstände meist achselständig, in Gruppen unterhalb der Sproß- und Zweigspitzen, meist lang und dünn gestielt, gabelig verzweigend, oder Cyathien einzeln, von oft kräftig gefärbten Hochblättern umgeben, mit vier bis fünf (selten bis sechs) Honigdrüsen. Heimat überwiegend Madagaskar. Beispiele *E. milii, E. didiereoides, E. ankarensis, E. decaryi*.

Goniostema-Verwandtschaft (Sektion *Goniostema* BAILLON): Sträucher oder kleine Bäume, quirlig verzweigt, Zweige zur Spitze hin verdickend, schwach kantig, Stipeln zu borstigen oder kammartigen Rippen verwachsen. Blätter groß, gestielt, bleiben zum Teil länger als eine Vegetationsperiode erhalten. Blütenstände gabelig verzweigend, dicht gedrängt oder lang gestielt, Cyathien mit großen Cyathophyllen. Heimat Madagaskar. Beispiele *E. lophogona, E. viguieri*.

Agaloma-Verwandtschaft (Untergattung *Agaloma* (RAFINESQUE) HOUSE): Mehrjährige Kräuter oder Sträucher, meist halbsukkulent, gabelig oder quirlig verzweigend, Zweige zylindrisch oder kantig, dornenlos. Cyathien einzeln oder in zymösen Blütenständen, endständig, Honigdrüsen mit ganzrandigen, blatt- oder fingerförmigen Anhängen. Heimat Amerika. Beispiele *E. sarcodes, E. appariciana*.

Pteroneurae-Verwandtschaft (Sektion *Pteroneurae* BERGER): Halbsukkulente Sträucher mit kantigen Zweigen, Kanten durch die an der Sproßachse herablaufenden Blattbasen gebildet, dornenlos. Heimat ausschließlich Amerika. Beispiele *E. pteroneura, E. weberbaueri* (evtl. auch Bestandteil von *Agaloma*).

Wuchsformen

Ein die gesamte Gattung *Euphorbia* umfassendes und allgemein anerkanntes System, das auf den Verwandtschafts-Beziehungen der einzelnen Arten innerhalb der Gattung beruht, existiert zur Zeit nicht – und für denjenigen, der Euphorbien zu seinem Hobby gemacht hat, liegt wohl auch der intuitive Zugang näher, die Arten bestimmten Wuchsformen zuzuordnen, auch wenn sich darin nicht immer die Abstammung von einem „gemeinsamen Vorfahren" widerspiegelt.

Im folgenden werden daher in Anlehnung an die Einteilung von BERGER (1907) und die deutschen Bezeichnungen von HAAGE (1976) die prägnantesten Wuchsformen kurz vorgestellt, jedoch ohne einen Anspruch auf Vollständigkeit zu erheben! Betont sei, daß eine solche Einteilung nach „groben" Merkmalen immer ein künstliches System darstellt und in gewisser Weise sub-

△
Euphorbia atropurpurea.   *Euphorbia lignosa.* ▷

jektiv bleiben muß. Tatsächliche verwandtschaftliche Beziehungen lassen sich daraus nicht sicher ableiten. – Hierfür bedarf es einer genauen Analyse aller Merkmale einschließlich der Entwicklung und des Feinaufbaus aller Pflanzenorgane und unter Umständen sogar biochemischer oder molekularbiologischer Untersuchungsmethoden.

Als **Gliederbäumchen** werden baum- oder strauchförmige Euphorbien bezeichnet, die gerade die Schwelle zur Sukkulenz überschritten haben. Ihre Sprosse, das heißt der Stamm und die zahlreichen Zweige, sind nur leicht verdickt und verholzen im Alter. Einige Arten, wie *E. aphylla* von den Kanarischen Inseln, sind unbeblättert, andere, wie die südafrikanischen Arten *E. juttae* oder *E. lignosa*, tragen mindestens zeitweilig Blätter.

Bei einigen Arten finden sich kaum oder nicht verdickte, über längere Zeit erhalten bleibende Blätter in rosettenförmiger Anordnung an den Enden der Zweige. Wegen dieser charakteristischen Beblätterung werden diese Pflanzen auch als **Federbuschsträucher** bezeichnet. Beispiele für diese Gruppe sind *E. atropurpurea*, *E. balsamifera*, *E. bourgeauana* und *E. bravoana*.

Den Gliederbäumchen, die vorwiegend auf den Kanarischen Inseln, der Arabischen Halbinsel und dem Horn von Afrika beheimatet sind, ähneln die **Flügelripper** Mittel- und Südamerikas, die ebenfalls kleine Bäumchen oder Sträucher mit deutlich gegliederten, meist gabelig verzweigten Ästen bilden. Als gemeinsames Kennzeichen ziehen sich bei allen Arten dieser Gruppe von den Blattansätzen jeweils drei Blattnerven als deutliche Rippen an den Zweigen herab. Die beiden äußeren Rippen ziehen sich jeweils zu den nächsten unterhalb liegenden Blattnarben. Durch die versetzte Anordnung der Blätter und die unterschiedliche Länge der Internodien erhalten die Zweige so insgesamt einen 4-eckigen (*E. sipolisii*) oder 6- bis vieleckigen (*E. phosphorea*, *E. weberbaueri*) Querschnitt. Die Cyathien stehen seitlich oder an den Zweigenden, gewöhnlich begleitet von grünen oder grünlich-gelben Cyathophyllen.

Die meisten sukkulenten Euphorbien gehören in die weitverbreitete Gruppe der **Zweidorner**. Innerhalb dieser Gruppe haben sich die Nebenblätter seitlich der Blattansätze zu einem mal zarten, mal kräftigen Dornenpaar entwickelt. Die Dornen stehen stets am oberen oder seitlichen Rand eines Dornenschildes, das unauffällig klein bleiben, aber auch mit den benachbarten Dornenschildern zu einem Hornband verschmelzen kann. Die Blattbasen sind in der Regel zu Kanten oder deutlich ausgeprägten Rippen zusammengewachsen. Die Cyathien entspringen oberhalb der Dornenschilder, in der Regel sind sie kurz gestielt oder sitzend; häufig sind drei Cyathien zu einem Blütenstand vereinigt. Aus der Vielzahl der Arten seien nur *E. canariensis*, *E. grandicornis*, *E. graniticola*, *E. squarrosa* und die bekannte *E. trigona* genannt.

Dieser Grundtypus der Zweidorner kann weiter unterteilt werden:

– Pflanzen mit kräftiger Entwicklung der Nebendornen oberhalb des Blattansatzes können der Untergruppe der **Vierdorner** zugeordnet werden. Diese zusätzlichen Dornen sind in der Regel kleiner und zarter (wie bei *E. angustiflora*, *E. gemmea*, *E. greenwayi*), können in Ausnahmefällen aber auch gleich groß (*E. isacantha*) oder größer (*E. taruensis*) als die eigentlichen Dornen sein.

– Durch Verschmelzung der beiden Hauptdornen entsteht die Untergruppe der **Dreidorner**, zum Beispiel *E. triaculeata*. Erfolgt die Verschmelzung nur an der Basis der Dornen, entsteht der Eindruck, die Dornen seien an der Spitze gegabelt (**Gabeldorner**). Beispiele sind *E. dauana* und *E. glochidiata*.

– Bei den Euphorbien der Untergruppe der **Eindorner** blieb nur ein einzelner Dorn erhalten, zum Beispiel *E. unispina*, *E. venenifica*; dagegen besitzt *E. monacantha* zwei kleine Nebendornen und zählt trotz ihres Namens somit formal zur Untergruppe der Dreidorner.

Als **Dornenblüher** wird eine Gruppe von Pflanzen bezeichnet, bei denen die Stiele der Blütenstände durch Verholzung zu Dornen umgewandelt bzw. sterile Blütenstände einzig zum Zweck der Dornbildung angelegt werden. Von den übrigen bedornten Arten lassen sich diese Dornen anhand der winzigen schuppenartigen Blättchen, die sich zumindest an den frischen Dornen finden, und anhand fehlender Dornenschilder unterscheiden. Aufgrund ihrer abweichenden Entstehung sind diese Dornen nicht immer gleichmäßig über die Zweige verteilt, sondern konzentrieren sich häufig in deutlich abgegrenzten Zonen. Die Kanten der Zweige sind mehr oder weniger deutlich warzig. Beispiele sind *E. cereiformis*, *E. mammillaris*, *E. horrida* und *E. polygona*.

Als **Meloneneuphorbien** werden überwiegend kleine, meist zweihäusige Euphorbien bezeichnet, die zur Verringerung ihrer Oberfläche einen annähernd kugelförmigen bis gedrungen zylinderförmigen Körper besitzen. In diese Gruppe gehören so bekannte Arten wie *E. meloformis*, *E. obesa* und *E. valida*, aber auch so gesuchte Arten wie *E. symmetrica*, *E. turbiniformis* und *E. piscidermis*. Sofern Dornen vorhanden sind, handelt es sich um verholzte Blütenstandsstiele, die begrenzte Zeit erhalten bleiben.

Als **Fingerblüher** werden einige wenige Arten bezeichnet, deren Sprosse aus mehr oder weniger kugelförmigen Zweigsegmenten aufgebaut sind. Namengebendes Element sind aber die fingerförmigen Fortsätze ihrer Honigdrüsen. Beispiele für diese Gruppe sind *E. globosa* und *E. ornithopus*.

Die kleine Gruppe der **Warzenzweigigen** bilden mehr oder weniger hochwüchsige, in einigen Fällen auch verzweigende krautige Arten mit deutlich ausgeprägt sukkulenten Zweigen, die mit mehr oder weniger deutlich warzenartig vorgezogenen Blattpolstern bedeckt sind. Beispiele für diese Gruppe sind *E. hamata*, *E. bubalina*, *E. bupleurifolia*.

Als **Medusenhaupt-Euphorbien** werden Arten bezeichnet, die einen gedrungenen, kugelförmigen oder kegelförmigen, meist warzig bedeckten Körper besitzen, von dessen Oberseite drehrunde Äste kreisförmig in alle Richtungen ausstrahlen. Die Cyathien besitzen oft Honigdrüsen mit leuchtend gefärbten, fingerförmigen Fortsätzen. In diese Gruppe gehören Arten wie *E. flanaganii*, *E. gorgonis*, *E. maleolens*, *E. pugniformis*, *E. inermis* und – namengebend – *E. caput-medusae*. Der Name leitet sich von der Medusa ab, einem Fabelwesen der griechischen Mythologie, dessen Haupt von Schlangen gekrönt war.

Auf Madagaskar konnten sich aufgrund der isolierten Lage der Insel ganz eigene Wuchstypen entwickeln, die auf dem südafrikanischen Festland nicht vorkommen.

Sehr attraktiv sind die **Miniatur-Schopfrosettenbäume**, kleine, oftmals verzweigte Bäumchen oder Sträucher mit nach der Spitze zu verdickten Sprossen. Sie tragen eine endständige Rosette großer, meist fleischiger Blätter mit einer deutlichen Blattaderung.

– In diese Gruppe gehören die **Kantenenphorbien** mit mehr oder weniger deutlich kantigen Sprossen. Die Kanten der Äste werden – zumindest in den frischen Austrieben – durch kamm- oder borstenartig ausgebildete Nebenblätter betont. Die meist leicht verdickten Blätter sind bei einigen Arten an der Blattbasis oder an der Blattunterseite auffällig gefärbt. Die Cyathien werden bei einigen Arten röhrenförmig von den Cyathophyllen umhüllt, bei anderen sind sie spreizend. Beispiele sind *E. leuconeura*, *E. neohumbertii* und *E. viguieri*.

Euphorbia greenwayi.
Euphorbia ornithopus.
Euphorbia meloformis.

Euphorbia bupleurifolia.
Euphorbia gorgonis.
Euphorbia obesa
(cristate Wuchsform).

△
Euphorbia leuconeura.
Euphorbia xylophylloides. ▷
Euphorbia alfredii.
▽

– Ihnen ähnelt eine kleine Gruppe von Pflanzen, die als **Säuleneuphorbien** bezeichnet werden können und die durch einen glatten zylindrischen Stamm, eine während der Wachstumsperiode an der Sproßspitze entwickelte Blattrosette aus großen, kaum sukkulenten Blättern und eine Vielzahl kurzgestielter, hängender Cyathien mit großen Cyathophyllen gekennzeichnet werden. Zu dieser Gruppe zählen *E. ankarensis, E. alfredii* und *E. millotii.*

Schließlich gibt es noch die Gruppe der **Koralleneuphorbien**. Sie sind in der Regel dornenlos, vereinzelt (bei *E. stenoclada*) können Zweige zu Dornen ausgezogen sein. Kennzeichnend für diese Gruppe ist ein entfernt an Korallen erinnernder Wuchs (zum Beispiel *E. enterophora, E. fiherenensis* und *E. xylophylloides*).

Unabhängig von der Einteilung in die oben aufgeführten Gruppen werden als **Caudexpflanzen** – sie gibt es nicht nur bei den Euphorbien – allgemein sukkulente Pflanzen bezeichnet, deren Stamm und Wurzel zu einem gedrungenen, mehr oder weniger verholzten Speicherorgan verschmolzen sind. Dieser Caudex befindet sich üblicherweise weitgehend unter der Erdoberfläche verborgen und ist nicht zur Photosynthese befähigt, das heißt nicht grün. Von ihm gehen einzelne bis viele Triebe aus, die bei den „echten" Caudex-Pflanzen in der Regel nicht sukkulent, sondern dünn, rankend oder windend sind, in jeder Wachstumsperiode neu hervorgebracht werden und in der Trockenzeit absterben. Zu dem „caudiciformen Syndrom" gehört nach ROWLEY (1987) auch, daß die Pflanzen zweihäusig sind und gelappte oder zusammengesetzte Blätter besitzen. Häufig werden als Caudex-Pflanzen aber auch Arten bezeichnet, deren oberirdische Triebe sukkulent sind und mehrere Wachstumsperioden erhalten bleiben. Zu diesen „unechten" Caudex-Arten gehört die Mehrzahl der als Caudex-Pflanzen bezeichneten Euphorbien wie zum Beispiel *E. squarrosa, E. stellata* oder *E. platycephala*, aber auch die geophytische *E. primulifolia.*

Als **cristate Wuchsformen** oder „Cristate" werden Pflanzen bezeichnet, deren Wachstum zumindest in Teilen gestört ist und die in diesen Teilen nicht die typischen Merkmale aufweisen. Cristate Pflanzen fallen meist durch ihr scheinbar regelloses Wachstum auf; die vertrauten Formen lösen sich plötzlich in ungeordnete Massen auf, die scheinbar unvorhersehbar Windungen, Faltungen oder Verzweigungen hervorbringen (Verbänderungen, Hahnenkammformen).

Ursache für dieses Aussehen sind Veränderungen des Vegetationspunktes, das ist der Punkt, an dem die Pflanzen ihr für das weitere Wachstum notwendige Gewebe entwickeln. Bei cristaten Pflanzen hat sich dieser Punkt, der normalerweise in geordneter Form Zellen abgliedert, zu einem Band entwickelt, das auf der ganzen Breite neues Gewebe produziert.

Die Ursachen für diese Veränderung des Wachstumskegels sind unbekannt. Da cristate Formen aber häufig gesuchte Sammlerobjekte sind, wird immer wieder versucht, diese in der Natur spontan auftretende Wuchsform durch gezielte Behandlung, etwa in Form von Kälteschocks, hervorzurufen. Die Vermehrung solcher Formen ist einfach, da diese Eigenschaft beim Schnitt von Stecklingen nicht verlorengeht.

Kulturhinweise

Grundsätzliches

Sukkulente Euphorbien im Blumentopf am Leben zu erhalten, ist im allgemeinen recht einfach. Dagegen bedeutet es bei vielen Arten eine echte Herausforderung, ihnen geeignete Bedingungen zu bieten, daß sie nicht nur **irgendwie** wachsen, sondern ihre typische Form behalten. Solche anspruchsvolleren Pflanzen werden wohl nur den auf Dauer zufriedenstellen, der ein Gewächshaus oder einen Wintergarten sein Eigen nennen kann.

Und schließlich gibt es einige Arten, die zugegebenermaßen in Mitteleuropa nicht ohne hohen technischen Aufwand gehalten werden können, oder zumindest nicht so, daß sie ihre typische Erscheinungsform ausbilden. (Gleichwohl ist es möglich, daß einige dieser Arten hier blühen und Samen bilden.)

Die Ursache für diese Schwierigkeiten liegt in der weiten Verbreitung sukkulenter Euphorbien. Sie wachsen an den unterschiedlichsten Standorten und sind dort den extremsten Standortbedingungen ausgesetzt. Jeder Versuch, die speziellen Bedingungen für die einzelnen Arten exakt nachzuahmen, wäre von vornherein zum Scheitern verurteilt. Zwar gibt es allgemein zutreffende Regeln wie den Anspruch auf einen hellen, nicht aber unbedingt auf einen sonnigen Standort, aber schon im Hinblick auf die Überwinterungs-Bedingungen treten drastische Unterschiede auf: Während einige wenige Arten, die am natürlichen Standort meist in großen Höhen wachsen, sogar leichten Frost ertragen können (solange sie vor Feuchtigkeit geschützt sind), bedeutet für andere ein längeres Absinken der Temperatur unter 10 bis 12 °C das sichere Ende.

Ähnliches gilt für den nicht minder wichtigen Faktor Boden: Da gibt es Arten, die in fast reinem Sand vorkommen, andere existieren auf kalkhaltigen Böden. Einige Arten bilden ein oberflächennahes Wurzelsystem aus, da der Boden am Standort so flachgründig ist, daß ein Eindringen in die Tiefe nicht möglich ist und sie die spärlichen Niederschläge von einer möglichst großen Fläche aufnehmen müssen. Andere bilden kräftige Pfahlwurzeln aus, die das kostbare Wasser noch aus größerer Tiefe aufnehmen können.

Das bedeutet aber nicht, daß die Pflanzen unter solchen Bedingungen wachsen „wollen"! Vielmehr finden wir die Arten an genau den Standorten, wo andere, konkurrenzkräftigere Pflanzen sie nicht mehr verdrängen, wo sie selbst aber noch zu existieren in der Lage sind und ihrerseits das Aufkommen konkurrenzschwächerer Arten unterdrücken. Keine Pflanze „sucht" die enge, kaum Boden enthaltende Felsspalte, um dort zu keimen, zu wachsen und möglichst auch wieder Samen zu produzieren, wenn daneben ein gut durchlüfteter, nährstoffreicher und tiefgründiger Boden zur Verfügung steht. In der Natur überleben nur diejenigen

Individuen, denen es gelungen ist, sich an ihrem Standort zu behaupten. Viele andere jedoch keimten an ungünstigeren Standorten und verdorrten bald. Diese Pflanzen finden wir ebensowenig wie diejenigen, die als Samen an einen günstigen Standort gelangten, dort aber nicht Fuß fassen konnten, da andere schnellwüchsige Arten sie bald überwuchert und erstickt hatten.

In Kultur schützen wir die Pflanzen vor dieser Konkurrenz-Situation. Folglich können sie hier unter Bedingungen existieren, die wenig mit den natürlichen Standortbedingungen gemeinsam haben. Das hat den großen Vorteil, daß wir nicht für jede Art eine spezielle Erde mischen oder ein eigenes Gieß- und Düngeprogramm aufstellen müssen. Vielmehr genügt es, einige allgemeine Grundsätze zu beachten, um damit der Mehrzahl der Arten gerecht zu werden.

Wohlgemerkt: Die **Mehrzahl** heißt, daß von jeder allgemeinen Regel Ausnahmen existieren. Daraus ergeben sich zwei Fragen, nämlich: Wie erkennt man die Ausnahmepflanzen? Und: Woher erfährt man, was man anders machen muß?

Diese Fragen lassen sich einfach klären: Entweder man wartet ab, wie die „neue Euphorbie" die übliche Behandlung übersteht, oder man bemüht sich um Informationen über ihre Pflege. Dazu kann man in einem Atlas nachschlagen, wie hoch die Niederschläge in der Heimat der Pflanze sind, zu welcher Jahreszeit sie auftreten, welche Temperaturen dort im Sommer und welche im Winter herrschen. Genauere Informationen über den Standort der Pflanze erhält man dadurch allerdings nicht. Wenn man dazu mehr wissen will, kann man sich die Mühe machen, in den Originalbeschreibungen nachzulesen (wenn man zufällig in einer Großstadt mit Universitätsbibliothek wohnt und dann noch weiß, wo man die Originalbeschreibungen findet). Allerdings hat dieses Verfahren den Nachteil, daß man die Pflanzen dort zwar **beschrieben** findet, Informationen über ihren Fundort enthalten aber nur die neueren, ausführlicheren Beschreibungen – und über Erfahrungen mit ihrer Kultur findet man dort nichts. Dazu muß man entweder in Büchern wie diesem nachlesen, oder man muß Kontakt zu anderen Sammlern oder Züchtern suchen, die in der Regel gern über ihr Hobby reden und Informationen weitergeben. Anschriften der nationalen Kakteengesellschaften sind am Ende des Buches zusammengestellt. Dort kann man den nächstgelegenen Ortsverein erfragen.

Dies ist zugleich auch der sicherste Weg zu erfahren, welche Art zu den „Pflegeleichten" gehört und von welcher man zunächst (oder auch auf Dauer) besser die Finger lassen sollte. (Eine subjektive Aufstellung derjenigen Euphorbien, die – zum Teil aus eigener trauriger Erfahrung – als heikel anzusehen sind und deren Erwerb nicht oder nur sehr erfahrenen Liebhabern zu empfehlen ist, enthält die Tabelle am Ende dieses Kapitels.)

Unabhängig von den genannten Informationsquellen empfiehlt es sich natürlich stets, die einzelnen Pflanzen genau zu beobachten. Bei regelmäßiger Beobachtung wird man schnell feststellen, wann die einzelne Pflanze Wasser benötigt, wann die Wachstumsperiode endet oder wann zum Ende der Ruheperiode wieder mit dem Gießen begonnen werden muß, aber auch wann sich Krankheitssymptome oder Parasitenbefall bemerkbar machen. Daher sind die folgenden Kulturhinweise nur als grobe Richtlinien zu verstehen, die an die jeweiligen Bedürfnisse der Pflanzen, aber auch an die jeweiligen Möglichkeiten des einzelnen Euphorbien-Sammlers angepaßt werden müssen.

Licht

Sukkulente Euphorbien benötigen durchgängig einen hellen Standort. Das ist sicherlich den meisten klar, aber es bedeutet längst nicht die ganze Wahrheit. Ein heller Standort ist nämlich nicht unbedingt identisch mit der prallen Mittagssonne! Zwar ertragen viele Euphorbien in der Natur die volle Sonne, das heißt aber nicht, daß dies auf eingetopfte Exemplare ebenfalls zutrifft. Der große Unterschied liegt darin, daß Pflanzen am natürlichen Standort ihre Wurzeln im relativ kühlen Boden, zum Teil im Schutz von Steinen, vor der Tageshitze schützen. Dagegen wird die Erde im Blumentopf am Südfenster unter Umständen viel wärmer. Hier empfiehlt sich eine leichte Beschattung des Topfbereiches, zum Beispiel durch eine niedrig angebrachte Scheibengardine.

Von einem solchen Schutz profitieren auch Sämlinge und junge Pflanzen sowie Arten aus Madagaskar und zum Teil auch solche aus Zimbabwe, die auch in ihrer Heimat bevorzugt in lichtem Schatten wachsen. Auch frisch umgetopfte Pflanzen sollten nicht der vollen Sonne ausgesetzt werden.

Eine kritische Jahreszeit für sukkulente Pflanzen ist das Frühjahr. Da sie nach einer Phase des Lichtmangels nun nicht mehr an starke Sonneneinstrahlung gewöhnt sind, kann es vor allem bei Pflanzen im Gewächshaus oder am Südfenster zu Verbrennungen kommen. Gleiches gilt für Euphorbien, die den Sommer im Freien verbringen. Daher empfiehlt sich wiederum eine leichte Schattierung durch Scheibengardinen. Das Gewächshaus erhält einen Anstrich mit Schattierungsfarbe, die im Laufe des Sommers vom Regen abgewaschen wird, oder man bringt Schattiertücher an. Den gleichen Schattiereffekt erreicht man im Gewächshaus auch mit Stegdoppelplatten, die das Licht nur gestreut durchlassen.

Einige Euphorbien behalten die Jahreszeiten der Südhalbkugel „im Gedächtnis" und verlegen ihre Wachstumsphase in unsere Wintermonate. Für diese Pflanzen empfiehlt es sich, eine Pflanzenleuchte als zusätzliche Lichtquelle anzubringen, die über eine Zeitschaltuhr etwa eine Stunde vor Sonnenuntergang eingeschaltet und für die Dauer von bis zu vier Stunden betrieben wird. Die normale Zimmerbeleuchtung reicht aufgrund ihrer Spektralwerte für das Pflanzenwachstum nicht aus. Leuchtstoffröhren mit einem auf die Bedürfnisse der Pflanzen abgestimmten Spektrum (sogenannte Truelight-Lampen) sind dagegen sehr lichtschwach und nur dann geeignet, wenn die Pflanzen recht dicht unter der Lampe plaziert werden können; zudem soll die Lichtausbeute bereits im zweiten Betriebsjahr wesentlich geringer ausfallen.

Gegenwärtig kommen Energiesparlampen auf den Markt, die sich als winterliche Zusatzbeleuchtung eignen. Die Lampen werden nicht heiß und können in kurzer Entfernung von den Pflanzen angebracht werden. Als Vorteile bringen sie eine hohe Lichtausbeute, und sie haben einen geringen Energieverbrauch bei zugleich niedrigen Anschaffungskosten. Beste Resultate im Hinblick auf Lichtausbeute und Brenndauer erzielen Quecksilberdampflampen und Hochdruck-Natriumdampflampen. Da diese Lampen sehr heiß werden, müssen sie in einem weiten Abstand zu den Pflanzen hängen. Da sie zudem nicht für die Kurzzeitbelichtung ausgelegt sind und einen sehr hohen Anschaffungspreis haben, kommt dieser Lampentyp im Grunde nur für größere Gewächshäuser in Frage. Einen umfangreichen Preis-Leistungs-Vergleich finden Interessierte in KRIETSCH (1995).

Sofern man die oben gemachten Einschränkungen berücksichtigt, sind Euphorbien natürlich schon „lichthungrige" Pflanzen, und ein zu schattiger Standort – unter Umständen schon die Position in der zweiten Reihe auf der Fensterbank – kann dazu führen, daß die Pflanzen ihr gedrungenes Erscheinungsbild verlieren. Nach Möglichkeit sollten Euphorbien die hellsten Standorte erhalten. Ergänzend trägt eine zurückhaltende Düngung dazu bei, daß die Pflanzen ihr sukkulentes Aussehen behalten.

Substrat und Düngung

Geeignete Substrate

Viele Sukkulenten-Liebhaber schwören auf ihre Substratmischung und werden nicht müde, die Vorteile ihrer Rezeptur herauszustellen und die Fehler der anderen zu betonen. Eigenartigerweise wird einem der nächste Züchter mit der gleichen Begeisterung seine Methode nahebringen wollen und alle anderen Methoden als ungeeigneter hinstellen.

Ein solcher Streit ist müßig, wenn man sich die drei wesentlichen Funktionen klarmacht, die die Erde bzw. das Substrat für die Pflanzen erfüllt:
– Zunächst einmal dient der Boden der darin wachsenden Pflanze dazu, sich mit Hilfe ihrer Wurzeln in ihm zu befestigen und zu stabilisieren. Das bedeutet für Pflanzen in Kultur, daß das Substrat das Eindringen der Wurzeln nicht dadurch verhindern darf, daß es durch einen zu hohen Tongehalt verklebt. Darüber hinaus muß das Substrat so durchlässig sein, daß überschüssiges Wasser, das beim Gießen nicht mehr an die Bodenpartikel gebunden wird, schnell abfließen kann. Dort, wo dies nicht möglich ist, gelangt keine Luft mehr an die Wurzeln, und es kommt schnell zu Fäulnisprozessen im Wurzelbereich, die unter Umständen zum Verlust der Pflanze führen können.
– Weiterhin soll die Pflanzerde in der Lage sein, eine gewisse Wassermenge durch Anlagerung an ihre Bodenpartikel zu speichern und so für die Pflanzen verfügbar zu halten. Sand ist dazu fast gar nicht in der Lage, er wäre daher ein ebenso schlechtes Substrat wie reiner Torf, der so hohe Mengen an Wasser speichert, daß die Durchlüftung des Bodens nicht mehr gewährleistet ist.
– Schließlich soll der Boden die Pflanze mit den zum Wachstum notwendigen Nährstoffen versorgen. Bei eingetopften Pflanzen sind die in der Erde enthaltenen Nährstoffe relativ schnell aufgebraucht. Hier schaffen regelmäßige Düngergaben während der Wachstumszeit und gelegentliches Umtopfen Abhilfe.

Als einfache, leicht zu handhabende Alternative zu den selbstgemischten Böden bietet sich handelsübliche Kakteenerde an, die zur besseren Durchlüftung und Ableitung des überschüssigen Wassers mit Dränagematerial (zum Beispiel Bimskies, Perlite, gebrochenem Lavagestein) vermischt wird. Erfahrungsgemäß ist dieses Material eher in Gärtnereien zu erhalten als in Blumenläden oder in Gartenfachgeschäften.

In welchem Anteil Grobmaterial zugesetzt wird, variiert je nach Empfindlichkeit und Wasserbedarf. Wird anstelle von Kakteenerde handelsübliche Blumenerde benutzt, sollte jedoch der Anteil an Grobmaterial für durchschnittlich empfindliche Pflanzen in Kunststofftöpfen mindestens bei 50 Prozent liegen.

Häufig wird empfohlen, den Boden des Topfes als Schutz vor Nässeschäden zusätzlich mit reinem Dränagematerial zu bedekken und erst darüber die jeweilige Substratmischung einzubringen. Eine eindeutige Schutzwirkung läßt sich aber bei den für die Kultur sukkulenter Pflanzen verwendeten, ohnehin durchlässigen Substraten nicht feststellen.

Nährstoffversorgung
Nach dem Umtopfen versorgen sich Pflanzen mit den notwendigen Nährstoffen zunächst aus dem neuen Substrat. Bald jedoch ist der begrenzte Vorrat erschöpft und muß durch gezielte Düngergaben ersetzt werden. Zur Düngung empfehlen sich entweder Flüssigdünger, die Nährstoffe in hochkonzentrierter Lösung enthalten und mit Gießwasser verdünnt werden, oder Salze, die dem Gießwasser zugesetzt werden und in der Regel ökonomischer sind als flüssige Dünger. Eine dritte Möglichkeit stellen die Vorratsdünger dar, die beim Umtopfen als Granulat in das neue Substrat gemischt werden und sich im Laufe der Vegetationsperiode kontinuierlich auflösen.

Je nachdem, welche Nährstoffe sie enthalten, lassen sich zwei große Gruppen von Düngern unterscheiden: Sogenannte Volldünger enthalten alle wesentlichen Hauptnährstoffe: Stickstoff (N), Phosphor (P), Kalium (K). Für sukkulente Pflanzen sind Volldünger zu bevorzugen, die einen *niedrigen* Stickstoffgehalt aufweisen. Der prozentuale Anteil der Nährstoffe im Dünger wird als NPK-Verhältnis in Form von drei Zahlen angegeben. Ein guter Sukkulenten-Dünger sollte einen Stickstoff-Anteil aufweisen, der nicht höher ist als der Gehalt an Phosphor oder Kalium. Besser noch ist ein Stickstoffgehalt, der nur halb so hoch ist wie der Phosphor- und Kaliumanteil, also beispielsweise ein NPK-Verhältnis von 5:10:10 bis 20:40:40. Da sich aber alle Dünger in ihrer Zusammensetzung geringfügig unterscheiden, kann kein Produkt für alle Pflanzen eine optimale Versorgung gewährleisten. Daher empfiehlt es sich, von Zeit zu Zeit die Marke zu wechseln. Damit läßt sich sicherstellen, daß die Pflanzen nicht einseitig versorgt werden.

Zusätzlich zu den Hauptnährstoffen enthalten Volldünger sogenannte Spurenelemente, die von allen Pflanzen nur in geringen Mengen benötigt werden, die aber für ein Gedeihen ebenso notwendig sind. Spezielle Spurenelement-Dünger sind in der Regel jedoch nicht notwendig. Bei einer ausreichenden Versorgung mit Volldünger und regelmäßigem Umtopfen kann es kaum zu einer Mangelversorgung kommen. Wer jedoch auf Spurenelement-Dünger nicht verzichten will, sollte die angegebenen Konzentrationen einhalten, da eine Überdosierung schnell zu Schäden und im Extremfall zum Verlust von Pflanzen führen kann.

Während der Wachstumsphase sollte regelmäßig, aber zurückhaltend gedüngt werden, da sich bei den meisten Arten das Substrat sonst recht schnell erschöpft. Ein jährliches Umtopfen ist bei den kleineren und den langsam wachsenden Arten nicht notwendig. Dagegen können schnellwüchsige Arten dem Substrat trotz regelmäßiger Düngergaben innerhalb eines Jahres durchaus seine Nährstoffe entziehen. Diese Arten profitieren natürlich davon, wenn sie jedes Frühjahr umgetopft werden. Höhere Düngergaben können den Zeitpunkt des nächsten Umtopfens eine gewisse Zeit hinausschieben, sie bergen aber die Gefahr, daß die Pflanzen mastig und gegenüber Krankheiten anfälliger werden, außerdem können sie ihre typische gedrungene Form verlieren.

Wasserversorgung und Gießen

Die Vorstellung, daß sukkulente Pflanzen an trockenen Standorten wachsen, stimmt so allgemein nicht, vielmehr wachsen sie an Standorten, an denen Wasser *zu bestimmten Zeiten* nicht zur Verfügung steht. Zu anderen Zeiten ist Wasser vorhanden, wobei es sich je nach Standort um Regen oder auch Nebel oder Tau handeln kann. Für die Pflege der einzelnen Arten bedeutet dies, daß der Wasserbedarf im Jahresverlauf stark schwanken kann; während der Wachstumsphase kann er bei hohen Temperaturen denen anderer Pflanzen entsprechen.

Sogar die Wahl des Pflanztopfes hat einen Einfluß auf die Bewässerung, auch wenn dies zunächst nicht sehr plausibel erscheint. Grundsätzlich gibt es zwei Möglichkeiten:

Nichtglasierte Tontöpfe waren lange Zeit die einzig verfügbaren Behältnisse. Durch ihre Oberfläche kann ein Teil des Gießwassers verdunsten, daher trocknet die Erde in ihnen schneller aus, gleichzeitig gelangt Luft durch die Wände in den Wurzelbereich und schützt die Wurzeln vor Fäulnis. Allerdings sind auch Schäden an Wurzeln in Wandnähe durch Verdunstungskälte möglich. Gleichwohl kann die Wahl von Tontöpfen für Arten, die besonders empfindlich auf Nässe reagieren, gerade infolge der zusätzlichen Verdunstung durch die Topfwand von Vorteil sein.

Glasierte Tontöpfe und Kunststofftöpfe besitzen luft- und wasserundurchlässige Wände, durch die kein Gießwasser verdunsten kann. Das bedeutet, daß seltener gegossen werden muß, gleichzeitig nimmt aber die Gefahr der Nässeschäden im Wurzelbereich zu. Kunststofftöpfe sind darüber hinaus deutlich leichter als Tontöpfe; dies wird allgemein als Vorteil gewertet, kann aber bei großen Pflanzen die Standfestigkeit verringern. Ein großer Vorteil von Kunststofftöpfen ist, daß es sie auch in viereckiger Form gibt – gelegentlich sogar in der dekorativeren sechseckigen Form –, die beide eine bessere Raumausnutzung gerade unter beengten Verhältnissen bieten (und jede Sammlung wird früher oder später unter Platzmangel leiden). Andererseits können sie in der prallen Sonne sehr heiß werden und zu einer Schädigung der Wurzeln führen, die direkt mit der Wand in Kontakt kommen.

Für welchen Topf man sich entscheidet, bleibt letztendlich dem Geschmack jedes einzelnen überlassen. Man sollte sich lediglich der jeweiligen Vor- und Nachteile bewußt sein und darauf achten, daß die Töpfe ein Abzugloch aufweisen, das überschüssiges Gießwasser schadlos ablaufen läßt. Sofern Übertöpfe benutzt werden, ist beim Gießen besondere Vorsicht geboten, um keine Schäden durch zurückgehaltenes Gießwasser zu riskieren.

Regeln für das Gießen von Euphorbien

Euphorbien im Zweifelsfall nicht gießen!

Die Tatsache, daß Euphorbien lange Trockenheit überstehen, besagt nicht, daß sie auch im Blumentopf solche Trockenzeiten benötigen; vielmehr vertragen sie während der Wachstumsphase sehr wohl auch regelmäßig kräftige Wassergaben. – Für die meisten Arten gilt darüber hinaus, daß ihre Erde auch während ihrer Ruheperioden nicht staubtrocken werden sollte. Gelegentliche Wassergaben, möglichst durch Bewässern von unten, aber auch vorsichtig von oben, werden allgemein gut aufgenommen. (Die Ruheperiode der meisten – außer der beblätterten madagassischen – Euphorbien fällt mit ihrer Blütezeit zusammen, sie kann zu jeder Jahreszeit liegen, im allgemeinen ist es jedoch das Winterhalbjahr.)

Wasserversorgung und Gießen

Besonders attraktiv wirken Euphorbien in einem Grundbeet (vorn ein Vertreter des Euphorbia enopla-Komplexes, dahinter Euphorbia inermis, im Hintergrund Euphorbia avasmontana und Euphorbia horrida).

Einmal reichlich gießen ist besser als häufige kleine Wassergaben. Bei reichlicher Bewässerung wird der gesamte Boden durchfeuchtet, und die Pflanze bildet einen entsprechend kräftigen Wurzelballen aus. (Bei vielen kleinen Wassergaben wird nur die Oberfläche angefeuchtet, die Pflanze bildet dementsprechend nur ein oberflächennahes Wurzelgeflecht aus, das sie dann wiederum empfindlicher gegenüber Trockenheit macht.) Von dieser Regel gibt es eine Ausnahme: Pflanzen, deren Substrat während der Wintermonate knochentrocken geworden ist, sollten *langsam*, das heißt über Wochen, wieder an Wassergaben gewöhnt werden! Dazu wird das Substrat zunächst nur ganz wenig angefeuchtet, bei jedem weiteren Gießen wird die Wassermenge ein wenig erhöht. Wer hierbei ungeduldig wird und die Entwicklung durch kräftiges Gießen beschleunigen will, wird in der Regel mit dem Verlust der Pflanze durch Wurzelfäule bestraft.

Der Nässeempfindlichkeit einiger Arten kann man Rechnung tragen, indem man das Substrat gleich beim Eintopfen durch **zusätzliche Gaben von Dränagematerial** durchlässiger macht. Der Vorteil dabei ist, daß man alle Pflanzen in etwa gleich gießen kann, ohne bei jeder einzelnen überlegen zu müssen, wieviel Wasser sie benötigt.

Einiges kann man durch genaue Beobachtung der Pflanzen erkennen. Allerdings sind die Zeichen für *zu viel* oder *zu wenig* Wasser längst nicht so deutlich wie bei den nicht-sukkulenten Zimmerpflanzen. Und Schäden an den Pflanzen werden oft erst deutlich, wenn sie so weit fortgeschritten sind, daß die Pflanze sich nicht mehr erholen kann. So machen sich Nässeschäden im Wurzelbereich, die zu Fäulnis führen, in der Regel erst bemerkbar, wenn die Pflanze im Bereich des Wurzelansatzes weich wird und eventuell ihre Farbe verliert. Hier hilft dann fast nur noch ein entschlossener Schnitt im gesunden Teil der Pflanze, um wenigstens den einen oder anderen Steckling zu retten.

Genauso gefährlich ist aber (besonders bei Sämlingen, die noch keinen großen Wasservorrat speichern können) ein völliges Trockenhalten während der Wintermonate, wenn die Pflanzen bei Zimmertemperatur kultiviert werden und dadurch höhere Wasserverluste erleiden. Auch Pflanzen, die in dieser Zeit eine Ruheperiode durchmachen, in der sie ihre photosynthetisch aktiven (grünen) Teile abgeworfen haben, wie zum Beispiel *E. crispa*, *E. platycephala* oder *E. primulifolia*, zeigen keine deutlichen Symptome für eine Schädigung, außer daß sie im Frühjahr nicht zum erwarteten Termin austreiben – dann ist aber auch schon nichts mehr zu retten.

Schließlich sollte man kein „hartes", das heißt kalkhaltiges Gießwasser verwenden. Angaben über den Härtegrad des Leitungswassers erhält man vom lokalen Wasserwerk; bei Werten über 12 °dH sollte auf Wasserenthärter zurückgegriffen werden. Wer über die Möglichkeit verfügt, Regenwasser aufzufangen, sollte damit gießen.

Leitungswasser sollte nicht unmittelbar aus der Leitung zu Gießen benutzt werden, da es in der Regel deutlich kälter als Zimmertemperatur ist. Eine bewährte Methode besteht darin, Vorratsgefäße (Gießkannen oder farbige Glasflaschen, in denen die Algenentwicklung reduziert ist) unmittelbar nach jedem Gießen zu füllen.

Als optimale Tageszeit zum Gießen gelten in der warmen Jahreszeit die Abendstunden, da die Pflanzen in den kühleren Stunden vermehrt Wasser über ihre Wurzeln aufnehmen; Verluste durch Verdunstung bleiben bei abendlichem Gießen geringer. Auch frühmorgendliches Gießen ist akzeptabel, kann in den Wintermonaten sogar vorteilhaft sein. Dagegen sollte in der Mittagshitze auf keinen Fall gegossen werden. Auch ein unmittelbares Benetzen der Pflanzen ist zu vermeiden.

Temperatur

Obwohl sukkulente Euphorbien an trockenwarme Bedingungen angepaßt sind, ist ihr Wärmebedarf recht unterschiedlich. Hohe Sommertemperaturen und starke Temperaturschwankungen im Tagesverlauf stellen kaum ein Problem dar (sofern bei empfindlichen Arten eine leichte Schattierung als Schutz vor Verbrennungen vorhanden ist). Nach MARX (1996) sind in Südafrika sogar gerade jene Gebiete am sukkulentenreichsten, die einen schroffen Kontrast zwischen Tages- und Nachttemperaturen aufweisen und in denen in den Wintermonaten regelmäßig leichte Nachtfröste auftreten.

Dagegen sind die Mindestanforderungen an die Überwinterungs-Temperaturen deutlich differenzierter. Als grobe Richtschnur kann gelten, daß aus Madagaskar, Arabien, Zentral- und Westafrika oder dem tropischen bzw. subtropischen Amerika stammende Arten die höchsten Temperatur-Ansprüche haben. Wenn man darauf achtet, daß Pflanzen dieses Ursprungs bei einer Mindesttemperatur von etwa 12 bis 14 °C überwintern, kann man kaum etwas falsch machen. Ostafrikanische Arten benötigen als Mindesttemperatur im Schnitt 10 bis 12 °C, während nord- und südafrikanische Arten Temperaturen unter 10 °C ertragen, solange sie trocken gehalten werden. Einige südafrikanische Arten sind sogar bedingt frostfest; sie ertragen ein Absinken der Nachttemperatur unter den Gefrierpunkt, wenn die Temperatur am nächsten Morgen schnell wieder ansteigt.

Man muß sich bei der Wahl des Überwinterungs-Standortes empfindlicher Arten darüber im klaren sein, daß die Temperaturen, denen Pflanzen auf dem Fensterbrett oder in Bodennähe im Gewächshaus ausgesetzt sind, mehrere Grade unter denen liegen können, die im übrigen Raum herrschen. Wer hier sicher gehen will, sollte mit einem Thermometer direkt am Ort messen.

Neben Verlusten aufgrund von zu niedrigen Raumtemperaturen kann es bei empfindlichen Arten auch zu Schäden durch Zugluft kommen. Dies auch, wenn das Fenster bei Frost zu lange zum Lüften „auf Kippe" gestellt wird. Ein kurzes „Stoßlüften" mit weit geöffnetem Fenster schützt hier vor unerwünschten Verlusten – und hilft darüber hinaus, Heizkosten zu sparen.

Generell wirkt sich regelmäßiges Lüften positiv auf die Pflanzen aus. Eine vorteilhafte Wirkung haben auch Temperaturschwankungen, insbesondere eine nächtliche Abkühlung. Starke nächtliche Temperaturrückgänge im Herbst können die Wachstumsphase der Euphorbien beenden und gelten als gute Vorbereitung der Pflanzen auf die Winterruhe.

Eng gekoppelt mit der Temperatur ist der Einfluß der Luftfeuchtigkeit. Bei hohen Temperaturen während der Wachstumsphase gedeihen Euphorbien auch in feuchterer Luft recht gut, dagegen sollte die Luftfeuchtigkeit während der Winterruhe, wenn die Temperaturen niedriger sind, nur gering sein.

Empfindliche Arten

Um Enttäuschungen bei Anfängern zu vermeiden, nennt die Tabelle diejenigen Euphorbien-Arten, die entweder aufgrund von Literaturangaben oder wegen eigener (zum

Teil mehrfacher) erfolgloser Kulturversuche als besonders anspruchsvoll bzw. empfindlich gelten. Ihre Kultur ist unter „Normalbedingungen" nach meinem persönlichen Eindruck nicht zu empfehlen. Das schließt nicht aus, daß der eine oder andere mit diesen Arten gute Erfahrungen gemacht hat – und erfahrenere Liebhaber mögen sich durchaus an diesen Arten versuchen. Die Auflistung ist zumindest so zu verstehen, daß diese Pflanzen stets eine erhöhte Aufmerksamkeit erfordern.

Anspruchsvolle und empfindliche Euphorbien-Arten

E. aequoris	E. fusiformis	E. monadenioides	E. quadrispina
E. atrox	E. gariepina	E. moratii	E. rivae
E. brunellii	E. gemmea	E. mosaica	E. rubella
E. clavarioides	E. gentilis	E. multiceps	E. rudis
E. colubrina	E. golisana	E. multiclava	E. saxorum
E. columnaris	E. guillauminiana	E. multiramosa	E. schizacantha
E. cremersii	E. gymnocaly- cioides	E. mundtii	E. schoenlandii
E. crispa		E. namaquensis	E. silenifolia
E. cuneneana	E. hadramautica	E. namibensis	E. stapelioides
E. eilensis	E. hallii	E. phillipsiae	E. stellaespina
E. ellenbeckii	E. horwoodii	E. piscidermis	E. subsalsa
E. fascicaulis	E. hypogaea	E. platycephala	E. tuberosa
E. fiherenensis	E. juttae	E. primulifolia	E. turbiniformis
E. fissispina	E. kondoi	E. pseudo- duseimata	E. unispina
E. fluminis	E. lignosa		E. verruculosa
E. fortuita	E. longituber- culosa	E. pseudo- tuberosa	
E. friedrichiae		E. quadrangularis	
E. fusca	E. melanohydrata		

Vermehrungsmethoden

Die „Vermehrung" von Euphorbien erfolgte lange Zeit überwiegend durch Import von Pflanzen, die aus der Natur entnommen wurden. Mit zunehmendem Wissen um die Ansprüche der Pflanzen gewann die Vermehrung durch Stecklinge und aus Samen an Bedeutung.

Samengewinnung und Aussaat

Euphorbien-Samen sind nur bedingt lagerfähig, die künstliche Bestäubung und die Samenernte gestalten sich aufwendig bzw. schwierig, daher ist das käufliche Angebot an Samen klein. Gleichwohl gibt es Händler und Pflanzenliebhaber, die zum Beispiel in Verbandszeitschriften regelmäßig Euphorbien-Samen anbieten. Für den Pflanzenfreund stellt die Anzucht aus Samen oft den faszinierendsten und befriedigendsten Weg der Pflanzenvermehrung dar, bietet sie ihm doch die Möglichkeit, die Entwicklung seiner Pflanzen „von Anfang an" zu verfolgen.

Ausdrücklich sei darauf hingewiesen, daß bei einigen Arten Stecklinge zwar bewurzeln, aber immer „als Zweig" weiterwachsen; die arttypische Wuchsform nehmen bei diesen Arten nur Sämlinge an.

Für die zweihäusigen Euphorbien benötigt man mindestens eine weibliche und eine männliche Pflanze – was im Hinblick auf die Anschaffung nicht ganz einfach ist, da sich die Geschlechter zum Teil nur während der Blüte und der Samenreife unterscheiden. Aber auch für viele zwittrige Arten sind mindestens zwei Pflanzen erforderlich, da sie zum Teil nicht selbstkompatibel sind (dies gilt auch für genetisch gleiche Pflanzen, die durch vegetative Vermehrung erzeugt wurden), zum anderen Teil aber durch eine zeitliche Abfolge in der Entwicklung der männlichen und der weiblichen Blütenorgane eine natürliche Selbstbestäubung ausschließen. In diesem letzten Fall kann man jedoch Stecklinge erzeugen, deren Blüte man durch einen schattigeren oder kühleren Standort soweit zu verzögern sucht, daß man diese „Barriere" gegen Selbstbestäubung umgehen kann. Natürlich kann man auch versuchen, die Pollen aus den verblühenden männlichen Blüten für eine gewisse Zeit kühl und trocken (im Kühlschrank) zu lagern und dann bei der Reife der weiblichen Blüte zur Befruchtung zu nutzen. Allerdings verliert Pollen normalerweise schnell seine Befruchtungsfähigkeit, so daß man hier nur mit eingeschränkten Erfolgsaussichten rechnen kann.

Die **Bestäubung** kann mit Hilfe eines feinen Haarpinsels vorgenommen werden, indem der reife Pollen von einem Cyathium vorsichtig abgestreift und auf die Narbe eines Cyathiums einer zweiten Pflanze übertragen wird. Nach der Bestäubung aller Cyathien einer Art ist der Pinsel gründlich zu reinigen, damit man nicht Pollen von der vorhergehenden Bestäubung mitschleppt und so ungewollt Kreuzungsexperimente durchführt. Eine andere Möglichkeit besteht darin, einzelne reife, noch nicht welke Antheren mit einer feinen Pinzette aus dem Cyathium zu entnehmen und mit ihnen unmittelbar eine Bestäubung vorzunehmen. Eine Lupe leistet hierbei gute Dienste.

Samenernte. Ein Problem stellt die Ernte der so erzeugten Samen dar: Die Früchte der Gattung *Euphorbia* sind hartschalige, verholzende Kapseln, die aus drei Segmenten bestehen. Jedes Segment enthält ein einzelnes, relativ großes Samenkorn. Reifen die Kapseln heran, springen sie – teilweise als deutliches Knacken hörbar – explosionsartig auf und verstreuen die Samenkörner auf erstaunlich weite Distanzen. Wer nun nicht ständig auf der Suche nach Samenkörnern über den Fußboden kriechen will und auch das überraschende Keimen in bereits „besetzten" Töpfen nicht schätzt, kommt nicht umhin, mit Hilfe diverser Methoden das Ausstreuen der Samen zu verhindern.

Ein bewährtes Mittel besteht zum Beispiel darin, einen Wattebausch über die heranreifende Samenkapsel zu ziehen. Die Watte hält die Samen recht erfolgreich zurück – allerdings um den Preis, daß die so behandelten Pflanzen bis zur Samenreife nicht gerade zu den Schmuckstücken der Sammlung gehören. Steht eine Vielzahl von Samenkapseln dicht nebeneinander, findet diese Methode recht bald ihre Grenze.

Ähnlich wie Wattebäusche wirken auch kleine Nylonbeutel (zum Beispiel aus alten Strümpfen), die über die Blüten oder gleich über den ganzen blütentragenden Teil gestülpt werden. Schließlich kann man bei besonders wertvollen Samen auch die gesamte Pflanze in möglichst hellen und durchscheinenden Beuteln aus Gaze oder Nylonstrümpfen verstauen. Zum Aussehen solcher Pflanzen erübrigt sich jeder Kommentar. – Ein Trost liegt dann nur noch in der Tatsache, daß die Samen recht schnell heranreifen.

Eine bequeme und recht sichere Methode, die Samen zu gewinnen, besteht darin, auf die Spitze schon weit herangereifter Samenkapseln eine dünne Schicht Klebstoff aufzubringen, die ein Aufplatzen der Kapsel verhindert. Sind die Kapseln völlig trocken, kann man sie auf einmal absammeln und von der Basis her vorsichtig öffnen. Montagekleber („Fixogum") für Grafiker hat sich sehr gut bewährt.

Die eigentliche **Aussaat** erfolgt in der Regel in den Monaten März und April – ähnlich wie bei den meisten anderen sukkulenten Pflanzen auch. Als Aussaatgefäße kommen vor allem flache Kunststofftöpfe oder -schalen in Betracht, da in ihnen das Substrat nicht so schnell austrocknet und man sie andererseits auch leichter reinigen und desinfizieren kann. Man verwende eine leichte Aussaaterde, die nährstoffärmer ist als handelsübliche Blumenerden, oder mineralische Substrate aus Sand feiner und mittlerer Korngrößen, denen man als organischen Bestandteil etwas feingesiebten Torf und gut verrottete Lauberde zusetzen kann. Das Substrat sollte anschließend durch Anstauen von unten mit Wasser gesättigt werden.

Da unter den Bedingungen in der Aussaatschale auch eingeschleppte Pilze gut gedeihen, empfiehlt sich eine vorbeugende **Sterilisation** des Substrates durch Wärmebehandlung (etwa 20 Minuten im Backofen bei etwa 120 °C bei flach auf dem Blech ausgebreitetem Substrat). Ergänzend kann man das Substrat mit einem Fungizid (zum Beispiel Chinosol) desinfizieren, das man dem Wasser zur anfänglichen Durchfeuchtung zusetzt. Allerdings ist die angegebene Konzentration des Chinosols unbedingt einzuhalten, da sonst Schädigungen an den Keimlingen auftreten.

Die Aussaat selbst kann mit der Hand oder auch unmittelbar aus dem Samentütchen erfolgen. Die Samen werden gleichmäßig und nicht zu dicht über die Oberfläche verteilt, leicht angedrückt und **ganz dünn** (bis zum zweifachen Durchmesser der Samenkörner) mit einer Schicht Aussaatsubstrat oder Sand bedeckt.

Die Erde sollte während der **Keimung** stets leicht feucht gehalten werden, bereits ein einmaliges Austrocknen des Bodens kann in dieser Phase zu erheblichen Verlusten führen. Eine Abdeckung der Aussaatschalen mit einer durchsichtigen Kunststoffhaube oder einer Folie wirkt sich vorteilhaft auf die Bodenfeuchtigkeit aus. Nach erfolgter Keimung sind die jungen Pflanzen allerdings empfindlich gegenüber hoher Luftfeuchtigkeit und müssen unter der Abdeckung hervorgeholt werden. Daher ist es sinnvoll, die Samen in mehrere kleine Töpfe aufzuteilen, die unabhängig voneinander aus der Aussaatschale genommen werden können. Die Keimlinge sind aber weiterhin gegen Austrocknung empfindlich, das Substrat sollte daher regelmäßig (anfangs täglich) durch Anstauen von unten mit Wasser gesättigt werden. Anschließend muß jedoch überschüssiges Wasser ablaufen können.

Die **Temperatur** sollte nachts mindestens 18 °C betragen, tagsüber kann sie bedenkenlos auf etwa 40 °C ansteigen, optimal sind etwa 25 °C. Grundsätzlich keimen die Samen bei höheren Temperaturen schneller. Volles Sonnenlicht ist allerdings zu vermeiden, ein leicht beschatteter Standort schützt die Sämlinge vor Verbrennungen. Pikiert werden die Keimlinge nach Bedarf, das heißt in erster Linie dann, wenn sie sich gegenseitig in ihrem Wachstum behindern. Dazu hebt man sie einzeln, mit Hilfe eines dünnen Holzstabes und vorsichtig, ohne die Wurzeln zu verletzen, aus dem Substrat und verpflanzt sie in vorbereitete Töpfe mit nährstoffreicherem Kultursubstrat.

Bei einigen Arten soll die Keimung von Samen zwischen zwei Lagen feuchten Küchenpapiers in einer Petrischale erfolgreich verlaufen. Die auf diese Weise gewonnenen Sämlinge werden wie üblich eingetopft, wenn die Wurzeln etwa 5 mm lang sind (BERRY 1990).

Interessanterweise behalten Euphorbien-Samen nur für kurze Zeit ihre **Keimfähigkeit**. Häufig betragen die Ausfälle schon nach wenigen Wochen bis zu 50 Prozent. Generell gilt, daß gut durchgetrocknetes Saatgut länger keimfähig bleibt als solches, das einen hohen Feuchtigkeitsgehalt aufweist. Saatgut sollte luft- und wasserdampfdicht verschlossen bei niedrigen Temperaturen aufbewahrt werden; als Optimaltemperatur gilt 5 °C. Bei höheren Temperaturen läßt die Keimfähigkeit schneller nach. Zur Trocknung von wertvollem Saatgut verwende man in Apotheken erhältliches Kieselgel oder Ätzkalk.

Da die Niederschläge in der Heimat der sukkulenten Euphorbien nicht immer regelmäßig und in ausreichendem Maße fallen, um ein sicheres Aufwachsen von Keimlingen zu gewährleisten, keimen nicht alle Samen gleichzeitig. Vielmehr wird immer wieder eine Keimung in Wellen beobachtet, das heißt ein Teil der Samen läuft zum Beispiel nach rund einer Woche auf, danach tritt eine Pause ein, bis ein weiterer Teil der Sämlinge dann innerhalb kurzer Zeit, zum Beispiel nach acht Wochen, keimt und die letzten Keimlinge nach 15 Wochen erscheinen.

Schließlich – und das macht die Vermehrung durch Samen so unvorhersagbar – variiert die Keimdauer von Art zu Art. Die Tabelle gibt die Anzahl der Tage von der Aussaat bis zur Keimung für eine Reihe von Arten wieder.

Keimdauer einiger *Euphorbia*-Arten (unter anderem nach CLARKE 1994)	
Art	Keimdauer in Tagen
E. aeruginosa	4
E. balsamifera	27 bis 97
E. caput-medusae	60
E. confinalis	22 bis 46
E. francoisii	11 bis 25
E. griseola ssp. *mashonica*	24
E. knuthii	6 bis 13
E. loricata	32
E. milii	8 bis 21
E. obesa	5
E. oncoclada	8 bis 59
E. platyclada ssp. *platyclada*	10 bis 14
E. stenoclada	5 bis 34
E. viguieri	8 bis 24

Stecklinge

Die Vermehrung durch Stecklinge stellt für viele Euphorbien die einfachste und schnellste Methode dar. Zugleich ist sie ein Weg, aus großen, unansehnlich gewordenen Pflanzen wieder „handliche" und attraktive Exemplare zu gewinnen.

Der Stecklingsschnitt sollte möglichst mit einem scharfen und sauberen Messer ausgeführt werden. Wenn möglich wird die Pflanze auf eine harte und ebene Unterlage gelegt, um mit einer ziehenden (nicht drückenden) Bewegung einen sauberen und glatten Schnitt zu erzielen; Vorsicht ist geboten, da bei einigen Pflanzen der giftige Milchsaft förmlich aus der Schnittstelle spritzt.

Euphorbien mit gegliederten Zweigen sollten möglichst an den Einschnürungen geschnitten werden. Ungegliederte Pflanzen, selbst hochsukkulente Arten wie *E. bupleurifolia* und *E. piscidermis*, können durch Entfernung der Scheitelregion (Decapitieren) zur Bildung von Seitentrieben angeregt werden, die man später als Stecklinge abtrennen und ebenfalls bewurzeln lassen kann.

Die **Gewinnung von Stecklingen** sollte im Frühjahr mit beginnendem Austrieb erfolgen; sie ist jedoch auch in den Sommermonaten möglich. Stecklingen, die im Herbst oder Winter geschnitten werden, bleibt weniger Zeit zum Bewurzeln. Ein Stecklingsschnitt sollte also in dieser Zeit nur vorgenommen werden, um von Wurzelfäule befallene Pflanzen zu retten.

Der nach dem Schnitt **austretende Saft** muß durch Abwaschen in einem bereitstehenden Wasserglas oder durch Absprühen vollständig entfernt werden. Kaltes Wasser hemmt den Saftfluß recht rasch, eine andere wirkungsvolle Methode ist das kurze Abflammen der Schnittstelle über einer Kerzenflamme oder einem Feuerzeug.

Bei großblättrigen Euphorbien empfiehlt es sich, evtl. vorhandene Blätter oberhalb der Schnittstelle mit einem glatten Schnitt zu entfernen. Die Schnittstelle soll vor dem Einbringen in das Substrat gut durchtrocknen können. Es empfiehlt sich, bei blattlosen Arten wenigstens einen, besser mehrere Tage zu warten, bevor Stecklinge eingetopft werden. Im Gegensatz dazu sollte bei den beblätterten Arten aus Madagaskar die Schnittstelle nur leicht abtrocknen. Durch Bestäuben der Schnittfläche mit einem Bewurzelungshormon läßt sich die Wurzelbildung fördern. Für Euphorbien wird 0,1 Prozent Naphtylessigsäure (NAA) empfohlen (erhältlich über den Versandhandel), nicht die häufiger in Geschäften angebotene Indolylessigsäure (IAA).

Als **Pflanzsubstrat** hat sich sterile Aussaaterde bewährt, die mit zuvor erhitztem Dränagematerial (siehe Seite 42) und evtl. etwas handelsüblicher Aquarien-Filterkohle vermischt wurde. Das Substrat muß fest an den Steckling gedrückt und bis zur Bewurzelung leicht feucht gehalten werden.

Die Bewurzelung dauert bei Euphorbien oft länger als erwartet, hohe Bodentemperaturen (etwa 25 °C), die sich zum Beispiel mit Hilfe einer Heizmatte mit Thermostat erreichen lassen, beschleunigen den Prozeß. Direktes Sonnenlicht ist allerdings zu vermeiden. Nach erfolgreicher Bewurzelung werden die Pflanzen in die normale Substratmischung umgetopft und wie üblich gegossen.

Eine **Alternative** zu dieser Art der Vermehrung besteht darin, die wie üblich gewonnenen Stecklinge bis zur Wurzelbildung in trockenen groben Sand oder gar aufrecht in einen leeren Topf zu stellen. Sobald die Wurzelentwicklung einsetzt, werden die Stecklinge in übliches Kultursubstrat gepflanzt und leicht feucht gehalten.

Drohen unbewurzelte Stecklinge einzutrocknen, kann man sie unter Umständen durch Einlegen in Wasser retten. In einem Gefäß mit Wasser in Raumtemperatur verbleiben sie, bis sie wieder so weit gequollen sind, daß man sie erneut einpflanzen kann.

Eine schnelle, aber nicht bei allen Arten erfolgreiche Methode besteht darin, die Stecklinge aufrecht 2 bis 3 cm tief in ein halb gefülltes, schmales Wasserglas zu stellen. Die Bewurzelung erfolgt dann zum Teil schon innerhalb von vierzehn Tagen. Gute Erfolge zeitigt diese Methode bei halbsukkulenten Arten, Euphorbien aus dem Formenkreis um *E. milii* und bei einer Reihe ostafrikanischer, indischer und amerikanischer Zwergsträucher.

Bei einigen Euphorbien bewurzeln **Zweigstecklinge** zwar, bilden aber nicht die arttypische Wuchsform aus, sondern wachsen als Zweige weiter. Insbesondere die sogenannten Medusenhäupter gehören in diese Gruppe, aber auch *E. brevitorta, E. groenewaldii, E. tortirama* und andere. Hier führt die in der englisch-sprachigen Literatur als „Two-step-cutting-method" beschriebene Vorgehensweise zum gewünschten Erfolg. Das Prinzip dieser Methode besteht darin, zunächst wie oben beschrieben einen Steckling zu erzeugen. Hat sich dieser bewurzelt, erfolgt ein zweiter Schnitt kurz (etwa 5 cm) über der Bewurzelung. Die dabei erzeugte Schnittstelle wird wie üblich behandelt. Die Spitze verarbeitet man wie einen gewöhnlichen Steckling; sie läßt sich – wenn sie groß genug geworden ist – ein zweites Mal schneiden.

Der bewurzelte Teil soll nach diesem zweiten Schnitt eine arttypische Pflanze hervorbringen, die – wenn sie groß genug ist – vom „Muttersteckling" abgetrennt wird.

Bei einigen Euphorbien Madagaskars (*E. francoisii, E. cylindrifolia, E. pachypodioides, E. ankarensis, E. millotii*) ist sogar die Vermehrung über **Blattstecklinge** gelungen. ROGERS (1988) empfiehlt, die zur Vermehrung vorgesehenen Blätter von der Pflanze abzuziehen – nicht abzuschneiden – und diese anschließend in Würfel aus Steinwolle zu stecken, die wiederum in einer flachen Schale auf grobem Sand aufliegen. Der Wasserstand soll so hoch gehalten werden, daß die Oberfläche des Sandes gerade bedeckt ist. (Diese Methode soll auch funktionieren, wenn die Blätter unmittelbar in feuchten Sand gesteckt werden.) Auch hier wird zur Unterstützung der Wurzelbildung ein Bewurzelungshormon benutzt; zum Schutz vor Pilzinfektionen wird ein Fungizid zugesetzt. Sowohl leichte Erwärmung als auch ein kühler Standort, an dem eine Kunststoffhaube für hohe Luftfeuchtigkeit sorgt, sollen das gewünschte Ergebnis liefern. Nach etwa 40 Tagen sind die Stecklinge so weit bewurzelt, daß man sie eintopfen kann.

Blätter von *E. decaryi*, *E. primulifolia*, *E. moratii*, *E. cemersii* und *E. decidua* sollen zwar auch bewurzeln, allerdings ohne daß sich aus ihnen vollständige Pflanzen entwickeln. – Sie bleiben bewurzelte Blätter.

> Der Milchsaft von Euphorbien ist giftig. Schon kleinste Mengen können zu schmerzhaften Hautreizungen oder Entzündungen führen. Kommt Milchsaft in Kontakt mit der Haut, ist er unverzüglich unter fließendem Wasser gründlich abzuspülen. Auf keinen Fall darf Milchsaft auf die Schleimhäute oder in die Augen gelangen.

Pfropfen

Das Pfropfen von Euphorbien hat für eine Reihe von seltenen und empfindlichen Arten Bedeutung (zum Beispiel *E. piscidermis*, *E. mosaica*, *E. golisana*, *E. columnaris*, *E. multiclava*), die sicherer zu erhalten sind, wenn sie auf wuchskräftige, unempfindliche Unterlagen aufgebracht sind. Zudem wachsen sie schneller. Außerdem blühen sie besser und setzen mehr Samen an. Allerdings verlieren Pfröpflinge unter Umständen auch ihr typisches Aussehen. So kann es zu stärkerer Verzweigung und selbst zur Entwicklung von cristaten Wuchsformen kommen. Für die überwiegende Zahl der *Euphorbia*-Arten ist aber eine Pfropfung nicht nötig.

Die **Technik** des Pfropfens von Euphorbien unterscheidet sich nicht grundsätzlich von der Vorgehensweise bei anderen Sukkulenten, wie etwa bei Kakteen. Allerdings gibt es einen wesentlichen Unterschied: Der Milchsaft muß unbedingt so lange abgewaschen oder abgesprüht werden, bis kaum noch Saft austritt. Erst dann können Unterlage und aufzupfropfendes Material (Pfröpfling) zusammengebracht werden. Alternativ kann man auch, nachdem kein Milchsaft mehr austritt, einen zweiten Schnitt durchführen und jeweils eine 1 bis 2 mm dünne Scheibe von Unterlage und Pfröpfling abtrennen, ohne daß erneut Milchsaft austritt.

Beide sollten im Optimalfall am Beginn ihrer Wachstumsperiode stehen. Die Unterlage sollte möglichst dicht an der Wachstums-Spitze geschnitten werden, da sich dort die Gefäße dicht beieinander befinden und noch nicht verholzt sind, so daß eine optimale Versorgung der aufzupropfenden Pflanze gewährleistet ist. Andererseits sollten die beiden Schnittflächen möglichst gleich groß sein. Die Schnittflächen werden anschließend mit zwei elastischen Bändern, die über die Pflanzen und unter dem Topf hindurch über Kreuz geführt werden, unter ganz leichtem Druck fixiert. Anschließend werden die Pflanzen für sieben bis zehn Tage an einen luftigen, schattigen Platz gestellt, bevor die Bänder entfernt werden.

Als **Unterlage** eignen sich fast alle Euphorbien. Jedoch sollte man bedenken, daß besonders wuchskräftige Unterlagen in der Lage sind, das Erscheinungsbild des Pfröpflings zu verändern. Andererseits fördern solche Unterlagen die Blühfreudigkeit und die Verzweigung der betreffenden Pflanzen, was insbesondere bei der Vermehrung seltener und empfindlicher Arten als positiver Effekt zu werten ist.

Als stark wachstumsfördernde Unterlagen gelten *E. ingens*, *E. candelabrum*, *E. ca-*

Aufgepfropfte *Euphorbia piscidermis*.

nariensis, *E. grandicornis* und *E. trigona*, als mäßig wachstumsfördernd wird *E. fruticosa* betrachtet. Als wenig wachstumsfördernde, aber sichere Unterlage gilt auch *E. obesa*. Die häufig eingesetzte *E. mammillaris* ist ebenfalls eine sichere Unterlage, soll jedoch nur eine begrenzte Überlebensdauer haben.

Für die knollenbildenden Euphorbien Madagaskars wie *E. cap-saintemariensis*, *E. moratii*, *E. primulifolia* oder *E. ambovombensis* empfiehlt Rauh (1987b) als Unterlage *E. milii* var. *breonii* oder *E. milii* var. *hislopii*.

Der verbleibende Teil der Pflanze, dessen Spitze entfernt wurde, sollte mit Schwefelblüte bestäubt werden, zum einen, um eine Infektion zu verhindern, zum anderen, um ein Einschrumpfen der Schnittfläche zu reduzieren. Je nach Wuchsstärke der Pflanze können an der Schnittstelle bald oder erst nach bis zu zwei Wachstumsperioden neue Triebe entstehen, die, sobald sie die nötige Größe erreicht haben, wiederum zur Gewinnung von Stecklingen zur Verfügung stehen.

Schließlich sei noch einmal an die **Giftigkeit des Milchsaftes** erinnert. Bei Berührung mit der Haut ist der Milchsaft unverzüglich unter fließendem Wasser gründlich abzuspülen.

Pflanzenschutz

Neu angeschaffte Pflanzen sollte man in jedem Fall erst einmal einer gründlichen Inspektion unterziehen, bevor man sie mit eigenen Pflanzen zusammenbringt. Auf diese Weise hat man eine wichtige Ursache für unliebsame Überraschungen ausgeschaltet. Sieht eine Pflanze kränklich aus (ohne daß die Ursache dafür in erkennbaren Kulturfehlern liegt) oder ist gar Schädlingsbefall sichtbar, sollte man besser von vornherein auf die Anschaffung verzichten.

Ob eine Pflanze gedeiht, läßt sich nicht immer sofort erkennen; aber je vertrauter man mit Euphorbien wird, je besser man ihre Wachstums- und Ruhephasen kennt, um so eher wird man Veränderungen bemerken und die Pflanzen auf mögliche Erkrankungen inspizieren. Ein verläßliches Zeichen sind Verfärbungen. Insbesondere bleiche und verformte Pflanzenteile deuten auf Schädlingsbefall oder Nährstoffmangel hin. Aber auch ausbleibendes Wachstum – die Hauptwachstumszeit der meisten Arten liegt im Frühjahr und im Herbst, im Hochsommer legen viele Pflanzen eine Ruhepause ein – kann auf Schäden hinweisen. Dagegen deutet der Abwurf von Blüten auf zu reichliche Wassergaben bzw. auf einen zu wenig durchlässigen Boden hin. Das Rücktrocknen von Blüten bedeutet dagegen (besonders bei den madagassischen Arten) eine Reaktion auf mangelnde Wasserversorgung.

Krankheiten und Schädlinge

Wurzelfäule

Wurzelfäule oder Naßfäule kann bei Euphorbien auftreten, wenn der Boden zu viel und zu lange Wasser speichert oder wenn das Substrat zum Beispiel während der Ruheperiode der Pflanze völlig durchtrocknen konnte und die Pflanze nun zu schnell wieder reichliche Wassergaben erhält (siehe Abschnitt „Wasserversorgung und Gießen"). Solchermaßen geschwächte Pflanzen fallen besonders leicht eindringenden *Fusarium*-Pilzen zum Opfer, den Erregern der Wurzelfäule. Die Krankheit macht sich zunächst durch eine braune Verfärbung am Wurzelhals bemerkbar, später breitet sie sich auf die gesamte Pflanze aus. Die Pflanze wird weich und „schlapp", ihr Inneres verwandelt sich in eine weiche, farblose Masse.

Gegen Wurzelfäule hilft nur – wenn überhaupt etwas hilft – ein rascher, entschlossener Schnitt im noch nicht angegriffenen Teil der Pflanze, um wenigsten die Chance zu erhalten, Stecklinge zu gewinnen. Aussicht auf Erfolg hat dies aber nur zu einem frühen Zeitpunkt der Erkrankung.

Mehltau

Mehltau kann als mehlig-weißer Belag auf allen Pflanzenteilen auftreten. Die betroffenen Teile zeigen ein verändertes Wachstum und sterben bald ab. Ein Befall tritt in erster

Linie bei Pflanzen auf, die keinen optimalen Standort haben. Zu hohe Luftfeuchtigkeit, nicht ausreichende Lüftung, zu wenig Licht, zu dichter Stand und Schwächung der Widerstandskraft durch Nährstoffmangel können die Infektion mit dem Mehltau-Erreger, einem Pilz, fördern. Demzufolge besteht der beste Schutz vor Mehltau-Befall in einer angemessenen Unterbringung und Versorgung der Pflanzen.

Sollte es trotzdem zu einer Infektion mit dem Mehltau-Erreger kommen, müssen die befallenen Pflanzen auf alle Fälle isoliert werden. Unter Umständen muß man die befallenen Teile entfernen und vernichten. Vereinzelt hat schon ein regelmäßiges Abwaschen der befallenen Teile geholfen, auch Einsprühen mit Schachtelhalmbrühe soll helfen, ansonsten ist man auf chemisch-synthetische Mittel zur Mehltau-Bekämpfung angewiesen. In der Regel wird man ein Mittel gegen Echten Mehltau an Rosen bzw. gegen Echten Mehltau an Zierpflanzen wählen, da spezielle Mittel gegen Mehltau an Euphorbien nicht auf dem Markt sind.

Nach Hersteller-Angaben sind Mittel mit den Wirkstoffen Triadimenol und Tebuconcazol (chemische Gruppe der Triazole) bei systemischer Anwendung zwar sehr gut wirksam, sie können jedoch bei wiederholter Behandlung zu langanhaltenden Wachstumsbeeinträchtigungen aufgrund ihrer Stauchewirkung führen. Günstiger wird dagegen die Wirkung von Triazolen als Spritzmittel (zum Beispiel Wirkstoff Biteranol) beurteilt. Ein Nachteil der systemischen Mittel ist, daß sie ihre optimale Wirkung während der Wachstumsperiode der Pflanzen entfalten; in der Ruhephase aber, wenn kaum eine Wasseraufnahme erfolgt und die Pflanzen unter Umständen völlig trocken stehen müssen, lassen sie sich nicht anwenden. Unter diesen Bedingungen muß auf Kontaktgifte zurückgegriffen werden, die unmittelbar durch den Kontakt mit dem Pilz wirken. Kontaktgifte werden pulverförmig (unter anderem Schwefel und Schwefelpräparate) oder als Spray angeboten. Übrigens soll auch Spray gegen Fußpilz (mit dem Wirkstoff 1 Prozent Tolnaftate und 36 Prozent Alkohol) dauerhaften Schutz bieten.

Generell sind bei Einsatz chemischer Pflanzenschutzmittel die vorgeschriebenen Sicherheitsbestimmungen genau zu beachten.

Spitzentrockenheit

Beim Eintrocknen von Trieben von der Spitze her handelt es sich um keine Krankheit, sondern um die natürliche Reaktion der Pflanze auf zu große Trockenheit oder Nährstoffmangel. Einige Arten zeigen während ihrer Ruheperiode regelmäßig Spitzentrockenheit. Tritt Spitzentrockenheit auf, empfiehlt es sich, die Pflanze in ein Substrat umzutopfen, das besser Wasser speichert, oder aber man erhöht vorsichtig die Wassermenge.

Weiße Fliege

Als Weiße Fliege oder Mottenschildlaus werden verschiedene Schädlinge bezeichnet, die gelegentlich an Euphorbien auftreten: Vor allem der Gewächshaus-Schädling *Trialeurodes vaporariorum*; aber auch die Weiße Fliege der Süßkartoffel, *Bemisia tabaci*, die trotz ihres Namens auch Euphorbien befällt, können zu einer regelrechten Plage werden. Sowohl die etwa 1,5 mm großen erwachsenen Tiere, die mit ihren weißen Flügeln an mehlbestäubte Motten erinnern, als auch ihre schildlaus-ähnlichen gelbgrünen Larven von 0,3 bis 0,7 mm Länge halten sich bevorzugt an der Unterseite von Blättern auf. (Die erwachsenen Tiere sitzen vor allem an den obersten Blättern, die Larven und Puppen finden sich an älteren Pflanzenteilen.) Erwachsene Tiere und Larven saugen Pflanzensaft und scheiden zuckerhaltigen Honigtau aus, der zu einer zusätzlichen Infektion mit Schwärzepilzen (Rußpilzen) führen kann. Die geflügelten Tiere können bis zu vier Wochen alt werden, jedes Weibchen legt etwa 400 Eier ab. Bei starkem Befall vergilben die Pflanzenteile und vertrocknen schließlich; dadurch können Weiße Fliegen zu beträchtlichen Schäden führen. Sie sind leicht zu erkennen, da die winzigen Tiere auffliegen, wenn die Pflanze bewegt wird.

Befallene Pflanzen sollten möglichst isoliert werden, eine Behandlung ist unerläßlich. Behandelt wird mit Gelbstickern, die allerdings nur die erwachsenen Tiere in Schach halten können, und mit einer mindestens viermal im Abstand von fünf bis zehn Tagen vorgenommenen Spritzung mit Pyrethrum, Schmierseifenlösung oder Insektiziden (auch als systemische Mittel). Schließlich soll auch Blattglanzspray gegen die Larven helfen. Da die Eier von diesen Mitteln nicht angegriffen werden, ist eine wiederholte Spritzung unerläßlich.

Die Weiße Fliege läßt sich auch biologisch bekämpfen: durch den Einsatz der Schlupfwespe *Encarsia formosa* (siehe Seite 62).

Woll- oder Schmierläuse

Woll- oder Schmierläuse sind wohl die häufigsten tierischen Schädlinge an Euphorbien. Es handelt sich um bis zu 3 mm große, ovale, assel-ähnliche, weißlich gefärbte Tiere, die sich schnell vermehren und an ihren weißen, watteähnlichen Ausscheidungen (Kokons) zu erkennen sind. Die erwachsenen Tiere selbst halten sich gern an unzugänglichen Stellen auf und sind häufig nur bei gründlicher Kontrolle der Pflanze zu entdecken. Sie schädigen die befallenen Pflanzen wie andere Läuse auch durch Anstechen der Gefäße und Saugen des zucker- und eiweißhaltigen Pflanzensaftes. Bei einem Befall von *E. flanaganii* mit Wolläusen reagierte die Pflanze auf die an den Zweigspitzen saugenden Insekten mit Vertrocknen und Abwurf der gesamten Zweige.

Befallene Pflanzen sollten isoliert werden, um eine Ausbreitung der Schädlinge zu verhindern. Als „erste Hilfe" können an einzelnen befallenen Pflanzen die Kokons mit Hilfe einer Stecknadel in kurzen Abständen abgesucht werden. Die Kokons enthalten ovale, gelb glänzende Eier sowie die kleinen, gelblichen Larven und die weißlichen, erwachsenen Tiere. Die Kokons bieten zugleich Schutz vor Feuchtigkeit. Da sich die Läuse jedoch bevorzugt in schlecht zugänglichen Bereichen aufhalten (auch im Substrat im Bereich des Wurzelhalses), ist bei buschig wachsenden Pflanzen oder bei Medusenhäuptern nur eine Verringerung des Befalls zu erreichen.

Zur Behandlung empfiehlt sich wiederholtes Spritzen mit Pyrethrum, Nikotinlösung oder Insektiziden auf Mineralölbasis. Auch regelmäßiges Bepinseln oder Abwaschen mit Seifenlauge und Spiritus hilft gegen diese Läuse, die Trockenheit lieben. Als natürliche Feinde der Woll- oder Schmierläuse sind schließlich noch Australische Marienkäfer und Florfliegen (siehe unten) zu nennen.

Wurzelläuse

Wurzelläuse ähneln in ihrem Aussehen den Woll- oder Schmierläusen und bilden ebenfalls weiße Gespinste, saugen aber ausschließlich im Wurzelbereich, wo sie unter

Umständen bis zum Umtopfen unentdeckt bleiben können. Sie sind kleiner als Schmierläuse, weißlich gefärbt, mit weißen Wachsfäden bedeckt und recht beweglich, so daß sie sich auf andere Töpfe ausbreiten können. Ein Befall führt zur Schädigung der lebenswichtigen Saugwurzeln, zu fehlendem Neuaustrieb und im fortgeschrittenen Stadium zum Verwelken der befallenen Pflanzen.

Wurzelläuse werden durch vorsichtiges, möglichst vollständiges Auswaschen des Substrates aus den Wurzeln und anschließendes Eintauchen des Wurzelballens in eine Lösung von Kontakt-Insektizid bekämpft. Zwar kann man Wurzelläuse auch durch gründliches und wiederholtes Gießen mit Pyrethrum oder Eintauchen des Ballens in Pyrethrum-Lösung bis zur vollständigen Verdrängung der Luft aus dem Topf bekämpfen, doch besteht dabei die Gefahr, daß das Mittel nicht überall hingelangt und somit Infektionsherde bestehen bleiben. Sicherer ist es, die Pflanzen auszutopfen und einige Stunden in ein Glas mit Insektizid-Lösung zu stellen. Falls chemische Mittel nicht helfen, bleibt als letzte Möglichkeit, Wurzelläuse durch Wärmebehandlung zu bekämpfen. Allerdings kann bei dieser Methode auch die befallene Pflanze Schaden nehmen, daher soll diese Behandlung nicht ohne Not durchgeführt werden.

Trauermücken

Einen Befall mit Trauermücken (zusammenfassende Bezeichnung verschiedener Arten der Gattungen *Lycoria*, *Lycoriella* und *Sciara*) erkennt man zunächst daran, daß die 2 bis 3 mm langen, schwarzgefärbten Mücken auffliegen, wenn man die Pflanzen bewegt. Die erwachsenen Tiere schädigen die Pflanzen nicht, wohl aber ihre Larven – etwa 5 mm lange, glashelle, beinlose Tiere mit einem schwarzen Kopf –, die in feuchter Erde leben und an faulenden Pflanzenteilen fressen. Dabei schädigen sie leider auch gesundes Gewebe und können so zum Totalverlust der befallenen Pflanze führen. Besonders gefährlich ist ein Befall mit Trauermücken in Aussaatschalen, da die jungen Pflanzen noch einen ständig feuchten Boden benötigen und die *Sciara*-Larven dort optimale Lebensbedingungen vorfinden.

Tritt ein Befall in einer Aussaat auf, müssen die noch nicht geschädigten Pflanzen pikiert werden, ohne daß Erde mit übertragen wird. Zur Sicherheit kann zusätzlich mit einem Kontakt-Insektizid angegossen werden. Eine erneute Eiablage läßt sich verhindern, indem man die Substrat-Oberfläche mit einer dünnen Schicht Sand bestreut. Der Sand trocknet schnell durch und hält so die *Sciara*-Weibchen davon ab, ihre Eier in den Boden abzulegen. Erwachsene Tiere lassen sich zusätzlich effektiv mit Gelbstickern wegfangen.

Thripse

Als Thripse oder Blasenfüße werden 1 bis 4 mm lange Insekten mit dunklen oder quer gestreiften Flügeln bezeichnet, die bevorzugt an der Blattunterseite saugen. Ihre Larven sind wurmförmig, oft grünlich oder gelblich gefärbt. Thripse saugen bevorzugt in der Scheitelregion der Pflanzen; ein Befall ist an silbrig glänzenden, durch Kotflecken schwarz gesprenkelten Flecken und einem deformierten Wuchs zu erkennen. An Euphorbien treten sie nur selten auf.

Sollte doch einmal ein Befall auftreten, wird mit Gelbstickern oder Blautafeln behandelt. Unterstützend können die Pflanzen mit lauwarmem Wasser abgebraust werden. Zur chemischen Bekämpfung kommen Insektizide zur Anwendung. Eine biologische

Bekämpfung ist durch Raubmilben der Arten *Amblyseius cucumeris* und *Neoseiulus barkeri* möglich.

Spinnmilben, „Rote Spinne"

Spinnmilben oder die „Rote Spinne" der Gattung *Tetranychus* sind etwa 0,5 mm groß und von hellbrauner bis rötlicher Farbe, die Winterform ist ziegelrot gefärbt. Durch zwei dunkle Flecken auf dem Rücken sind sie unter der Lupe deutlich von den 1 bis 2 mm großen „echten" Roten Spinnen zu unterscheiden. Bei letzteren handelt es sich trotz der Gleichheit der deutschen Namen um Nützlinge, die kleinere Insekten – auch Spinnmilben – vertilgen. Spinnmilben saugen bevorzugt an jungen Trieben. Einen Befall erkennt man an der zunehmenden Weiß- oder Gelbsprenkelung der befallenen Pflanzen. Die Gespinste, mit denen die Brut geschützt wird, fallen dagegen weniger auf.

Befallene Pflanzen sollten sofort isoliert werden. Zur Bekämpfung kann man die Pflanze wiederholt mit lauwarmem Wasser abbrausen. Chemisch lassen sich Spinnmilben durch sogenannte Akarizide bekämpfen. Alternativ ist auch eine biologische Bekämpfung mit Raubmilben möglich, die sich von den Jugendstadien der Milben ernähren. Da Spinnmilben sich schnell vermehren, sollte man die Nützlinge bereits beim ersten Anzeichen eines Befalls einsetzen, um mit der rasanten Vermehrung Schritt halten zu können. Bei stärkerem Befall können ergänzend Raubwanzen der Gattung *Orius* eingesetzt werden, die auch ältere Stadien bekämpfen.

Nematoden

Die mikroskopisch kleinen, auch als Wurzelälchen bezeichneten Nematoden der Gattung *Heterodera* leben frei im Substrat und können von dort in die Wurzeln eindringen; sie verursachen an den Wurzeln sehr kleine dunkelbraune, gallenartige Wucherungen (Zysten) und können unbehandelt zum Totalverlust befallener Pflanzen führen. Da sie sich im pflanzlichen Gewebe aufhalten, sind sie gegen den Einsatz von Kontakt-Pestiziden oder tierischen Nützlingen weitgehend geschützt. Zur chemischen Bekämpfung gibt es sogenannte Nematizide. Eine weitere Möglichkeit besteht in der Anwendung der Wärmebehandlung. Als dritte Möglichkeit empfiehlt sich ein entschlossener Stecklingsschnitt, um die Pflanze zu retten. Das befallene Wurzelsystem sowie das Substrat sollten weggeworfen werden. Da Nematoden sehr wiederstandsfähige Dauerstadien bilden, ist darauf zu achten, daß kein Substrat in andere Töpfe verschleppt wird. Eine Kompostierung ist nicht möglich, da die Nematodenzysten jahrelang im Erdboden überdauern.

Behandlungsmethoden

Als sichere Methode gegen eine Vielzahl von fliegenden Schädlingen haben sich Leimtafeln (sogenannte **Gelbtafeln** oder **Gelbstikker** und **Blautafeln**) bewährt. Das sind leuchtend gelbe bzw. blaue Plastiktafeln oder -streifen, die mit einer dauerhaft klebrigen Leimschicht versehen sind und die aufgrund ihrer Farbe Fliegen, Läuse und andere anlocken. Der Vorteil dieses Systems liegt darin, daß keine Gifte zum Einsatz kommen, entsprechende Vorsichtsmaßnahmen werden also nicht notwendig – und es können sich keine Resistenzen gegen das Mittel entwickeln. Dafür läßt sich mit Gelbstickern ein Befall im allgemeinen auch nur verringern, nicht aber völlig beseitigen, daher sollte die Behandlung so früh wie möglich begonnen werden. Vorteilhaft ist es, einige Gelbsticker prophylaktisch zu verteilen, um eventuell auftretenden Schädlingsbefall frühzeitig festzustellen.

Schmierseifenlösung ist ein altbewährtes Mittel, das unspezifisch gegen vielerlei Schädlinge wirkt. 20 g unparfümierte Schmierseife (Grüne Seife) oder ein Eßlöffel Geschirrspülmittel werden in 1 l leicht erwärmtem Wasser aufgelöst. Durch Zugabe von einem Eßlöffel Brennspiritus läßt sich die Wirksamkeit des Spritzmittels noch erhöhen. Vorsicht bei wiederholter Anwendung, einige Pflanzenarten reagieren empfindlich. Vorsicht, Spiritus ist feuergefährlich!

Eine Alternative zur Behandlung von Mehltau mit chemischen Fungiziden kann das Besprühen befallener Teile mit **Schachtelhalmbrühe** darstellen. Dazu läßt man 50 g getrockneten oder 500 g frischen Schachtelhalm 24 Stunden in 5 l kaltem Wasser ziehen, anschließend kurz aufkochen, abkühlen lassen, absieben und im Verhältnis 1 : 5 mit Wasser verdünnen. Nicht in Metallgefäßen aufbewahren.

Pyrethrum ist ein rein pflanzliches Mittel, das aus einem Blütenextrakt hergestellt wird. Es hat eine recht gute Wirkung gegenüber Läusen und Weißen Fliegen; für Warmblüter ist es unschädlich. Gewarnt werden muß dagegen vor sogenannten **Pyrethroiden** oder **Pyrethrum-Derivaten**. Diese synthetischen Mittel sind durch chemische Veränderungen von dem bewährten pflanzlichen Insektizid Pyrethrum abgeleitet. Sie stehen im Verdacht, bei empfindlichen Personen schwere und dauerhafte Gesundheitsschäden verursachen zu können.

Dringend gewarnt werden muß auch vor Insektiziden auf der Basis von **Fettsäureestern**. Einige Euphorbien-Arten sind hochempfindlich gegenüber diesen Mitteln, und bereits einmaliges Besprühen kann zum Totalverlust der Pflanzen führen.

Generell sollten chemische Schädlingsbekämpfungsmittel (Insektizide, Acarizide, Fungizide) nur im Notfall und nach eingehender fachlicher Beratung angewandt werden. Stehen sowohl systemische Mittel (das heißt solche, die über das Gießwasser verabreicht und von der Pflanze aufgenommen werden) und Spritzmittel zur Auswahl, sollte man zumindest bei Zimmerpflanzen den systemischen Mitteln den Vorzug geben. Dabei versteht es sich von selbst, daß die vorgeschriebenen Schutzmaßnahmen und die Dosierungsvorschriften einzuhalten sind. Auch sollte eine Behandlung mit chemischen Mitteln wo immer möglich im Freien und nicht in geschlossenen Räumen durchgeführt werden.

Eine für die betroffenen Pflanzen nicht ganz ungefährliche Behandlungsmethode gegen Wurzelläuse und Nematoden ist die **Wärmebehandlung**, die nur für die hochsukkulenten Arten in Frage kommt. Dazu wird die Pflanze ausgetopft, und die Wurzeln werden so weit es geht von Erde befreit. Anschließend wird die Pflanze bis zum Wurzelhals aufrecht in etwa 40 °C warmes Wasser gestellt, das durch Zumischen von heißem Wasser auf 55 bis 57 °C erwärmt wird. Die Temperatur muß mit einem Thermometer kontrolliert und genau eingehalten werden. Nach zehn Minuten läßt man das Bad auf Zimmertemperatur abkühlen. Die Pflanze wird nun herausgenommen und zum Trocknen schattig und zugfrei abgelegt. Wenn die Wurzeln völlig abgetrocknet sind, kann die Pflanze wieder eingetopft werden, sie wird nun wie jede umgetopfte Euphorbie behandelt.

Noch zu wenig verbreitet ist gegenwärtig die **biologische Bekämpfung** von Schädlingen durch räuberische Insekten und Parasiten. Dabei handelt es sich meist um Arten, die sich auf einen Schädling spezialisiert haben, das heißt, sie ernähren sich von Eiern, Larven oder erwachsenen Tieren. So lassen sich zum Beispiel Schlupfwespen der Art *Encarsia formosa* gegen die Weiße Fliege, Australische Marienkäfer (*Cryptolaemus montrouzieri*) gegen Wolläuse, Nematoden der Gattung *Steinernema* gegen Trauermücken, Raubmilben der Art *Phytoseiulus persimilis* gegen Spinnmilben und Florfliegen (*Chrysopa carnea*) sowie Gallmücken (*Aphidoletes aphidimyza*) gegen Blattläuse einsetzen.

Alle diese „Nützlinge" können mittlerweile zumindest auf Nachfrage über Fachgeschäfte oder im Direktversand bezogen werden. Der Vorteil dieser Form von Schädlingsbekämpfung besteht darin, daß auf den Einsatz von Giften völlig verzichtet werden kann bzw. verzichtet werden muß, um die Nützlinge nicht zu schädigen. Ihr Einsatz ist daher grundsätzlich sowohl im Gewächshaus oder Wintergarten als auch innerhalb von Wohn- und Arbeitsräumen möglich. Die Nützlinge werden als erwachsene Tiere, als Eier oder Puppen, die auf kleine Papptafeln aufgeklebt wurden, direkt auf die befallenen Pflanzen ausgebracht. Nach dem Schlüpfen beginnen diese in der Regel sogleich mit dem Verzehren ihrer „Opfer". Mit Verschwinden der Schädlinge finden die Nützlinge keine Wirte bzw. keine Nahrung mehr und gehen zugrunde. Um einen optimalen Erfolg dieser Methode zu gewährleisten, sollten Nützlinge bei einem Befall möglichst frühzeitig eingesetzt werden, um mit der Vermehrung der Schädlinge Schritt halten zu können.

Allerdings gilt – bis auf den Einsatz von Nematoden – eine wesentliche Einschränkung: Alle Nützlinge brauchen für ihre Entwicklung vergleichsweise hohe Temperaturen. Optimal sind in der Regel mindestens 20 °C; unterhalb 16 °C wird ihre Entwicklung bereits stark verlangsamt oder kommt ganz zum Stillstand. Darüber hinaus benötigen die meisten Nützlinge zu einer optimalen Entwicklung und Vermehrung eine hohe relative Luftfeuchte (Raubmilben zum Beispiel 60 bis 70 Prozent), wie sie weder auf der Fensterbank noch im Gewächshaus immer einzuhalten ist.

Schließlich braucht man bei solcher Behandlung Geduld, da eine deutliche Abnahme der Schädlinge zum Teil erst nach zwei bis drei Wochen sichtbar wird.

Artenschutz

Der Handel mit exotischen Pflanzen und Tieren konnte in den letzten Jahren überdurchschnittliche Zuwachsraten verzeichnen. Die Nachfrage nach attraktiven oder seltenen Arten wächst ständig. Werden gar neue Arten entdeckt, setzt ein wahrer Run auf die Fundorte ein, und die Pflanzen tauchen bereits nach kurzer Zeit in den Listen von Händlern und auf Pflanzenbörsen auf; häufig sogar schon vor der formalen Beschreibung.

Persönliche Verantwortung des Sammlers

Auf den ersten Blick ist diese Entwicklung für den Pflanzenliebhaber, der selbstverständlich auch besonders attraktive oder seltene Arten in seiner Sammlung haben möchte, natürlich erfreulich. (Auch wenn Seltenheit eigentlich kein Kriterium für die Auswahl sein sollte.) Über der Freude an den Pflanzen sollte jedoch nicht vergessen werden, daß deren Entnahme aus der Natur zu einer Bedrohung der Bestände führen kann.

Wohlgemerkt: Es geht nicht um die wenigen Hobby-Sammler, die überhaupt jemals die Gelegenheit haben, sukkulente Euphorbien am Standort zu sehen, und die der Versuchung nicht widerstehen können, die eine oder andere Pflanze mitzunehmen (selbstverständlich ist auch das fast immer illegal). Es geht hier auch nicht um Züchter, die sich mit viel Engagement bemühen, seltene oder bedrohte Arten über Stecklinge oder Sämlinge zu vermehren, und die in der Regel auch bereit sind, über die Herkunft ihrer Pflanzen Auskunft zu erteilen. Vielmehr sind diejenigen Sammler und Händler gemeint, die aus rein wirtschaftlichem Interesse ganze Bestände plündern! Dabei wird rücksichtslos alles eingesammelt, was halbwegs verwertbar erscheint – und dies sind besonders die jungen Pflanzen, die noch nicht so ein umfangreiches Wurzelsystem ausgebildet haben. Wird die Ware dann anschließend vor Ort noch sortiert, kann es vorkommen, daß ganze Berge ausgegrabener Pflanzen zurückbleiben – sinnlose Opfer einer skrupellosen Profitgier und ebenso skrupelloser Sammelleidenschaft.

Durch solche Plünderungen der Bestände werden aber die natürliche Vermehrung und die Verjüngung einer Population verringert, im schlimmsten Fall wird gar ein ganzer Bestand vernichtet. Besonders kleinere Populationen oder Arten, von denen nur ein einziger Fundort bekannt ist (und davon gibt es unter den Euphorbien etliche), können solcherart unter Druck geraten und bei wiederholter Heimsuchung langfristig zum Aussterben verurteilt sein.

Aber auch ältere Pflanzen werden flächendeckend eingesammelt (selbst wenn bekannt ist, daß die dabei auftretenden Schäden am Wurzelsystem nicht wieder heilen können und die Pflanzen beim Käufer höchstens wenige Monate überleben können). So berichtet zum Beispiel KNEES (1988), daß die Typus-Lokalität von *E. francoisii* im Süden Madagaskars innerhalb von vier Jahren völlig verwüstet wurde: Bei einer intensiven Nachsuche konnten nur noch zwei Exemplare dieser Art entdeckt werden, beide tief im Schatten unter Büschen versteckt. Ein anderes Beispiel ist *E. obesa*, die an ihrer Typus-Lokalität durch illegale Entnahmen ernsthaft in ihrem Bestand bedroht ist (PRITCHARD und PRITCHARD 1994). Angesichts der Tatsache, daß *E. obesa* sich völlig unproblematisch in Kultur vermehren läßt, ist ein solcher Raubbau noch unverständlicher. Denn abgesehen von den wenigen, die aus wissenschaftlichen Gründen sicher über Herkunft und genetisches Material ihrer Pflanzen informiert sein wollen, kann für die Mehrheit derjenigen, für die es eine *E. obesa* der Typus-Lokalität sein muß, doch nur eine Mischung aus persönlicher Eitelkeit und Gedankenlosigkeit als Motivation angenommen werden.

Als Gegenargument ist gelegentlich zu hören, daß die Vernichtung der Arten in den Ländern der Dritten Welt nicht so sehr auf das Konto solcher Geschäftemacher und Sammler geht, daß vielmehr die eigentliche Bedrohung in der Vernichtung von Lebensräumen liegt. Durch die Ausdehnung von Siedlungen, durch Straßenbau, durch Überweidung, durch landwirtschaftliche Nutzung usw. werden unbestritten ganze Populationen ausgelöscht. Ich habe früher auch so argumentiert, wenn ich vor mir selbst den Kauf einer Pflanze rechtfertigen wollte, die ganz offensichtlich nicht einer Zucht entstammte. Inzwischen finde ich diese Argumentation nicht mehr so schlüssig, und ich habe mich entschieden, solche Angebote (zugegeben immer noch mit einem gewissen Bedauern) nicht mehr wahrzunehmen.

Denn es stimmt zwar, daß die Vernichtung der Lebensräume eine ernste Bedrohung darstellt, dies darf jedoch nicht als Entschuldigung dafür dienen, nun selbst auch noch zur Dezimierung der Bestände beizutragen.

Denn wie man es auch dreht und wendet, man kommt nicht an der Tatsache vorbei, daß *jede* Pflanze, die in der Natur ausgegraben wird, dort für ihren Beitrag zur Erhaltung der Art verloren ist. Wer also solche Pflanzen erwirbt, sollte wissen, daß er damit zur Verarmung der Flora in den Heimatländern der Pflanzen und schlimmstenfalls sogar zum Aussterben dieser Art beiträgt.

Wer dies nicht will, sollte sich bei angebotenen Pflanzen jeweils überlegen, wie alt sie in etwa sind und in welcher Relation ihr Preis dazu steht (kein Gärtner kann es sich leisten, Pflanzen über viele Jahre bis Jahrzehnte zu pflegen und zu versorgen, um sie dann anschließend zum Beispiel für 30 bis 40 DM zu verkaufen). Einen weiteren Hinweis kann natürlich das Aussehen der Pflanzen geben; gewöhnlich sieht man es Euphorbien recht schnell an, ob sie „wind- und wettergegerbt" oder im Schutze eines Gewächshauses herangewachsen sind.

Abschließend möchte ich noch kurz auf das oft gehörte Argument eingehen, man könne ja durch die Vermehrung der Pflanze daheim auch wieder seinen Teil zur Erhaltung der Art beitragen. Dieser Ansatz bleibt aber eine Selbsttäuschung, denn eine Art läßt sich langfristig nicht mit zwei oder drei Exemplaren auf dem Fensterbrett erhalten. Das gesamte Erbmaterial einer Art ist in einer Vielzahl von Individuen verteilt und wird in jeder Generation neu kombiniert. Wer genetische Verarmung vermeiden und Veränderungen durch kontinuierliche Inzucht verhindern will, muß über eine bestimmte Mindestzahl an Individuen verfügen. Ich zumindest kenne aber niemanden, der den (stets zu knappen) Platz einer Sammlung mit mindestens 60 Pflanzen einer Art „vertut" oder bereit ist, alle paar Jahre einen Teil seiner Pflanzen gegen die anderer Sammler zu tauschen, um einen kontinuierlichen genetischen Austausch zu gewährleisten. Erste Ansätze zu solchen gezielten Zuchten mit dem Ziel der Erhaltung einer Art und der Option der Wiederansiedlung am natürlichen Standort werden allerdings zur Zeit von der *Euphorbiaceae Study Group* (Adresse siehe Anhang) verfolgt.

Wer sich den oben genannten Argumenten zum Verzicht auf der Natur entnommene Pflanzen nicht anschließen kann, mag aber vielleicht noch folgendes bedenken: Eine ganze Reihe von Euphorbien ist mit einer kräftigen, tief in den Boden reichenden Pfahlwurzel ausgestattet; diese Arten scheinen gegenüber Verletzungen dieser Wurzel – wie sie bei Freilandentnahmen regelmäßig auftreten – zum Teil recht empfindlich zu sein. Das heißt konkret, daß man sich an diesen Pflanzen nur recht kurz erfreuen kann, da sie vielleicht noch einige Monate, bei großen Exemplaren vielleicht sogar ein bis zwei Jahre beim Käufer „vor sich hinkümmern", aber ihre Wurzel nicht wieder regenerieren und auch bei bester Pflege irgendwann zugrundegehen.

Internationaler und nationaler Schutz

Der Gesetzgeber hat die Bedrohung von Arten durch Freilandentnahmen erkannt und nationale und internationale Regeln erlassen, um dieser Bedrohung Herr zu werden.

Im Übereinkommen über den internationalen Handel mit gefährdeten Arten freilebender Tiere und Pflanzen (CITES), besser bekannt als das Washingtoner Artenschutzübereinkommen, das seit 1976 in der Bundesrepublik in Kraft ist, werden in sogenannten Anhängen Listen geführt, von Arten,
– die vom Aussterben bedroht sind und deren Handel mit Wildexemplaren verboten ist (Anhang I). Ausnahmen zu wissenschaftlichen Zwecken oder zur Erhaltungszucht können unter bestimmten, strengen Auflagen erlaubt sein und sind an eine Ausfuhrgenehmigung des Exportstaates und eine Einfuhrgenehmigung des Einfuhrstaates gebunden;
– deren kommerzieller Handel mit Wildexemplaren insofern eingeschränkt ist, als eine Ausfuhrgenehmigung des Exportlandes vorliegen muß (Anhang II). Hier liegt es also in der Hand der Behörden des Herkunftslandes, in welchem Umfang und zu welchem Zweck der Export von Wildpflanzen genehmigt wird. Zu beachten ist, daß Samen, Pollen, Gewebekulturen und In-vitro-Keimlingskulturen der Arten aus dem Anhang II nicht unter den Schutz des Washingtoner Artenschutzübereinkommens fallen.

Während das CITES-Abkommen den internationalen Handel regelt, sind der Besitz und der Handel auf innerstaatlicher Ebene durch die seit dem 1. Juni 1997 in Kraft getretene EU-Artenschutzverordnung geregelt. Analog zum Washingtoner Artenschutzübereinkommen unterscheidet die EU-Artenschutzverordnung zwei Schutzkategorien. In einem Anhang A sind alle Arten des Anhangs I des Washingtoner Artenschutzübereinkommens enthalten, zusätzlich *Euphorbia handiensis* und *Euphorbia lambii*. Der Anhang B der EU-Verordnung enthält alle anderen Arten des Anhangs II des Washingtoner Artenschutzübereinkommens.

Nach der EU-Artenschutzverordnung ist für alle Arten der Anhänge A und B eine Einfuhrgenehmigung notwendig, sobald sie in einen Mitgliedsstaat der EU importiert werden. Die Verordnung geht hier also über die Anforderung des Washingtoner Artenschutzübereinkommens hinaus, das ja nur bei Arten des Anhangs I eine Einfuhrgenehmigung verlangt. Eine Einfuhr von Arten des Anhangs A zu hauptsächlich kommerziellen Zwecken wird durch die EU-Artenschutzverordnung untersagt. Arten des Anhangs B dürfen dagegen unter der Voraussetzung gehandelt werden, daß die Populationen der Art durch eine kommerzielle Nutzung nicht geschädigt werden.

Innerhalb der Europäischen Union gibt es jedoch keine weitere CITES-Bescheinigungspflicht mehr für den Transport dieser Arten. Damit ist es nun wieder möglich, innerhalb der Grenzen der EU künstlich vermehrte Exemplare von Arten der Anhänge A und B zu tauschen, zu verschenken oder zu verkaufen.

Auf nationaler Ebene sind Besitz und Handel von Wildpflanzen durch das Bundesnaturschutzgesetz und die Bundesartenschutzverordnung (BArtSchV) geregelt. Dazu werden in zwei Anlagen zur Bundesartenschutzverordnung Listen von Arten geführt,
– die nicht dem Washingtoner Artenschutzübereinkommen unterliegen (Anlage 1, enthält keine sukkulenten Euphorbien),
– die bereits dem Anhang II des CITES-Abkommens unterliegen (Anlage 2).

Für die Arten beider Anlagen wird eine nationale Nachweispflicht der Besitzberechtigung gefordert, das heißt, daß das nationale Recht hier über die Regelungen des CITES-Abkommens und der EU-Artenschutzverordnung hinausgeht und diese verschärft. Es

Euphorbien-Arten, die vom Washingtoner Artenschutzübereinkommen (CITES-Bestimmungen) und von der Bundesartenschutzverordnung (BArtSchV) erfaßt sind (Stand Juni 1997)

CITES Anhang II	Anhang I	BArtSchV Anlage 2
alle sukkulenten Euphorbien	*E. ambovombensis*	
		E. anachoreta
		E. ankarensis
		E. balsamifera
		E. bupleurifolia
	E. cremersii	
		E. crispa
E. cylindrifolia		
		E. decaryi
E. francoisii		
		E. guillauminiana
		E. gymnocalyciodes
		E. handiensis
		E. millotii
E. moratii		
		E. multiceps
		E. namaquensis
		E. neohumberti
		E. pachypodioides
E. parvicyathophora		
		E. pedilanthoides
		E. piscidermis
E. quarziticola		
		E. squarrosa
		E. trichadenia
E. tulearensis		
		E. viguieri

ist daher ratsam, sich beim Neuerwerb sukkulenter Euphorbien in jedem Falle eine Rechnung, Quittung oder ein formloses Schriftstück ausstellen zu lassen, aus dem die Herkunft der Pflanze hervorgeht.

Die Tabelle nennt mit dem Stand der derzeit gültigen Anhänge I und II vom Juni 1997 die erfaßten sukkulenten Euphorbien.

Für Pflanzen, die sowohl unter die Bundesartenschutzverordnung als auch unter die CITES-Bestimmungen fallen, sind die entsprechenden Papiere beider Verfahren notwendig.

Für den Pflanzenliebhaber haben die gesetzlichen Bestimmungen die Konsequenz, daß er in der Lage sein muß, gegenüber den zuständigen Naturschutzbehörden die Rechtmäßigkeit seines Besitzes über die oben aufgelisteten Arten nachzuweisen. Dazu ist es notwendig, daß er ein entsprechendes Dokument vorweisen kann, aus dem hervorgeht, daß die betreffende Pflanze entweder

— innerhalb der Bundesrepublik durch Anbau gewonnen worden ist,
— oder vor ihrer Unterschutzstellung in seinen Besitz gekommen ist,
— oder legal in die Bundesrepublik eingeführt worden ist.

Als Nachweise kommen (Kopien der) Einfuhrgenehmigungen oder -bescheinigungen, CITES-Bescheinigungen (die von einzelnen Händlern bereits kostenlos ihren Kunden mitgeliefert werden), Rechnungen, sonstige Dokumente usw. in Frage. Für Pflanzen, die sich bereits vor Inkrafttreten des Washingtoner Artenschutzübereinkommens (20. 06. 1976) bzw. der ersten Fassung der Bundesartenschutzverordnung (31. 08. 1980) im persönlichen Besitz befanden oder die vor ihrer späteren Unterschutzstellung erworben wurden, stellen die zuständigen Behörden eine Vorerwerbsbescheinigung aus (Ausführliche Informationen sowie die Anschriften der zuständigen Behörden finden sich bei BURR und SUPTHUT 1994).

Da die Samen von Arten des Anhangs II ohne jedes Dokument eingeführt werden können, für die gekeimten Pflanzen später aber unter Umständen eine Besitzberechtigung nachgewiesen werden muß, sollte jeder Erwerb von Samen (wie auch jeder Erwerb bzw. jede Weitergabe von Pflanzen der besonders geschützten Arten) möglichst gut dokumentiert werden (zum Beispiel mit Hilfe von Rechnungen, Quittungen usw.).

Zwar steht nicht zu befürchten, daß aufgrund dieser Regelung alle privaten Gewächshäuser oder Fensterbretter nach geschützten Arten abgesucht werden, wer jedoch mit seinen Pflanzen in die Öffentlichkeit geht – sei es, um sie zum Beispiel auf einer Börse oder per Annonce zu verkaufen, sei es, um mit ihnen an einer Ausstellung teilzunehmen –, muß damit rechnen, daß er aufgefordert wird, die notwendigen Dokumente vorzuweisen. Andernfalls drohen die Einziehung der Pflanzen und eine Ordnungsstrafe oder gar eine strafrechtliche Verfolgung.

SYSTEMATISCHER TEIL

Arten von A–Z

Für kaum eine Euphorbie existieren eindeutige deutsche Namen. Üblicherweise benutzt man daher die botanischen Bezeichnungen der Pflanzen. Diese wissenschaftlichen Namen bestehen aus dem Namen der Gattung (*Euphorbia*) und einem daran angehängten Artnamen (zum Beispiel *abdelkuri*). Bei der Entdeckung und Beschreibung der Arten ist es jedoch immer wieder vorgekommen, daß zwei Forscher unabhängig voneinander der gleichen Pflanze verschiedene wissenschaftliche Namen gegeben haben oder umgekehrt zwei verschiedene Pflanzen den gleichen Namen erhielten. Daher gibt es inzwischen eine verbindliche Regelung, die grob vereinfacht besagt, daß derjenige, der eine Art zuerst unter Einhaltung bestimmter Anforderungen beschrieben hat, auch das Recht der Namensgebung besitzt und die später verliehenen Namen ungültig sind. Um dies zum Beispiel bei doppelt vergebenen Namen eindeutig kenntlich zu machen, wird bei einer vollständigen Angabe des botanischen Namens einer Art auch der Name (oder dessen Abkürzung) des Namensgebers, des Autors angeführt (zum Beispiel *Euphorbia abdelkuri* BALFOUR) sowie das Jahr, in dem die Beschreibung veröffentlicht wurde.

Wurde eine Pflanze dagegen unter einem anderen Gattungsnamen beschrieben, oder wurde eine bisher als eigene Art angesehene Pflanze auf den Status einer Unterart reduziert bzw. umgekehrt vom Status einer Unterart in den Rang einer Art erhoben, bleibt der Name des Erstbeschreibers in Klammern zwischen dem Artnamen und dem Namen des Bearbeiters erhalten.

Die hier wiedergegebene Schreibweise der Namen orientiert sich im wesentlichen an OUDEJANS (1990) und EGGLI und TAYLOR (1994).

Die sichere Bestimmung von Euphorbien ist häufig ein mühseliges Geschäft und bereitet in nicht wenigen Fällen selbst Spezialisten einige Probleme. Die Schwierigkeiten vervielfältigen sich aber zusätzlich, wenn es darum geht, in Kultur gehaltene Pflanzen exakt zu bestimmen. Hier kommt man häufig auch mit den verschiedenen Bestimmungsschlüsseln zu keinem befriedigenden Ergebnis, da die Unterschiede zwischen Pflanzen in der Natur – und nur auf solche beziehen sich die Bestimmungsschlüssel in der Regel – und den in Kultur gehaltenen Pflanzen so groß sein können, daß wichtige arttypische Merkmale ganz einfach nicht mehr zu erkennen sind.

Je nachdem, ob die Pflanzen in einem Gewächshaus stehen, einen Sonnenplatz in einem hellen Südfenster oder einen leicht schattigen Standort in der „zweiten Reihe" auf der Fensterbank haben, wird ihr Erscheinungsbild mehr oder weniger von der typischen Form abweichen. Von einigen Arten sind auch nur Stecklinge zu bekommen; diese bilden jedoch gelegentlich nicht die typische Wuchsform aus, so daß man sie kaum der gleichen Art zuordnen würde.

Dementsprechend macht es wenig Sinn zu versuchen, das Bild einer Art „in Kultur" zu beschreiben. Die Beschreibung der Arten wird sich also auf das Aussehen am natürlichen Standort beschränken müssen (unter dem Stichwort „Kultur" werden bei den Beschreibungen trotzdem vereinzelt Hinweise zu Veränderungen gegeben). Die Beschreibungen wurden aus verschiedenen Veröffentlichungen zusammengetragen. An erster Stelle sind hier zu nennen: Die grundlegende Arbeit von WHITE, DYER und SLOANE über die sukkulenten Euphorbien Südafrikas, die Arbeit von URSCH und LEANDRI über Euphorbien Madagaskars sowie die Arbeiten von CARTER über ostafrikanische Euphorbien, die alle eine Fülle von Beschreibungen enthalten. Daneben bieten „Das Sukkulentenlexikon" von JACOBSEN, „Die wunderbare Welt der Sukkulenten" von RAUH sowie „Sukkulenten" von EGGLI eine Vielzahl von Informationen. In den Veröffentlichungen der Deutschen, der Britischen und der Amerikanischen Kakteengesellschaft finden sich ebenfalls Artbeschreibungen, aber auch Tips zu Pflege und Vermehrung von Euphorbien. Last, but not least, seien die Bände des „Euphorbia Journal" genannt, die neben ausführlichen Beschreibungen vieler Arten wertvolle Hinweise zu ihrer Kultur enthalten.

Bei der Beurteilung der in diesem Buch abgebildeten Pflanzen ist zu beachten, daß es sich überwiegend um „Fensterbrett-Exemplare" handelt; das heißt, sie sind häufig nicht so gedrungen wie dies der Fall wäre, wenn sie unter optimalen Bedingungen in einem Gewächshaus gewachsen wären. Trotzdem können Fotos oft hilfreich sein, wenn es darum geht, einen ersten Überblick zu bekommen oder zu entscheiden, ob die eigene Bestimmung nach Bestimmungsschlüssel zu einem plausiblen Ergebnis geführt hat.

Kriterien für die Auswahl der Pflanzen:
- Die aufgenommenen Arten lassen sich *einigermaßen* gut in Zimmerkultur halten. Pflanzen, die nur mit hohem Aufwand im Gewächshaus zu erhalten sind bzw. bei denen (mehrere) Versuche, einzelne Exemplare über einen längeren Zeitraum am Leben zu erhalten, mit dem Verlust der Pflanzen endeten, fehlen folglich hier. Dagegen war die Wüchsigkeit der aufgenommenen Arten kein Kriterium
- Möglichst viele Wuchstypen und Formen sollten vertreten sein, folglich sind hier auch Arten eingeschlossen, die bei enger Auslegung des Begriffes sicherlich nicht als „reine Sukkulenten" einzustufen sind. Da die Übergänge zu den Halbsukkulenten und den krautigen Euphorbien jedoch fließend verlaufen, haben auch solche Arten hier ihren Platz verdient.
- Schließlich wurden die Verfügbarkeit und Zugänglichkeit der Arten berücksichtigt.

E. abdelkuri Balfour
Foto Seite 10

Heimat: Nur von der Insel Abd-el-kur (Jemen) bekannt, nach der die Pflanze ihren Namen erhalten hat, auf Kalkstein.
Aussehen: Strauch mit dichter, überwiegend basaler Verzweigung. Zweige aufrecht, 4 bis 8 cm Ø, bis 2 m lang, frischer Austrieb graurosa, später graugrün, mit runzeliger Textur, die wie ein Überzug aus geschmolzenem Wachs wirkt, schwach segmentiert, 5- bis 7-kantig, Kanten rundlich, buchtig-gezähnt; dornenlos; blattlos. Cyathien ungestielt, gelblichgrün. Milchsaft gelblich.
Pflege: Benötigt volles Sonnenlicht, nässeempfindlich, wintertrocken halten, mind. 10 °C. Vermehrung durch Stecklinge.

E. abdelkuri ist zur Zeit noch selten in Kultur zu finden. Die wenigen erhältlichen

Pflanzen sind überwiegend gepfropft, sie neigen dann aber zu untypischer Verzweigung im Bereich der Zweigspitzen. Der Milchsaft ist extrem giftig!

E. actinoclada S. Carter

Heimat: Kenia, Äthiopien, auf kiesigen Hängen mit lockerem Gebüsch, in 400 bis 1000 m Höhe.
Aussehen: Zwergstrauch mit unterirdischem Hauptsproß, in die dicke, fleischige Wurzel übergehend, 5 cm hoch, 2 cm Ø. Zweige aufrecht, dann spreizend, dunkelgrün, mit helleren länglichen Streifen, bis 15 cm lang und 1 cm Ø, schwach 5-kantig. Dornenschilder länglich, 8 mm herablaufend, graubraun, Dornen einzeln, bis 2 cm lang, Nebendornen paarig, bis 2,5 mm lang. Blätter rudimentär, kurzlebig. Blütenstände einzeln, 1 mm lang gestielt, einfach gabelig verzweigt, Cyathien rötlich.
Pflege: Nässeempfindlich, wintertrocken halten, mind. 14 °C. Vermehrung über Samen und Stecklinge.

E. aeruginosa Schweickerdt

Heimat: Rep. Südafrika (Transvaal), in Felsspalten und tiefgründigen sandigen Böden.
Aussehen: Zwergstrauch, max. 15 cm hoch, Hauptsproß unterirdisch, in die verdickte Wurzel übergehend, zahlreiche Verzweigungen basal und höher. Zweige 5 bis 9 mm Ø, hellgrün bis blaugrün, undeutlich segmentiert, schwach 4-kantig, gelegentlich spiralig gedreht, Seiten dann konkav. Dornenschilder kupferfarben, 5 bis 7 mm lang, 3 mm breit, nicht verschmolzen, Dornen paarig, haselnußbraun, bis 20 mm, darüber ein Paar Nebendornen, bis 4 mm, häufig dazwischen ein einzelner, 1,5 mm langer Nebendorn. Blätter rudimentär, kurzlebig. Cyathien in Gruppen zu drei an den Zweigenden, ungestielt, gelb. Sehr variabel in Größe und Form. Es sind mehrere Varietäten bekannt sowie eine Reihe von Übergangsformen zu den nahe verwandten Arten *E. schinzii* Pax und *E. louwii* Leach.
Pflege: Im Winter reduziert gießen, mind. 10 °C. Stecklingsvermehrung. Gepfropft auf wuchskräftige Unterlagen bildet die Art schnell ansehnliche Büsche, sonst wächst sie eher langsam.

Euphorbia aeruginosa.

E. aggregata A. Berger

Heimat: Rep. Südafrika (Kap-Provinz, Oranjefreistaat).

Aussehen: Zwergstrauch, durch wiederholte Verzweigung des Hauptsproß auf Bodenniveau und weitere Verzweigungen der Zweige dichte, flache Polster von 5 bis 7,5 cm Höhe bildend. Zweige aufrecht, 2 bis 3 cm Ø, frische Triebe grasgrün, alte Abschnitte braun, 8- bis 9-kantig (selten 7- oder 10-kantig), Seiten an Triebspitzen mit breiten dreieckigen Gruben, an älteren Teilen flacher. Dornen ungleichmäßig verteilt, einzeln, aus verholzten Blütenstielen, 6 bis 8 mm lang, anfangs rötlich oder purpur. Blätter rudi-

Euphorbia alluaudii. ▽   *Euphorbia aggregata.* ▷

mentär, kurzlebig. Cyathien einzeln an den Zweigenden, sehr kurz gestielt, dunkel purpurrot oder grün; eingeschlechtlich. Ähnliche Arten: *E. ferox* Marloth, diese aber mit reduziertem unterirdischen Hauptsproß und unterirdischen Primärzweigen, etwa 15 cm hoch, Zweige 3 bis 4,5 cm Ø; und *E. pulvinata* Marloth, diese aber insgesamt größer als *E. aggregata*, 15 bis 30 cm hoch, Zweige 3 bis 4,5 cm Ø, Blätter rudimentär oder 2 bis 3 cm lang.

Pflege: Weitgehend wintertrocken halten, mind. 6 °C. Vermehrung über Stecklinge und Samen.

E. albipollinifera Leach

Heimat: Rep. Südafrika (Kap-Provinz).

Aussehen: Medusenhaupt-Euphorbie, Hauptsproß abgeflacht kugelförmig, 22 bis 30 mm Ø, teilweise im Boden verborgen, mit zahlreichen 6-eckigen flachen Blattpolstern mit weißen Blattnarben. Zweige in geringer Anzahl um den eingesenkten Scheitel

verteilt, bis 75 mm lang und 10 mm Ø, an der Basis vergrößert, mit spiralig angeordneten warzenförmigen Podarien. Blätter rudimentär, kurzlebig. Cyathien einzeln, bis 20 mm lang gestielt, Stiele verholzend, aber nicht dornförmig, Involucrum glockenförmig, etwa 7,5 mm Ø, grün mit leichten roten Streifen, Honigdrüsen fast kreisrund, tief konkav, bräunlich, später grün. Namengebend für die Art sind die reinweißen Pollen. Im sterilen Zustand sehr ähnlich ist *E. gorgonis* A. Berger, diese jedoch mit spitzkegeligen Warzen, Cyathien ungestielt.
Pflege: Anspruchsvolle Art, nässeempfindlich, wintertrocken halten, mind. 6°C. Vermehrung nur über Samen.

E. alfredii Rauh
Foto Seite 37
Heimat: Madagaskar.
Aussehen: Säuleneuphorbie mit unverzweigtem, aufrechtem, keulig-zylindrischem Hauptsproß, bis 4 cm Ø, graugrün, frischer Austrieb dunkelgrün, verholzend, Rinde längsrissig aufspringend; dornenlos. Blätter während der Vegetationsperiode am Sproßende, schopfig, glänzend grün, breit oval, bis 7 cm lang und 3 cm breit, kurz gestielt, schwach behaart oder unbehaart, Nebenblätter in längliche derbe Höcker umgewandelt. Blüten erscheinen vor den Blättern am Sproßende, Cyathien hängend, mit spreizenden, bräunlichen bis olivgrünen Cyathophyllen mit schwach ausgezogener Spitze. Ähnliche Art: *E. ankarensis* Boiteau, diese aber mit deutlich behaarten Blättern und spitz zulaufenden blaßrosa Cyathophyllen.
Pflege: Benötigt leichten Schatten, wärmeliebend, mind. 14°C, im Sommer reichlich, im Winter (bis Blattaustrieb) reduziert gießen. Vermehrung nur über Samen. In Kultur kann im September Oktober noch vor dem Abwurf der Blätter eine zweite Blüte auftreten. Vermehrung durch Aussaat.

E. alluaudii Drake
Heimat: Madagaskar.
Aussehen: Niedriger koralliformer Strauch oder Baum mit deutlich ausgeprägter Krone, bis 5 m hoch, Rinde braun. Äste hellgrün, zylindrisch, bis 2 cm Ø, im Alter abfallend, unsegmentiert (ssp. *alluaudii*) oder deutlich segmentiert (ssp. *oncoclada* (Drake) Friedmann et Cremers), Länge der Segmente äußerst variabel; dornenlos. Blätter rudimentär, kurzlebig, Blattnarben in spiraligen Reihen, braun. Cyathien in Gruppen an den Zweigspitzen; kurz gestielt, gelb.
Pflege: Wintertrocken halten, mind. 12°C. Vermehrung über Samen und Stecklinge, die allerdings schlecht bewurzeln.

E. ambovombensis Rauh et Razafindratsira
Heimat: Madagaskar, in guten Böden, an stark beschatteten Standorten, in trockenem Buschland.
Aussehen: Zwerg-Geophyt mit kugel- bis eiförmigem Caudex von max. 10 cm Ø und 4 cm Länge, graubraun, verholzend, mit mehreren, überwiegend von der Basis her verzweigten Ästen. Zweige aufrecht, 10 bis 20 cm lang, 5 mm Ø, graugrün, unsegmentiert; dornenlos. Blätter in spiraligen Reihen angeordnet, zu fünf in endständiger Rosette, variabel in Form und Größe, lanzett- bis eiförmig, 3 bis 5 cm lang, 1 bis 1,5 cm breit, sehr kurz gestielt, fleischig, mit unregelmäßig gewelltem, aufwärts gebogenem Rand, Oberseite dunkelgrün, Unterseite heller, Ne-

benblätter borstenförmig, nicht beständig. Blütenstände in geringer Anzahl am Triebende, aufrecht oder horizontal spreizend, meist vier bis acht Cyathien, diese kurz rötlich braun gestielt, nickend, glockenförmig, Cyathophylle 3 × 5 mm, abgerundet, mit kurzer Spitze, unbehaart, rötlich grün, unterseits mit erhabener weißer Mittelader. Ähnliche Art: *E. decaryi* A. Guillaumin, diese aber ohne Caudex.

Pflege: Benötigt Schatten, weitgehend wintertrocken halten, wärmeliebend, mind. 12 °C. Vermehrung über Samen und Stecklinge.

E. angustiflora Pax

Heimat: Tansania, auf felsigen Böden in Wäldern, in 1100 bis 1500 m Höhe.
Aussehen: Zwergstrauch, von der Basis her stark verzweigend, dichte, max. 20 cm hohe Polster von bis zu 50 cm Ø bildend. Zweige bis 1 cm Ø, dunkelgrün bis bläulich grün, 4-kantig, Kanten gezähnt, Zähne 1 bis 1,5 cm Abstand. Dornenschilder purpurschimmernd schwarz, lang dreieckig, bis 2 × 2,5 mm oberhalb der Dornen, bis 8 mm herablaufend, Dornen paarig, braun, bis 8 mm lang, Nebendornen bis 2 mm. Blätter rudimentär, kurzlebig. Blütenstände einzeln, einfach gegabelt, bis 3 mm lang gestielt, Cyathien 4 × 3 mm, gelblich grün, mit verlängertem, tonnenförmigem Involucrum.
Pflege: Im Winter mäßig gießen, mind. 12 °C. Vermehrung über Samen und Stecklinge.

E. ankarensis Boiteau

Heimat: Madagaskar, auf humusreichen kalkhaltigen Böden, in Trockenwäldern.
Aussehen: Miniaturschopfrosettenbaum mit säulenförmigem, unverzweigtem Stamm, 40 bis 80 cm hoch, zur Spitze dicker, max. 3 bis 5 cm Ø, Rinde graugrün, rissig aufspringend, bedeckt mit bohnenförmigen Blattnarben, die sich bald auflösen, verholzend; dornenlos. Blätter während der Vegetationsperiode in endständiger Rosette, länglich oval, 5 bis 7 cm lang und 3 cm breit, grasgrün, mit etwa 1 cm langem Blattstiel, Ober- und Unterseite und Blattstiel dicht weiß behaart, Nebenblätter zu mit Borsten besetzten Höckern umgewandelt. Blüten erscheinen vor Blattaustrieb, Blütenstände am Sproßende, kurz gestielt, Cyathien hängend, Cyathophylle blaßrosa bis grün, Ränder häufig rot, mit deutlich ausgeprägter Spitze. Ähnliche Art: *E. alfredii* Rauh, zur Unterscheidung siehe dort.
Pflege: Benötigt leichten Schatten, wärmeliebend, mind. 14 °C, im Sommer reichlich, im Winter (bis Blattaustrieb) reduziert gießen. Vermehrung nur über Samen. In Kultur kann im September-Oktober noch vor dem Blätterabwurf eine zweite Blüte auftreten.

E. aphylla Broussonet
Foto Seite 30

Heimat: Gran Canaria, Teneriffa, Gomera.
Aussehen: Reich verzweigter Zwergstrauch von kugeligem Wuchs, max. 1 m hoch. Zweige graugrün bereift, im Alter verholzend, braun, deutlich segmentiert, Länge der Segmente variabel, 5 bis 10 cm lang, 5 bis 6 mm Ø, zylindrisch, zum Teil leicht aufwärts gebogen, gabelig oder quirlig verzweigend; dornenlos. Blätter rudimentär, kurzlebig, hinterlassen rundliche Blattnarben. Blütenstände an den Zweigspitzen mit drei bis fünf kurz gestielten Cyathien, gelb.
Pflege: Im Winter mäßig gießen, mind. 12 °C. Vermehrung über Samen und Stecklinge.

Euphorbia ambovombensis.
Euphorbia ankarensis.

gen, 5- bis 6-eckigen Blattpolstern. Blätter lanzettlich, bis 3 mm lang, kurzlebig. Cyathien einzeln an den Zweigspitzen, unscheinbar grün bis rötlich grün, Stiele bis 8 mm lang, verholzend. Ähnliche Art: *E. decepta* N. E. Brown, diese aber mit kugelförmigem Sproß.
Pflege: Benötigt volle Sonne, wintertrocken halten, mind. 6 °C. Vermehrung durch Aussaat.

E. asthenacantha S. Carter

Heimat: Tansania. Die Art ist bisher nur von einem Standort bekannt; dort kommt sie in 1500 m Höhe in Felsmulden eines Sandstein-Plateaus vor.
Aussehen: Bildet durch unterirdische Ausläufer mit deutlichen kleinen Knollen dichte, max. 15 cm hohe Polster aus aufrechten, kaum verzweigten Stämmchen. Sprosse bis 6 mm Ø, blaß graugrün, mit deutlicher dunkelgrüner Zeichnung entlang der Kanten, unsegmentiert, 4-kantig, Kanten gerade, ohne Zähne. Dornenschilder nicht verschmolzen, braun, sehr schmal, bis 11 mm lang, nicht über die Dornen aufsteigend, Dornen sehr fein, < 2 mm lang, Nebendornen rudimentär, unmittelbar oberhalb der Dornen. Blätter rudimentär, kurzlebig. Blütenstände einzeln, bis 3,5 mm lang gestielt, mit drei Cyathien, diese klein, mit schmal trichterförmigem Involucrum, Honigdrüsen deutlich abgesetzt, gelb. Ähnliche Arten: *E. taruensis* S. Carter, diese aber mit Rhizomen ohne Knollen, rudimentären oder fehlenden Dornen, Nebendornen 1 bis 3 mm lang, etwa 2 mm oberhalb der Dornen, Cyathien ungestielt, breit trichterförmig, gelbgrün; und *E. tenuispinosa* Gilli, diese aber

E. arida N. E. Brown

Heimat: Rep. Südafrika (Oranjefreistaat).
Aussehen: Hauptsproß unverzweigt, zylindrisch, zum Teil unterirdisch, max. 5 cm über den Boden erhebend, 4 bis 5 cm Ø. Zweige zahlreich, den gesamten Sproß bedeckend, bis 3,7 cm lang, 8 bis 12 mm Ø, dunkelgrün, spreizend oder aufrecht, mit spiralig angeordneten, flach warzenförmi-

ohne Rhizome, bis 2 m hoch, mit deutlich ausgeprägten paarigen Dornen und Nebendornen.
Pflege: Wintertrocken halten, mind. 12 °C. Vermehrung durch Ableger und Teilung.

E. atropurpurea Broussonet
Foto Seite 33

Heimat: Teneriffa.
Aussehen: Kleiner Strauch oder Baum (Federbuschstrauch) von max. 2 m Höhe, Stamm kurz, verdickt, Krone weit ausladend. Äste fleischig, später verholzend, 2 cm Ø, hellgrün mit hellen Blattnarben, gabelig oder quirlig verzweigend; dornenlos. Blätter in Vielzahl an den Zweigenden, verkehrt eiförmig-lanzettlich, bis 9 cm lang. Blütenstände endständig, als 5- bis 10-strahlige langstielige Trugdolden, mit dunkel purpurroten oder gelbgrünen Cyathophyllen. Ähnlich der auf der Nachbarinsel Gomera vorkommenden *E. bravoana* Sventenius, diese aber mit fleischigeren, linealisch-lanzettlichen Blättern, Hochblätter kleiner, Anzahl von Cyathien in den Trugdolden geringer.
Pflege: Wärmeliebend, im Winter reduziert gießen, mind. 12 °C. Vermehrung über Stecklinge und Samen. Schnellwüchsig, für Topfkultur nur bedingt geeignet.

E. aureoviridiflora (Rauh) Rauh
Foto Seite 2

Heimat: Madagaskar, auf steinigem, kalkhaltigen Boden, in Trockenwäldern.
Aussehen: Zwergstrauch mit aufrechtem, reich verzweigtem Sproß, bis 50 cm hohe halbkugelförmige Polster bildend. Zweige nach oben verdickt, häufig spiralig gedreht, rasch von einem graubraunen Korkmantel

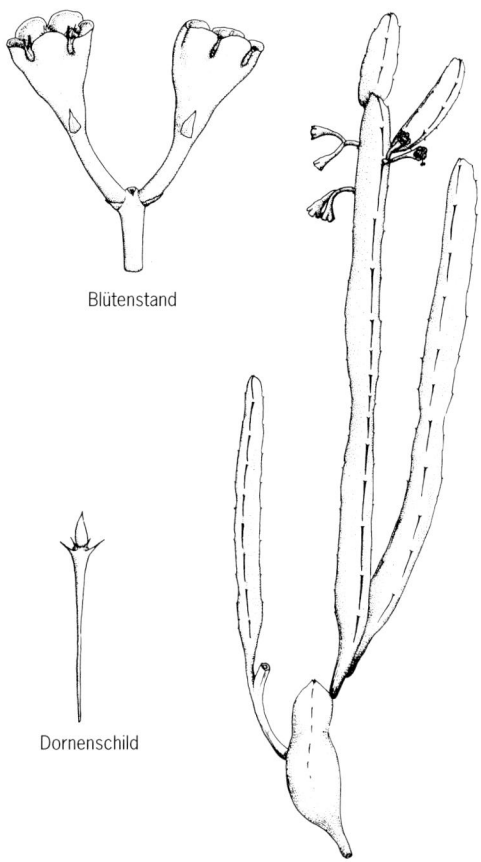

Euphorbia asthenacantha (nach Carter 1982).

bedeckt, 4- bis 5-kantig. Dornen in Reihen längs der Kanten, borstig, rötlich braun, später blaß und abfallend. Blätter während der Vegetationsperiode in endständiger Rosette, spitz-oval, bis 3 cm lang und 2,5 cm breit, kurz gestielt, oberseits dunkelgrün. Blütenstände erscheinen vor den Blättern, dicht gedrängt im Scheitelbereich, je vier bis acht röhrenförmige Cyathien in ungestielten Knäueln, Cyathophylle gelb bis gelbgrün. Ähnliche Arten: *E. cap-manambatoensis* Rauh, diese aber 8-kantig; *E. iharanae* Rauh, diese aber mit stark behaarten Laub-

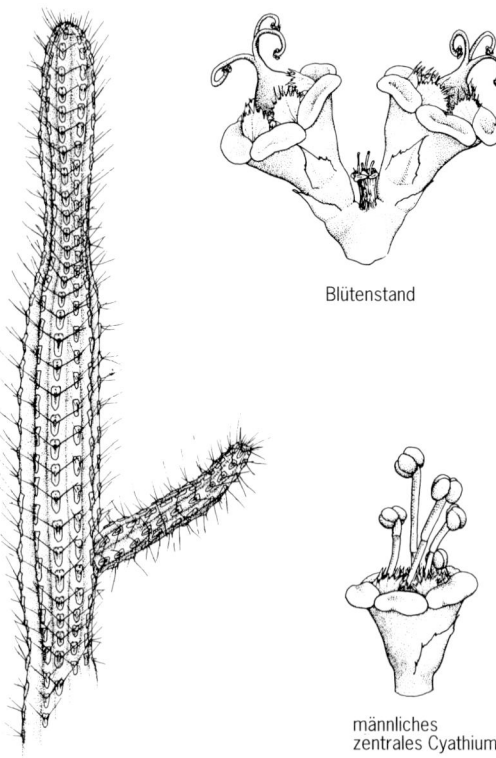

Euphorbia baioensis (nach Carter 1982).

blättern, Blattzeilen spiralig verlaufend; und *E. neohumbertii* Boiteau, diese aber unverzweigt, bis 1 m hoch, mit größeren Blättern und großen, roten Cyathien.
Pflege: Wintertrocken halten, mind. 14 °C. Vermehrung über Samen oder Stecklinge.

E. avasmontana Dinter

Heimat: Südafrika, Namibia.
Aussehen: Bis 2 m hoher Strauch mit stark reduziertem Hauptsproß und kräftiger basaler Verzweigung, bis zu 60 Zweige, nach oben bogig (tassenförmig) aufsteigend. Zweige einfach, 5 bis 7 cm Ø, grüngelb bis bläulich, schwach oder deutlich (var. *sagittaria* White, Dyer et Sloane) segmentiert, Segmente bis 13 cm lang, 4-(selten in Teilen 5-)kantig (var. *sagittaria*) oder 5-(selten 6- bis 8-)kantig, Kanten wenig vorgezogen. Dornenschilder grau, zu einer breiten Hornleiste verschmolzen, Dornen paarig, derb, scharf, bis 2 cm lang, weit (80° bis 100°) spreizend. Blätter rudimentär, kurzlebig. Blütenstände an den Zweigspitzen, kurz gestielt, aus je drei leuchtend gelben Cyathien.
Pflege: Wintertrocken, mind. 8 °C. Vermehrung über Samen und Stecklinge.

E. baioensis S. Carter

Heimat: Kenia, in Felsentaschen und flachen Vertiefungen des Gesteins in 1700 m Höhe.
Aussehen: Zwergstrauch, durch basale Verzweigung dichte flache Polster bildend. Zweige kriechend, zahlreiche Adventivwurzeln bildend, bis 2 cm Ø, graugrün, unsegmentiert, bis 30 cm lang, 8- bis 10-kantig, Kanten durchgehend, ungezähnt. Dornenschilder langgestreckt, nicht verschmolzen, Dornen paarig, rot, im Alter an der Spitze schwarz, an der Basis grau, sehr dünn, bis 1 cm lang, Nebendornen rudimentär oder fehlend. Blätter rudimentär, verholzend, einen winzigen „Dorn" bildend. Blütenstände einzeln, kurz gestielt, mit drei Cyathien, diese leuchtend gelb. In Kultur wachsen die Zweige aufrecht, später kriechend, bis über 70 cm lang, bilden keine Adventivwurzeln.
Pflege: Im Winter reduziert gießen, mind. 10 °C. Vermehrung bisher nur über Stecklinge.

E. ballyana Rauh

Heimat: Kenia.
Aussehen: Zwergstrauch mit rübenförmiger Wurzel, diese bis 10 cm lang, 4 cm Ø.

Hauptsproß aufrecht, 30 (bis 50) cm hoch, im Spitzenbereich spärlich verzweigt. Zweige 7 bis 10 mm Ø, graugrün bis gelbgrün, mit dunkelgrüner Zeichnung entlang der Kanten, undeutlich 4-kantig. Dornenschilder schmal, bis 17 mm lang, nicht verschmelzend, Dornen zu drei, grau, Hauptdorn bis 15 mm lang, Seitendornen bis 3 mm lang, weit spreizend. Blätter rudimentär, kurzlebig. Blütenstände einzeln, kurz gestielt, mit drei blaßgrünen Cyathien.
Pflege: Im Winter reduziert gießen, mind. 10 °C. Vermehrung über Samen oder Stecklinge, die allerdings nicht die typische verdickte Wurzel ausbilden.

E. balsamifera Aiton
Foto Seite 30

Heimat: Kanarische Inseln, westliches (Kongo, Zentralafrikanische Republik, Tschad), zentrales und nördliches (Algerien, Marokko) Afrika (ssp. *balsamifera*), Arabische Halbinsel (Saudi-Arabien, Nord-, Südjemen, Oman) und Somalia (ssp. *adenensis* (Deflers) Bally).
Aussehen: Mäßig (ssp. *adenensis*) bis reich (ssp. *balsamifera*) verzweigter, dickstämmiger Strauch (Federbuschstrauch), bis 2 m hoch, gelegentlich bis 3 m, unregelmäßig halbkugelig, bis 3 m Ø. Zweige silbergrau, fleischig; dornenlos. Blätter in Rosetten an den Spitzen der Zweige, linealisch-lanzettlich, grün (ssp. *balsamifera*) bzw. bläulich schimmernd (ssp. *adenensis*), verkehrt eiförmig-länglich, 18 bis 24 mm lang, 4 bis 5 mm breit. Cyathien einzeln an den Zweigenden, kurz gestielt, gelblich grün.
Pflege: Benötigt unter Glas im Sommer leichten Schatten, im Winter reduziert gießen, mind. 12 °C. Vermehrung über Samen oder Stecklinge, die aber schlecht bewurzeln.

E. beharensis Leandri

Heimat: Südöstliches Madagaskar, auf sandigen und steinigen Böden (Gneis).
Aussehen: Gedrungener, sparrig bis reich verzweigter Strauch. Zweige bis 5 mm Ø, zylindrisch, rötlich grau. Dornen in fünf Reihen, grau, 10 bis 18 mm lang, rotbraun, später grau, Nebendornen kürzer als Hauptdorn. Blätter mittelgrün, verkehrt eiförmig. Blütenstände an den Zweigenden, einzeln, gabelig verzweigend, nickend, Cyathophylle grün.
Pflege: Im Winter reduziert gießen, mind. 12 °C. Vermehrung durch Stecklinge.

E. bongolavensis Rauh

Heimat: Madagaskar.
Aussehen: Kleiner Strauch, bis 1 m hoch, mit langer hölzerner Pfahlwurzel, Stamm unverzweigt, 30 bis 40 cm lang, 2 bis 4 cm Ø, mit grauer, sich abschälender Rinde, im oberen Bereich mit Narben abgefallener Zweige. Zweige bis zu zehn, dicht an der Spitze des Stammes, aufrecht, grün, mit basalem Langtrieb, bis 30 cm lang, 3 bis 5 mm Ø, und endständigem Kurztrieb, bis 2 cm lang; dornenlos. Blätter zu vier bis acht, endständig an Kurztrieben, variabel in Größe und Form, max. 6,5 cm lang, 3,5 cm breit, in einen 0,5 bis 1 cm langen karminroten Stiel verjüngend. Cyathien einzeln, selten zwei bis drei, am Sproßende, klein, bis 2 mm Ø, Honigdrüsen klein, zitronengelb.
Pflege: Wintertrocken halten, mind. 12 °C. Vermehrung über Samen.

E. bourgeauana Gay

Heimat: Teneriffa (Kanarische Inseln).
Aussehen: Kleiner dornenloser Baum (Federbuschstrauch) mit kurzem gedrunge-

nem Stamm und Vielzahl sich verzweigender Äste. Zweige graugrün, fleischig; dornenlos. Blätter in Rosetten an den Zweigspitzen, linealisch-lanzettlich, hellgrün. Cyathien einzeln zwischen den Blattrosetten, kurz gestielt, gelblich grün.

Pflege: Benötigt sehr hellen Standort, im Winter reduziert gießen, mind. 12 °C. Vermehrung über Samen und Stecklinge. Die Art wächst wesentlich langsamer als die verwandte *E. balsamifera* Aiton und beginnt sich erst relativ spät zu verzweigen. Die Art wird häufig als *E. bourgeana* oder *E. bourgaeana* bezeichnet, nach OUDEJANS (1990) lautet die korrekte Schreibweise jedoch *E. bourgeauana*.

E. bravoana Sventenius

Heimat: Gomera (Kanarische Inseln).
Aussehen: Kleiner Strauch oder Baum (Federbuschstrauch) von max. 2 m Höhe, Stamm kurz, verdickt, Krone weit ausladend. Äste fleischig, 2 bis 4 cm Ø, gelbgrün mit hellen Blattnarben, später dunkelbraun, verholzend, gabelig oder quirlig verzweigend; dornenlos. Blätter in Vielzahl an den Zweigenden, linealisch-lanzettlich, stumpf, bläulich violett, Ränder weiß, steif fleischig. Blütenstände endständig, als 2- bis 5-strahlige langstielige Trugdolden, mit dunkel purpurfarbenen Cyathophyllen. Ähnliche Art: *E. atropurpurea* Broussonet, zur Unterscheidung siehe dort.
Pflege: Wärmeliebend, im Winter reduziert gießen, mind. 12 °C. Vermehrung über Stecklinge und Samen. Extrem langsam wachsend.

E. brevitorta Bally

Heimat: Kenia, in Felsspalten, an regen- oder taufeuchten Hängen mit freiem Abfluß, in 1500 bis 2000 m Höhe.
Aussehen: Zwergstrauch mit caudexartiger Pfahlwurzel, reduziertem unterirdischem Hauptsproß, durch unterirdische Sprosse ausbreitend, dichte kissenartige Polster von max. 1 m Ø bildend. Zweige einfach, 8 bis 12 cm lang, 1 bis 2,5 cm Ø, segmentiert, oft spiralig gedreht, (2- oder) 3-kantig, Kanten deutlich gezähnt, Zähne in unregelmäßigen Abständen (0,5 bis 2 cm). Dornenschilder langgestreckt dreieckig, gelegentlich verschmelzend, max. 2 mm breit, Dornen paarig, bis 9 mm lang, im Alter abfallend, häufig ein zweites, rudimentäres Dornenpaar am Blütenansatz. Blätter rudimentär, kurzlebig. Blütenstände einzeln, 3 bis 5 mm lang gestielt, mit drei gelbgrünen Cyathien.
Pflege: Der „Caudex" sollte zum Schutz vor Nässe nur teilweise eingepflanzt werden, wintertrocken halten, mind. 10 °C. Vermehrung über Stecklinge und Samen.

E. brunellii Chiovenda

Heimat: Kenia, Uganda, Äthiopien, Sudan, in offenem Grasland, in sandigem Boden, in 800 bis 2500 m Höhe.
Aussehen: Zwerg-Euphorbie mit unterirdischem, konischem Caudex von 2 bis 2,5 cm Länge, 1,5 bis 3 cm Ø und verholzendem Hauptsproß, Caudex geht abrupt in eine lange Pfahlwurzel über, diese mit horizontalen oder aufsteigenden Seitenwurzeln. Hauptsproß einfach, dicht mit Blattnarben bedeckt; dornenlos. Blätter während der Vegetationsperiode in endständiger Rosette, dem Boden aufliegend, oberseits dunkel-, unterseits hellgrün, Blattränder, Blattstiele und Adern dunkelrot gezeichnet, Blätter bis

5,5 cm lang und 3,5 cm breit, Blattstiel bis 2,5 cm lang. Blüten erscheinen vor den Blättern, Blütenstände bis 2 cm lang gestielt, 2- bis 4-(bis 7-)fach gegabelt, Cyathien mit tassenförmigem Involucrum und bräunlich gelben Honigdrüsen.

Pflege: Sehr schwierig in Kultur zu halten, äußerst empfindlich gegenüber Feuchtigkeit, benötigt einen besonders gut durchlässigen Boden, darüber hinaus sollte der Caudex zum Schutz vor Fäulnis teilweise aus dem Boden herausgehoben werden, leichter Schatten bevorzugt, wintertrocken halten, im Frühjahr nicht zu zeitig mit Gießen beginnen, Austrieb erst im Mai, mind. 10°C, besser 15°C. Vermehrung ausschließlich über Samen.

Euphorbia bubalina (Letty 1928).

E. bubalina Boissier

Heimat: Rep. Südafrika (Kap-Provinz), in Waldrändern.

Aussehen: Aufrechter, in der Regel unverzweigter zylindrischer Sproß von max. 1,3 m Höhe, am Grund 2 cm Ø, nach oben verdickt, grün, später grau, glatt, unbehaart, mit flachen, rhombischen Blattpolstern bedeckt; dornenlos. Blätter in Vielzahl an der Sproßspitze, bis 10 cm lang, 2,5 cm breit, lanzettlich, stumpf, mit breitem Stiel, hellgrün, weich, häufig länger als eine Vegetationsperiode erhalten bleibend. Blütenstände einzeln, bis 12 cm lang gestielt, Stiele mehrfach gegabelt, verholzend, zwei bis drei Vegetationsperioden erhalten bleibend, Hochblätter und Cyathophylle breit herzförmig, grün, mit rötlichen Rändern, Cyathien mit tassenförmigem Involucrum und grünlich gelben Honigdrüsen. Ähnliche Arten: *E. oxystegia* Boissier, diese aber mit behaartem Sproß und beständigen, verholzten Blütenstandsstielen; und *E. tugelensis* N.E. Brown, diese mit schmaleren Blättern und spitzen, fast dreieckigen Hochblättern.

Pflege: Schnellwüchsige Art, bevorzugt hellen Standort ohne direkte Sonne, im Winter reduziert gießen, erträgt Frost. Rotfärbung der Blätter deutet auf einen zu sonnigen Standort. Vermehrung über Samen (selbstbefruchtend).

E. bupleurifolia Jacquin
Foto Seite 36

Heimat: Rep. Südafrika (Kap-Provinz, Natal), auf steinigen, sauren Böden in offenem Grasland.

Aussehen: Aufrechter, in der Regel unverzweigter, dick eiförmiger, im Alter zylindrischer Sproß von max. 20 cm Höhe und 6 bis 9 cm Ø, der abrupt aus der schmaleren Wurzel hervorgeht, grün, später braun, mit warzig schuppenartigen Blattpolstern bedeckt, diese quer zusammengedrückt, viereckig, 2 bis 3 mm hoch, in doppelten Spiralreihen angeordnet; dornenlos. Blätter während der Vegetationsperiode in Vielzahl an der

Sproßspitze, 10 bis 15 cm lang, lanzettlich zugespitzt, kontinuierlich in den langen Stiel übergehend, hellgrün. Blütenstände einzeln, bis 5 cm lang gestielt, unverzweigt, nicht erhalten bleibend, Cyathophylle verkehrt herzförmig, hellgrün, Cyathien mit tassenförmigem Involucrum und grüngelben Honigdrüsen. Pflanzen bilden in einigen Jahren nur männliche, in anderen nur weißliche Cyathien, zwischenzeitlich sogar zwittrig. *E. bupleurifolia* ist wohl kaum mit einer anderen Art zu verwechseln, Ähnlichkeit weist nur die – wesentlich zierlichere – aus Süd-Arabien stammende *E. hadramautica* J. G. Baker auf.
Pflege: Benötigt während der Vegetationsperiode leichte Schattierung und hohe Wassergaben, strikt wintertrocken halten, mind. 8 °C. Vermehrung über Samen oder Stecklinge von decapitierten Pflanzen.

E. buruana Pax

Heimat: Tansania, Kenia, Uganda, zwischen Gras in offenem Buschland, auf sandigen Böden, in 600 bis 1100 m Höhe.
Aussehen: Kleiner, reich verzweigter Strauch mit stark reduziertem unterirdischem Hauptsproß, bis 60 cm hoch, große rübenförmige Wurzel, etwa 10 cm Ø. Zweige 25 bis 35 mm Ø, einfach, graugrün mit auffälliger blaß gelbgrüner Zeichnung, mit zwei bis drei schmalen Einschnürungen zwischen erweiterten, ungleich langen Abschnitten, 3-(bis 5-)kantig, Kanten flügelartig ausgezogen, manchmal wellig, buchtig gezähnt, Abstand der Zähne 1 bis 5 cm. Dornenschilder langgezogen, 1 bis 2 mm breit, zum Teil verschmelzend, Dornen in zwei Paaren, ungleich lang (1 bis 20 mm), die kürzesten Dornen an den Einschnürungen. Blätter rudimentär, kurzlebig. Blütenstände einzeln, bis 4 mm lang gestielt, mit drei Cyathien, diese vertikal angeordnet, gelb. Ähnliche Art: *E. leontopoda* S. Carter, diese aber mit 10 bis 35 mm langen Dornen und stets verschmelzenden Dornenschildern.
Pflege: Wintertrocken halten, mind. 10 °C. Vermehrung über Stecklinge und Samen.

E. bussei Pax

Heimat: Tansania, Kenia, Uganda, an steilen, steinigen Hängen, in dichten Wäldern, in 400 bis 2000 m Höhe.
Aussehen: 10 bis 15 m hoher Baum, Stamm bis etwa 30 cm Ø, mit 6 Reihen grubenförmiger Narben von abgefallenen Zweigen. Zweige bis 3 (bis 5) m lang, wiederholt verzweigend, eine kugelförmige Krone bildend, endständige Äste fleischig, bis 15 cm Ø, deutlich in unterschiedlich (bis 15 cm) lange eiförmige oder ovale Segmente gegliedert, 3- bis 4-kantig, Kanten flügelartig vorgezogen, bei jungen Pflanzen gewellt, bogig gezähnt. Dornenschilder zu 1,5 bis 2 mm breitem Hornband verschmolzen, dieses an der Basis der Dornen auf 8 mm verbreitert, Dornen paarig, derb, 0,5 bis 2 cm lang, bei jungen Pflanzen bis 3,5 cm, zweites Dornenpaar bis 2 mm lang. Blätter rudimentär, kurzlebig. Blütenstände in Gruppen zu drei bis acht, kurz gestielt, mit je drei goldgelben Cyathien. Die var. *kibwezensis* (N. E. Brown) S. Carter weist eine stärkere Bedornung auf als var. *bussei* und größere, kürzer gestielte Cyathien. Ähnliche Art: *E. magnicapsula* S. Carter, diese aber mit überwiegend 4- bis 5-kantigen Zweigen, gedrungen, regelmäßig segmentiert.
Pflege: Im Winter reduziert gießen, mind. 10 °C. Stecklingsvermehrung. Eine sehr schnellwüchsige, leicht zu kultivierende Art, die mit zunehmendem Alter an Attraktivität gewinnt.

E. cactus Ehrenberg

Heimat: Äthiopien, Eritrea, südliche arabische Halbinsel (Saudi-Arabien, Nord-Jemen, Oman), bis in 1500 m Höhe.

Aussehen: Kleiner Strauch, bis 3 m hoch, durch basale, kandelaberförmige Verzweigung entfernt an Kakteen erinnernd. Äste 7 bis 10 cm Ø, graugrün mit dunkelgrüner Zeichnung oder mit blaßgelber Zeichnung entlang der Seitenmitten, von dort ausgehend bogige Doppellinien zu den Kanten (var. *aureo-variegata* Schweinfurth), in 10 bis 30 cm lange Segmente gegliedert, gerade oder spiralig gedreht (var. *tortirama* Rauh et Lavranos), Seiten anfangs rinnenförmig, später flach, 3-(bis 4-)kantig, Kanten zusammengedrückt, wellig. Dornenschilder in der Regel zu hellgrauer Hornleiste verschmolzen, Dornen paarig, sehr derb, bis 4 cm lang, waagerecht spreizend, braun, im Alter grau. Blätter rudimentär, kurzlebig. Blütenstände zahlreich an den Zweigenden, mit drei gelben Cyathien. Ähnliche Art: *E. fractiflexa* S. Carter et J. Wood, diese aber weniger gedrungen, Zweige unsegmentiert.

Pflege: Wintertrocken halten, mind. 12°C. Stecklingsvermehrung. Langsam wachsende Art.

E. canariensis Linnaeus
Foto Seite 11

Heimat: Kanarische Inseln, bis in 1100 m Höhe, eingeführt in Zentralamerika und Japan.

Aussehen: Großer, vom Boden aus dicht verzweigender Busch, 2 bis 3 m hoch, bis über 10 m Ø. Zweige aufrecht, bis 5 cm Ø, frischer Austrieb hellgrün, später dunkelgrün bis grau, senkrecht aufsteigend, nicht segmentiert, Seiten flach, 4- bis 6-kantig, Kanten eng buchtig höckrig. Dornenschilder dunkelbraun, einander fast berührend, Dornen paarig, rötlich braun, 4 bis 5 mm lang, dünn, leicht gebogen. Blätter rudimentär, kurzlebig. Blütenstände zahlreich an den

Euphorbia cactus.

Zweigenden, mit drei kurz gestielten braunroten Cyathien. Extrem giftiger Milchsaft!
Pflege: Wintertrocken, mind. 10 °C. Vermehrung über Samen und Stecklinge. Eine langsam wachsende Art.

E. cap-manambatoensis Rauh

Heimat: Madagaskar, in Spalten von steilen Granitfelsen im Spritzwasserbereich an der Küste, in bis 100 m Höhe.
Aussehen: Bis 1 m hoher, sparrig verzweigter Strauch. Zweige mit dünner Basis, zur Spitze hin verdickt, aufsteigend, mit querverlaufenden bohnenförmigen Blattnarben, später grau verkorkend, nicht spiralig gewunden, 8-kantig. Nebenblattdorne als Borsten, 1 cm lang, oft zurückgebogen, bald abfallend. Blätter fleischig, zu vier bis acht in endständiger Rosette, rundlich eiförmig bis länglich eiförmig, 3 bis 4 cm lang, 2 bis 3 (bis 6) cm breit, stachelspitzig, mit bis 3 cm langem rötlichem Stiel, kahl, unterseits graugrün (in der Jugend leuchtend weinrot), mit dicker Mittelrippe. Blütenstände in den Blattachseln, sehr kurz gestielt, mit zwei oder vier Cyathien, einhäusig oder zweihäusig, flaschenförmig, Cyathophylle 8 bis 10 mm lang, zur Hälfte zu einem Becher verwachsen, die freien Abschnitte blaß zitronengelb, sehr kurz behaart, an der Spitze gefaltet und kurz zurückgebogen. Ähnliche Arten: *E. aureoviridiflora* (Rauh) Rauh, *E. iharanae* Rauh und *E. neohumbertii* Boiteau, zur Unterscheidung siehe erstere.
Pflege: Wintertrocken halten, mind. 14 °C. Vermehrung über Samen oder Stecklinge.

E. cap-saintemariensis Rauh
Foto Seite 84

Heimat: Süd-Madagaskar (Cap St. Marie), Kalkgestein, ungeschützt vor Wind und Sonne.

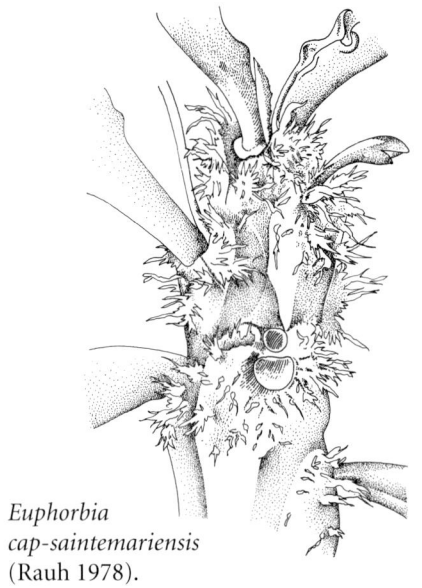

Euphorbia cap-saintemariensis (Rauh 1978).

Aussehen: Zwerg-Euphorbie mit kurzem, gedrungenem Hauptsproß, Rinde silbriggrün, mit dichter, verzweigter Astkrone, rübenförmige Wurzel, bis 30 cm lang, 10 cm Ø, in Hauptsproß übergehend. Äste 5 bis 10 mm Ø, bis 10 cm lang, dem Boden aufliegend oder aufsteigend, stielrund, an den Spitzen Narben der abgefallenen Blätter; dornenlos. Blätter in endständiger Rosette, bis 2,5 cm lang, 5 bis 8 mm breit, rötlich grün, fleischig, Blattränder nach oben gebogen, wellig, die Basis der kurzen fleischigen Stiele von steifen, silbergrauen, papierdünnen Borsten umgeben, Blattpolster fleischig, spitzkantig. Blütenstände unterhalb der Zweigspitzen, gestielt, wenig gegabelt, mit zwei bis vier aufrechten Cyathien, Cyathophylle breit eiförmig, 2,5 mm breit, olivgrün oder zart rosa. Ähnliche Arten: *E. tulearensis* Rauh, diese aber insgesamt kleiner, an der Blattbasis mit dünnen, hinfälligen Dornen, Blätter max. 1,5 cm lang, Cyathophylle 5 mm Ø; und *E. parvicyathophora* Rauh, diese mit unterirdischen Ausläufern, Blätter

nicht fleischig, flach, mit gewellten Rändern, Cyathien 5 mm Ø.
Pflege: Benötigt einen sehr hellen Platz, der aber vor direkter Sonneneinstrahlung geschützt ist, im Winter weitgehend trocken halten, mind. 10 °C. Vermehrung über Samen und Stecklinge, die allerdings nicht die typische Wurzel ausbilden und lediglich als Zweig weiterwachsen. Wächst sehr langsam, sehr geschätzt wegen des Bonsai-Charakters und der aparten Cyathien.

E. capuronii Ursch et Leandri

Heimat: Madagaskar.
Aussehen: Kleiner, reich verzweigter Strauch, max. 1 m hoch. Äste bis 1 cm Ø, grau, im Alter mit dicker Wachsschicht bedeckt, verkorkend. Dornen variabel, bis 2 cm lang, rotbraun, später graubraun, beidseits der Blattnarben unregelmäßig angeordnet, basal verbreitert, Basen den Zweig bedeckend. Blätter während der Vegetationsperiode in endständiger Rosette, länglich lanzettlich, 3 bis 5 cm lang, 4 bis 8 mm breit, flaumig behaart. Blütenstände an Zweigenden, lang gestielt, wiederholt gabelig verzweigt, mit bis zu 32 Cyathien, Cyathophylle hellgrün, bis 6 mm lang, spitz zulaufend.
Pflege: Im blattlosen Zustand trocken halten, mind 14 °C. Vermehrung über Samen und Stecklinge.

E. caput-medusae Linnaeus
Foto Seite 6

Heimat: Rep. Südafrika (Kap-Provinz).
Aussehen: Medusenhaupt-Euphorbie mit verdickter Hauptwurzel, in den Hauptsproß übergehend, Sproß teilweise unterirdisch, kugelförmig, 15 bis 20 cm Ø, mit zahlreichen Zweigen um die zentrale, freibleibende Scheitelregion, insgesamt bis 70 cm Ø. Zweige zylindrisch, dunkelgrün, im Zentrum aufrecht, 5 bis 20 (selten bis 100) cm lang, an den Seiten spreizend oder aufsteigend spreizend, 5 bis 37,5 cm lang, 3 bis 5 cm Ø, warzig, Warzen spitz konisch, 3 bis 4 mm hoch. Dornen aus verholzten Blütenstielen. Blätter dick fleischig, 3 bis 5 mm lang, 0,7

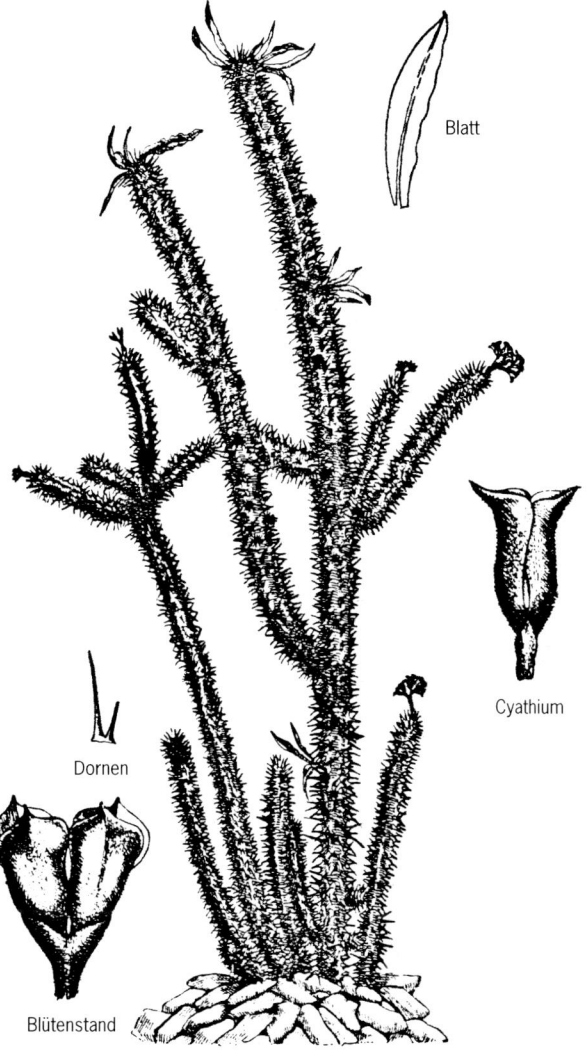

Euphorbia capuronii
(nach Ursch und Leandri 1954).

E. cap-saintemariensis.

bis 1 mm breit, kurzlebig. Cyathien gruppenweise an den Zweigspitzen, 1 bis 10 mm lang gestielt, Involucrum breit und flach tassenförmig, 1,2 cm und mehr Ø, Honigdrüsen grün, mit drei bis sechs auffälligen, fingerförmigen weißen Fortsätzen.
Pflege: Benötigt hellen Standort, im Winter reduziert gießen, mind. 8 °C. Vermehrung durch Aussaat.

E. cereiformis Linnaeus

Heimat: Rep. Südafrika (Kap-Provinz), eingeführt auf Réunion.
Aussehen: Strauch, von der Wuchsform her an Säulenkakteen der Gattung *Cereus* erinnernd, Hauptsproß 0,3 bis 1 m hoch, 10 cm Ø. Zweige setzen in der Nähe der Stammbasis an, wiederholt verzweigt, parallel zum Stamm aufsteigend, 2,5 bis 5 cm Ø, dunkelgrün, 9- bis 15-(meist 11-)kantig, Kanten als senkrecht verlaufende Rippen, durch tiefe Furchen getrennt, mit leicht abwärts gerichteten Zähnen. Dornen einzeln, bis 1 cm lang, aus verholzten, sterilen Blütenstielen, anfangs rotviolett, im Alter grau, ungleichmäßig verteilt, mit schuppenartigen Hochblättern. Blätter rudimentär, kurzlebig. Cyathien bis 6 mm breit, fein behaart, braun; eingeschlechtlich. Im Aussehen variable Art, evtl. als Naturhybride von *E. polygona* Haworth und *E. pentagona* Haworth entstanden.
Pflege: Wintertrocken, mind. 8 °C. Vermehrung durch Stecklinge, die leicht bewurzeln, aus Samen gezogene Pflanzen sollen sich regelmäßiger verzweigen als solche aus Stecklingen.

E. clandestina Jacquin

Heimat: Rep. Südafrika (Kap-Provinz).
Aussehen: Aufrechter, in der Regel unverzweigter Zwergstrauch, Hauptsproß bis 60 cm hoch, 2,5 bis 4 cm Ø. Sproß und Zweige zylindrisch bis keulig, hellgrün, mit zahlreichen, spiralig angeordneten Warzen bedeckt, Warzen laufen spitz zu, 4 bis 8 mm lang, am Ende etwas gebogen; dornenlos. Blätter im Bereich der Sproßspitze, bis 4 cm lang und max. 4 mm breit, längs gefaltet. Cyathien einzeln, ungestielt, unauffällig klein, becherförmig, grün, zwischen den Blättern weitgehend verborgen. Ähnliche Arten: *E. clava* Jacquin, diese aber mit langen, verholzten Blütenstielen; und *E. cylindrica* White, Dyer et Sloane, diese mit kurz gestielten Cyathien, Stiele nicht verholzend.
Pflege: Benötigt in der Vegetationsperiode viel Wasser und einen sehr hellen Standort, erträgt leichten Frost. Vermehrung über Samen, selbstbefruchtend.

1 bis 3 cm Ø, hellgrün, aufrecht, einfach, gelegentlich weiter verzweigend, 6- bis 9-kantig, Kanten buchtig, flach gezähnt. Dornenschilder lang dreieckig, nicht miteinander verwachsen, Dornen paarig, bis 8 mm lang, rötlich, später grau, Nebendornen fehlend oder rudimentär. Blätter rudimentär, kurzlebig. Blütenstände einzeln, einfach (bis 2-fach) gabelig verzweigt, kurz gestielt. Cyathien mit tassenförmigem Involucrum, unauffällig gelblich grün.

Pflege: Im Winter reduziert gießen, mind. 10 °C. Vermehrung leicht über Stecklinge.

E. clavarioides Boissier

Heimat: Rep. Südafrika (Kap-Provinz, Lesotho, KwaZulu, Natal, Transvaal, Oranje Freistaat, Bophuthatswana), Botswana, überwiegend auf sonnenexponierten steilen Basalthängen mit dünner Lehmauflage, bis in große Höhen.

Aussehen: Von einem kugelförmigen, in den Boden eingesenkten, fleischig-dicken Hauptsproß gehen regelmäßig kurze, wiederholt an der Spitze verzweigende Seitentriebe ab, die jeweils in etwa auf gleicher Ebene mit dem Boden bleiben, bis 7,5 cm hoch, eine glatte, unregelmäßig geformte Fläche bildend (var. *truncata* White, Dyer et Sloane), oder abgerundete Spitzen der Triebe bilden ein dichtes, rundes Kissen von bis zu 30 cm Ø und 10 bis 30 cm Höhe (var. *clavarioides*). Junge Zweige 8 bis 17 mm Ø, grün bis rötlich, kugelig bis keulig, max. 7 cm lang, warzig, Warzen 3 bis 4 mm Ø, 1 mm hoch, rhombisch bis 6-eckig, breit kegelig oder zugespitzt, in spiraligen Reihen angeordnet; dornenlos. Blätter rudimentär, kurzlebig. Cyathien an den Zweigspitzen, einzeln, ungestielt bis kurz (1 bis 2 mm) gestielt, leuchtend gelb bis gelbgrün.

Euphorbia clandestina, Typ-Illustration (Jacquin 1804).

E. classenii Bally et S. Carter

Heimat: Bisher nur von einem Ort im Süden Kenias bekannt, auf Felsen, in 900 bis 1200 m Höhe.

Aussehen: Kleiner, basal dicht verzweigender Strauch von weniger als 1 m Höhe. Äste

Pflege: Anspruchsvolle Art, benötigt sehr hellen Standort, um die typische gedrungene Wuchsform beizubehalten, im Winter absolut trocken halten, mind. 6 °C. Stecklingsvermehrung.

E. clavigera N. E. Brown

Heimat: Rep. Südafrika (Transvaal, Swasiland).
Aussehen: Zwergstrauch mit fleischigem unterirdischem Hauptsproß, in verdickte rübenförmige Hauptwurzel übergehend. Erste Zweige unterirdisch, kurz, stammartig, ohne Dornen, die weiteren Verzweigungen über dem Boden, eine Vielzahl bis zu 15 cm langer, keuliger Zweige hervorbringend, diese 1 bis 2,5 cm dick, hellgrün mit gelber Zeichnung, undeutlich segmentiert, spiralig gedreht, 3-kantig, Kanten deutlich flügelartig abgesetzt, warzig, Warzen 4 bis 5 mm hoch, dreieckig. Dornenschilder klein, zum Teil verwachsen, Dornen paarig, max. 1,5 cm lang, anfangs rehbraun, später grau, spreizend. Blätter rudimentär, kurzlebig. Blütenstände einzeln, ungestielt oder kurz gestielt, mit drei vertikal angeordneten Cyathien, Involucrum tassenförmig, Honigdrüsen grüngelb.
Pflege: Nässeempfindlich, Hauptsproß zum Schutz zum Teil oberirdisch pflanzen, im Winter sehr reduziert gießen, mind. 10 °C. Vermehrung über Samen oder Stecklinge, die nach ihrer Bewurzelung ein zweites Mal geschnitten werden müssen, um den typischen Wuchs zu erzeugen.

E. clivicola Dyer

Heimat: Rep. Südafrika (Transvaal), bisher nur von einem einzigen Fundort bekannt.
Aussehen:: Zwergstrauch mit fleischigem, unterirdischem Hauptsproß von max. 15 cm Länge und 2 bis 3 cm Ø, in verdickte Hauptwurzel übergehend. Erste Zweige unterirdisch, kurz, stammartig, die weiteren Verzweigungen über dem Boden, dichte, 3 bis 4 cm hohe Polster von max. 40 cm Ø bildend; Zweige 2 bis 3 cm lang, bis 1,5 cm Ø, zur Spitze hin abnehmend, gelblich grün, mehrfach verzweigend, Kanten warzig, Warzen über Kreuz gegenständig (undeutlich 4-kantig). Dornenschilder klein, max. 2,5 mm herablaufend, hellgrau, Dornen paarig, grau, unterschiedlich lang, max. 5 mm, bleiben nur auf den jüngsten zwei bis vier Warzen erhalten, Nebendornen rudimentär. Blätter rudimentär, kurzlebig. Blütenstände an den Zweigspitzen, einzeln, ungestielt, mit drei vertikal angeordneten Cyathien. Involucrum tassenförmig, Honigdrüsen leuchtend gelb; selbstbefruchtend.
Pflege: Im Winter weitgehend trocken halten, mind. 10 °C. Vermehrung über Samen und Stecklinge, die allerdings nicht die typische Wuchsform ausbilden.

E. coerulescens Haworth

Heimat: Rep. Südafrika (Kap-Provinz).
Aussehen: Durch unterirdische Rhizome dichte Bestände bildender Strauch, reich verzweigt, bis 1,5 m hoch. Zweige 3 bis 5 cm Ø, an der Spitze verzweigend, hechtblau, aufrecht, in rundliche Segmente von max. 10 cm Länge gegliedert, Seiten leicht eingetieft, 4- bis 6-kantig, Kanten buchtigwarzig. Dornenschilder in der Regel zu bräunlichem Hornband verschmolzen, Dornen paarig, dunkelbraun, 6 bis 12 mm lang, spreizend. Blätter rudimentär, kurzlebig. Blütenstände in großer Anzahl an den Zweigenden, einfach gegabelt, mit je drei vertikal angeordneten Cyathien, Involu-

crum tassenförmig, Honigdrüsen kanariengelb. Ähnliche Arten: *E. ledienii* A. Berger, diese aber bis 2 m hoch, Zweige unregelmäßig segmentiert, Dornen 2 bis 6 mm lang; und *E. franckiana* A. Berger, diese aber 0,6 bis 1 m hoch, Zweige 3-kantig (junge Zweige 4-kantig).
Pflege: Wintertrocken halten, mind. 12 °C. Vermehrung über Stecklinge und Samen.

Nach OUDEJANS (1990) lautet die korrekte – aber ungebräuchliche – Schreibweise *E. caerulescens*.

E. colubrina Bally et S. Carter

Heimat: Kenia, Äthiopien, auf Kalkgestein, auf steinigen Hängen in offenem Buschland, in 200 bis 300 m Höhe.
Aussehen: Zwergstrauch, durch basale Verzweigung lockere Polster von bis zu 15 cm Höhe und 50 cm Ø bildend. Zweige bis 25 cm lang, dunkelgrün, mit markantem, hellgelbem bis hellgrünem, längsverlaufendem Band, bis 8 mm Ø, wiederholt verzweigend, Seitenzweige senkrecht zur Achse, 4-kantig, schwach gezähnt. Dornenschilder weit herabgezogen, nicht verschmelzend, Dornen paarig, dunkelbraun, bis 18 mm lang, zum Teil mit kurzen Nebendornen. Blätter rudimentär, kurzlebig. Blütenstände einzeln, kurz gestielt, mit drei Cyathien, diese mit tassenförmigem Involucrum und bräunlich gelben Honigdrüsen.
Pflege: Nässeempfindlich, benötigt zusätzliches Dränmaterial, streng wintertrocken halten, mind. 12 °C. Vermehrung über Samen und Stecklinge.

E. cooperi N. E. Brown

Heimat: Rep. Südafrika (KwaZulu, Natal, Transvaal, Swasiland), Botswana, Simbabwe, Sambia, Malawi, Mosambik, Tansania, auf steinigen Hängen in 500 bis 1800 m Höhe, zum Teil ganze Wälder dominierend.
Aussehen: Bis 12 m hoher, kandelaberförmiger Baum, Stamm bis 35 cm Ø, Krone weit ausladend, oberseits abgeflacht, *E. c.* var. *cooperi* gelegentlich als max. 2 m hoher Strauch. Zweige in Wirteln, 3,7 bis 7,5 cm Ø, bis 2,5 m lang, grün mit dunkelgrünen Querlinien, aufwärts gebogen, einfach, gelegentlich weiter verzweigend, deutlich in eiförmig kegelige oder herzförmige, 10 bis 15 (bis 50) cm lange Segmente gegliedert, an der Basis am breitesten, 5- bis 6-(bis 8-)kantig, Kanten stark flügelartig ausgezogen, schwach gezähnt. Dornenschilder zu grauem Hornband verschmolzen, Dornen paarig, fehlend (var. *calidicola* Leach) bis 3 cm lang, braun, im Alter grau mit schwarzer Spitze, weit spreizend, Nebendornen rudimentär oder fehlend. Blätter rudimentär, kurzlebig. Blütenstände in Gruppen bis zu drei, einfach gegabelt, mit drei vertikal angeordneten goldgelben Cyathien. Ähnliche Art: *E. ingens* E. Meyer, diese aber stets mit 4-kantigen Zweigen und nicht verschmolzenen Dornenschildern. Milchsaft sehr giftig!
Pflege: Wintertrocken halten, mind. 12 °C. Stecklingsvermehrung.

E. crassipes Marloth

Heimat: Rep. Südafrika (Kap-Provinz).
Aussehen: Medusenhaupt-Euphorbie, Sproß weitgehend im Boden verborgen, in die verdickte Hauptwurzel übergehend, kugelförmig bis zylindrisch, Spitze abgeflacht, 10 bis 15 cm lang, ebenso dick, mit einer Rosette von Zweigen um die freie Sproßspitze, insgesamt 15 bis 20 cm Ø. Zweige 4 bis 6 cm lang, 1 bis 1,5 cm Ø, warzig, ältere Zweige vertrocknend und abfallend. Dornen aus verholzten Blütenstandsstielen.

Blätter rudimentär, kurzlebig. Cyathien einzeln an der Spitze der Zweige, 3 bis 10 mm lang gestielt, Involucrum tassenförmig, 4 bis 4,5 mm Ø, Honigdrüsen mit drei bis fünf kurzen, stabförmigen Fortsätzen, grün. Ähnliche Arten: *E. decepta* N. E. Brown, diese aber mit Zweigen im Bereich des Sproßscheitels, Honigdrüsen dunkelgrün; und *E. fusca* Marloth, diese aber mit schlankeren Zweigen und braunen Honigdrüsen.
Pflege: Benötigt einen hellen Standort, wintertrocken halten, mind. 6 °C. Vermehrung über Samen.

E. cremersii Rauh et Razafindratsira

Heimat: Madagaskar, bisher ein Fundort bekannt, im Hochland, in einem Waldstück.
Aussehen: Zwerg-Euphorbie mit runder (caudexartiger) unterirdischer Pfahlwurzel, in einen aufrechten oder leicht gebogenen oberirdischen Sproß von 0,5 bis 1 cm Ø übergehend, unverzweigt, Rinde hellgrau, an der Spitze von Blattnarben und hinfälligen Nebenblattdornen bedeckt; sonst dornenlos. Fünf bis sechs Blätter während der Vegetationsperiode in endständiger Rosette, bis 8 cm lang und 2,5 bis 3 cm breit, oberseits unregelmäßig hellgrün gefleckt bzw. gleichmäßig hellgrün (f. *viridifolia* Rauh), Unterseite grau bis rötlich grün, Blattadern, Blattstiele sowie Blattränder rötlich gefärbt, variabel in der Form. Blüten erscheinen vor dem Blattaustrieb, Blütenstände am Triebende, in Gruppen, zweifach gegabelt, Stiele bis 2 cm lang, rötlich, Cyathien hängend, blaßgrün, Cyathophylle bis zu 13 mm breit und 7 mm lang, breit rundlich, mit kurzer Spitze, blaßbraun, mit grünlicher Mittelader. Ähnliche Art: *E. moratii* Rauh, diese aber mit deutlich kleineren, nicht hängenden Cyathien.
Pflege: Anspruchsvollere Art, benötigt gut durchlässiges Substrat zum Schutz vor Nässe, Mindesttemperatur 12 °C; eine leichte Schattierung im Sommerhalbjahr ist vorteilhaft.

E. crispa (Haworth) Sweet

Heimat: Rep. Südafrika (Kap-Provinz).
Aussehen: Zwerg-Euphorbie, kegelförmige Hauptwurzel caudexartig in den weitgehend reduzierten Hauptsproß übergehend. Zweige stammförmig-fleischig, völlig im Erdboden verborgen, verholzt; dornenlos. Blätter während der Vegetationsperiode an den Zweigspitzen, in endständiger Rosette, dem Erdboden aufliegend, bis 5 cm lang und 1 cm breit, elliptisch, zugespitzt, 12 bis 50 mm lang gestielt, längs der Mitte gefaltet, Rand gewellt, glatt oder unterseits feinsamtig behaart. Blütenstände einzeln, gabelig verzweigt, mit zwei bis fünf (männliche Pflanzen) bzw. ein bis drei Cyathien (weibliche Pflanzen), bis zu 3,7 cm lang gestielt, Involucrum tassenförmig, Honigdrüsen grüngelb; eingeschlechtlich. Ähnliche Art: *E. silenifolia* (Haworth) Sweet, diese aber mit

Euphorbia crispa.

Euphorbia cylindrifolia.

geraden, nicht gewellten Blatträndern, bis zu 15 Cyathien pro Blütenstand, Honigdrüsen dunkelbraun.
Pflege: Nässeempfindlich, in den Ruhezeiten (Mai bis Juli(!) und Dezember bis Januar) trocken halten, Mindesttemperatur in dieser Zeit 6 °C, Hauptwachstumszeit Februar bis April und August bis November, regelmäßig gießen, Mindesttemperatur 12 °C, benötigt volles Sonnenlicht, bei (in nördlichen Breiten allerdings kaum zu erreichender) hoher Strahlungsintensität falten sich die Blätter längs ihrer Mittelachse zusammen. Vermehrung über Samen oder Stecklinge, die den Stammbereich mit umfassen müssen.

E. croizatii Leandri

Heimat: südliches Madagaskar, auf steinigem Boden (Gneis).
Aussehen: Zwergstrauch, bis zu 75 cm hoch, überwiegend basal verzweigt. Äste etwas fleischiger als bei *E. milii* Des Moulins, rötlich braun bis graubraun, abstehend, schwach 5-kantig. Dornen grau, bis 1 cm lang, häufig in Dreiergruppen, oberste Dornen am größten. Blätter 8 bis 10 mm lang, 5 bis 6 mm breit, verkehrt eiförmig bis fast kreisrund, grau behaart. Blütenstände einzeln, einfach bis 2-fach gabelig verzweigt, Cyathien hell gelbgrün.
Pflege: Im blattlosen Zustand trocken halten, mind. 12 °C. Stecklingsvermehrung.

E. cylindrica White, Dyer et Sloane

Heimat: Rep. Südafrika (Kap-Provinz).
Aussehen: Zwerg-Euphorbie, aufrecht, in der Regel unverzweigt, 40 cm hoch. Hauptsproß 4 bis 5 cm Ø, keulig zylindrisch, mit neun bis zehn Reihen spiralig angeordneter, kegelig zugespitzter 5 mm langer Warzen; dornenlos. Blätter während der Vegetationsperiode an der Sproßspitze, 3 bis 6 cm lang, 5 bis 9 mm breit, elliptisch länglich, Ränder gelegentlich wellig, Stiel 1 cm. Blütenstände einzeln, unverzweigt, Cyathien kurz gestielt (max. 10 mm), unauffällig grün. Ähnliche

Art: *E. clandestina* Jacquin, zur Unterscheidung siehe dort.
Pflege: Wintertrocken halten, mind. 10 °C. Vermehrung ausschließlich über Samen, evtl. selbstbefruchtend.

E. cylindrifolia Marnier-Lapostolle et Rauh

Heimat: Madagaskar.
Aussehen: Zwerg-Euphorbie, durch unterirdische, reich verzweigte Ausläufer mehrere m² große lockere Rasen bildend, Ausläufer 5 mm Ø, mit weißlich braunen Schuppen besetzt (ssp. *cylindrifolia*); oder mit 5 bis 10 cm großer, oberseits abgeflachter (caudexartiger) Rübenwurzel, in mehrere Wurzeln übergehend, stets Einzelpflanzen (ssp. *tubifera* Rauh). Zweige zahlreich, 5 mm Ø, völlig von Blattnarben bedeckt, diese jeweils ringförmig von wulstig verwachsenen weißlichen Basen der Nebenblätter umgeben. Blätter am Ende der Zweige, fleischig, zylindrisch, max. 3 cm lang, graugrün oder rötlich, auf der Oberseite mit einer deutlichen Rinne, in eine kräftige, stachelige Spitze auslaufend. Blütenstände am Triebende, kurz gestielt, unverzweigt oder einfach gegabelt, Cyathien nickend, Cyathophylle grauviolett bis rötlich braun.
Pflege: Bevorzugt leichten Schatten, im Winter regelmäßig anfeuchten, mind. 12 °C. Vermehrung durch Teilung des Wurzelstockes (ssp. *cylindrifolia*) und Stecklinge. Stecklinge von ssp. *tubifera* sollen nach einigen Jahren eine Rübenwurzel ausbilden.

E. dauana S. Carter

Heimat: Kenia, auf waldbewachsenen Kalkhängen, in etwa 400 m Höhe.
Aussehen: Locker verzweigter, bis 1 m hoher Strauch. Zweige bis 1 cm Ø, unregelmäßig dunkel- und hellgrün gezeichnet, 4-kantig, Kanten deutlich gezähnt. Dornenschilder bis 1,5 cm lang, selten verschmelzend, Dornen dunkelrot, im Alter dunkelbraun, paarig, bis 1,5 cm lang, Nebendornen bis 5 mm. Blätter rudimentär, kurzlebig. Blütenstände einzeln, mit drei Cyathien, 2,5 mm lang gestielt, Cyathien klein, gelblich.
Pflege: Sehr nässeempfindlich, benötigt besonders gut durchlässigen Boden, im Winter regelmäßig leicht anfeuchten, mind. 14 °C. Stecklingsvermehrung.

E. davyi N. E. Brown

Heimat: Rep. Südafrika, Botswana, Simbabwe.
Aussehen: Medusenhaupt-Euphorbie, deren Sproß in verdickte Pfahlwurzel übergeht, teilweise im Boden verborgen, bis 6 cm Ø und etwa 10 cm hoch. Zweige in zwei oder drei Reihen um ein freies Zentrum angeordnet, Zweige hellgrün, 1 bis 15 cm lang, 1,2 bis 2 cm Ø, mit spiralig angeordneten Warzen, diese 3 bis 4 mm hoch, rundlich. Dornen aus verholzten Blütenstielen. Blätter an den Triebspitzen, lanzettlich, 1,7 bis 2,8 cm lang. Cyathien einzeln an den Zweigspitzen, 2 bis 5 mm lang gestielt, Involucrum tassenförmig, 6 mm Ø, Honigdrüsen mit zwei bis drei kurzen, fingerförmigen Fortsätzen, grün. Ähnliche Art: *E. maleolens* Phillips, diese aber insgesamt kleiner, Blätter max. 1 cm lang.
Pflege: Nässeempfindlich, wintertrocken halten, mind. 6 °C. Vermehrung über Samen.

E. debilispina Leach

Heimat: Tansania, in offenem Waldland, auf Kalkstein.

Aussehen: Zwergstrauch, von der Basis her dicht verzweigend, bis 13 cm hoch. Zweige hellgrün bis graugrün, in unterschiedlich lange Segmente gegliedert, 8 bis 10 mm Ø, schwach 4-kantig, Kanten leicht buchtig. Dornenschilder schmal herzförmig, 2 bis 4 mm lang, 2 bis 3 mm breit, braun, im Alter grau bis weiß, nicht verschmelzend, Dornen fehlend oder paarig, dann weit spreizend, braun, später grau, kräftiger als die Nebendornen, diese aufrecht, weit spreizend, 2 bis 3 mm lang. Blätter rudimentär, kurzlebig. Blütenstände an den Zweigspitzen, bis 2 mm lang gestielt, verzweigend, mit je drei horizontal angeordneten Cyathien, diese bis 3 mm lang gestielt, 4 bis 4,5 mm Ø, leuchtend gelb.
Pflege: Während der Wintermonate stark reduziert gießen. Vermehrung über Stecklinge.

E. decaryi A. Guillaumin

Heimat: Madagaskar, in Sanddünen, im leichten Schatten unter Büschen oder im Gras.
Aussehen: Zwerg-Euphorbie, durch unterirdische, reich verzweigte, mit schuppenförmigen Blättern bedeckte Triebe lockere Rasen bildend, Ausläufer 5 mm Ø, mit weißlich braunen Schuppen besetzt, horizontal ausbreitend, nach einiger Zeit aufwärtsbiegend und die Oberfläche durchbrechend. Zweige max. 12 mm Ø, grau, dem Boden aufliegend oder aufrecht, deutlich 5-kantig, Kanten aus verschmolzenen, borstenförmigen Nebenblättern, in einzelne helle Spitzen auslaufend; dornenlos. Blätter in Rosetten an der Spitze der Sprosse, 3 bis 5 (bis 7) cm lang, 1 cm breit, dunkelgrün bis rötlich braun, dick fleischig, lanzettlich oval, Rand deutlich gewellt. Blütenstände einzeln, einfach gabelig verzweigt, 1,5 cm lang gestielt, Cyathophylle breit dreieckig, hellgrün oder braun mit rötlichem Rand. Es existiert eine var. *spirosticha* Rauh et Buchloh, deren Zweige einen Druckmesser von 8 mm haben, mit spiralig gedrehten Kanten. Ähnliche Art: *E. ambovombensis* Rauh et Razafindratsira, zur Unterscheidung siehe dort.
Pflege: Benötigt leichte Beschattung; im Winter reduziert gießen, mind. 12 °C. Vermehrung über Samen und Stecklinge. Wächst sehr langsam.

E. decidua Bally et Leach

Heimat: Simbabwe, Sambia, Malawi.
Aussehen: Zwergstrauch mit großem unterirdischem Caudex und langer dünner Pfahlwurzel, zeigt ein für Euphorbien einzigartiges Wachstum mit hoher Variabilität: Die Keimlinge weisen zwei „normale" Keimblätter von 1,5 cm Länge auf, mit Beginn der zweiten Vegetationsperiode bildet die Pflanze zwei bis acht längliche fleischige, dunkelgrüne Blätter von 3 cm Länge und 7,5 mm Breite, die keinerlei Ähnlichkeit mit den Blättern anderer Euphorbien besitzen und oberflächlich an Zwiebelgewächse erinnern. Später im Jahr oder nach mehreren Jahren verliert die Pflanze sukzessive diese Blätter und ersetzt sie während der Vegetationsperiode durch einfache (selten verzweigte), der Photosynthese dienende aufrechte Laubtriebe, diese haben einen Duchmesser von 4 bis 8 mm, bis 12 cm lang, 3- bis 6-kantig, Kanten buchtig-gezähnt. Dornenschilder rötlich braun, 2,5 bis 3 mm breit, oben abgerundet, nicht verschmelzend, Dornen paarig, 15 bis 45 mm lang, an der Basis verdickt, braun, spreizend, Nebendornen rudimentär. Blätter rudimentär, kurzlebig. Nach Abwurf der Laubtriebe erscheinen wenige bis zahlreiche einfach bis 2-fach gegabelte, kurz gestielte Blütensprosse, diese bringen die 5 bis 30 cm

lang gestielten Cyathien hervor; gelegentlich treten Cyathien auch an Laubtrieben auf.

Pflege: Sehr nässeempfindlich, zum Schutz gegen Fäulnis sollte der Caudex erhöht gepflanzt werden, während der Ruheperioden (Dezember bis Januar und Juni bis August) trocken halten, lediglich ein völliges Durchtrocknen des Bodens vermeiden (unter Umständen auch das ganze Jahr über gießen), mind. 8 °C, benötigt einen sehr hellen und warmen Standort, bei zu niedrigen Temperaturen stagniert ihr Wachstum. Vermehrung über Samen. Extrem langsam wachsend.

E. dichroa S. Carter

Heimat: Uganda, auf felsigem Boden, Savanne in 1350 bis 1500 m Höhe.
Aussehen: Zwergstrauch mit fleischigem Wurzelstock und reduziertem Hauptsproß, durch basale Verzweigung dichte Polster bildend. Zweige 5 bis 8 mm Ø, bis 15 cm lang, unverzweigt, leuchtend gelbgrün mit längsverlaufender dunkelgrüner oder leicht purpurfarbener Zeichnung, aufrecht, schwach 4-kantig, Kanten gezähnt. Dornenschilder braun bis grau, dreieckig, klein, nicht verschmelzend, Dornen paarig, dunkelbraun, bis 1 cm lang, Nebendornen rudimentär. Blätter rudimentär, kurzlebig. Blütenstände einzeln, einfach gabelig verzweigt, Stiele 2,5 mm, Cyathien gelb bis rötlich.
Pflege: Im Winter reduziert gießen, mind. 12 °C. Vermehrung über Stecklinge oder Samen.

E. didiereoides Denis et Leandri

Heimat: Madagaskar, auf Gneis-Gestein.
Aussehen:: Von der Basis her locker verzweigter, bis 4 m hoher Strauch, selten als einstämmiger kleiner Baum, durch Ausläufer ausbreitend. Zweige aufrecht, stark verholzend, basal bis 15 cm Ø, nach oben 2 bis 3 cm Ø, an der Spitze gebogen, zum Teil mit 1 bis 3 cm langen Kurztrieben. Dornen unterschiedlich groß, bis zu 25 mm lang, basal verbreitert, Nebendornen zahlreich, grau, die Zweige sehr dicht bedeckend. Blätter während der Vegetationsperiode in endständiger Rosette, bis 5 cm lang, 2,5 cm breit, länglich oval, graugrün, rot gerändert, unterseits behaart, nach oben eingefaltet, Blätter an den Kurztrieben kleiner. Blütenstände am Triebende, einzeln, wiederholt verzweigend, mit langen (max. 15 cm!) weinroten Stielen, bis zu 100 Cyathien, Cyathophylle gelbgrün bis rötlich.

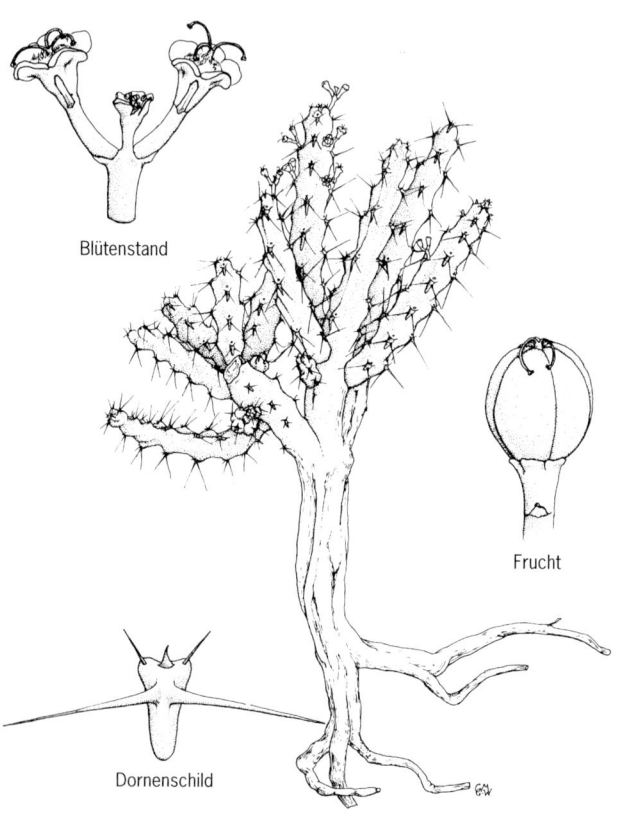

Euphorbia dichroa (nach Carter 1982).

Euphorbia didiereoides.

Pflege: Wintertrocken halten, Gießen erst bei beginnendem Blattaustrieb, mind. 12 °C. Vermehrung über Samen und Stecklinge.

E. duranii Ursch et Leandri

Heimat: Madagaskar.
Aussehen: Zwergstrauch, in dichten, halbkugelförmigen Polstern von 50 cm Höhe und bis zu 1,5 m Ø wachsend, Hauptsproß schwach 8-kantig. Äste 1,5 bis 2 cm Ø, an der Basis 8 bis 10 mm, keulig. Dornen paarig, 10 bis 16 mm lang, an der Basis verdickt. Blätter während der Vegetationsperiode in endständiger Rosette, 3 bis 5 cm lang, 14 bis 35 mm breit, eiförmig-lanzettlich, mit ausgezogener stacheliger Spitze, kurz gestielt. Blütenstände gestielt, einfach bis 3-fach gegabelt, Cyathophylle weiß bis blaßgelb, im Verblühen mit rötlichem Schimmer. Ähnliche Art: *E. fianarantsoae* Ursch et Leandri, diese aber mit Zweigen bis 2,5 cm Ø, Dornen an der Basis nicht verdickt.
Pflege: Sehr nässeempfindliche Art, benötigt zusätzliches Dränmaterial, wintertrokken halten, Gießen erst bei beginnendem Blattaustrieb (evtl. erst Mai), mind. 14 °C. Vermehrung über Samen und Stecklinge.

E. nopla-Komplex

Heimat: Südliches Afrika.
Aussehen: Aus dem südlichen Afrika stammen die drei Arten *E. enopla* Boissier, *E. heptagona* Linnaeus und *E. atrospina* N. E. Brown, die aufgrund ihrer extremen Ähnlichkeit im „*E. enopla*-Komplex" zusammengefaßt werden und verläßlich nur

Euphorbia enormis.

durch den Vergleich mehrerer Exemplare am Standort bestimmt werden können. Alle drei Arten bilden von der Basis her mehrfach verzweigte, dichte, polster- bis kugelförmige Sträucher, 0,2 bis 1,3 m hoch. Zweige bis 3 cm Ø, grau bis grün, vielkantig, Kanten schwach gekerbt, durch deutliche, längsverlaufende Furchen voneinander getrennt. Blätter rudimentär, kurzlebig. Dornen einzeln, 1 bis 6 cm lang, Farbe dunkel purpurbraun oder grün bis gelbgrün, später stets grau, auf den Kanten, aus verholzten Blütenstielen hervorgehend. Cyathien einzeln, gestielt, Stiele bis 4 mm, Farbe variierend; eingeschlechtlich.
Pflege: Wintertrocken halten, mind. 8°C. Vermehrung über Stecklinge.

E. enormis N. E. Brown

Heimat: Rep. Südafrika (Transvaal).
Aussehen:: Zwergstrauch, Hauptsproß unterirdisch, verdickt, in eine fleischige Pfahlwurzel übergehend, einen caudexartigen Körper bildend, 7,5 bis 10 cm Ø, in mehrere unterirdische Zweige übergehend, die an ihrer Spitze eine Vielzahl oberirdischer Zweige hervorbringen. oberirdische Zweige 2,5 bis 4 cm Ø, 15 bis 20 (im Schatten bis 50) cm lang, dunkelgrün mit auffälliger weißlicher Marmorierung, aufrecht, einfach oder mehrfach (basal) verzweigt, deutlich segmentiert, (3-) 4-kantig, Kanten zusammengedrückt, schwach gezähnt. Dornenschilder grau, weiter aufwärts als abwärts ausgezogen, fast verschmelzend, Dornen paarig, rötlich, 4 bis 8 mm lang, spreizend, Nebendornen rudimentär bis 2 mm lang. Blütenstände an den Zweigspitzen, einzeln, mit drei horizontal angeordneten Cyathien, leuchtend gelb. Ähnliche Art: *E. restricta* Dyer, diese aber ohne die auffällige Marmorierung.

Pflege: Benötigt einen hellen Standort, etwas nässeempfindlich, Caudex zum Schutz vor Fäulnis nur teilweise einpflanzen, im Winter reduziert gießen, mind. 6°C. Vermehrung über Samen und Stecklinge, die allerdings nicht den typischen Caudex bilden.

E. enterophora Drake

Heimat: Madagaskar.
Aussehen: Bis zu 20 m hoher Baum mit schirmförmiger Krone, Stamm rund, mit dicker schwarzer, sich abschälender Rinde, oder strauchförmig klein, bis 2 m hoch (var. *crassa* Cremers). Zweige zahlreich, in Etagen angeordnet, sich wiederholt verzweigend, spreizend, aufsteigend, dunkelgrün, frischer Austrieb mit auffälliger rotbrauner Behaarung (var. *crassa*), schwach gegliedert, anfangs abgeflacht 2-kantig; dornenlos. Blätter rudimentär, kurzlebig. Cyathien am Triebende; eingeschlechtlich. Die Art ist evtl. identisch mit *E. xylophylloides* Brongniart.
Pflege: Wintertrocken, mind. 14°C. Vermehrung durch Stecklinge.

E. esculenta Marloth

Heimat: Rep. Südafrika (Kap-Provinz), auf sandigen bis steinigen Böden in Halbwüsten.
Aussehen: Medusenhaupt-Euphorbie mit verdickten, knollenförmigen Wurzeln, deutlich vom gedrungenen Hauptsproß abgesetzt, dieser fast völlig im Boden verborgenen, 10 bis 20 cm Ø, Pflanzen incl. der rosettenförmig angeordneten Zweige bis 1 m Ø. Zweige 1,5 bis 4 cm Ø, 5 bis 40 cm lang, zylindrisch, warzig, Warzen spiralig angeordnet, länglich 6-kantig, flach oder bis 4 mm hoch, fast schuppenförmig; dornen-

los. Blätter rudimentär, kurzlebig. Cyathien einzeln am Ende der Triebe, ungestielt, im Inneren auffällig weiß behaart, stark nach Veilchen duftend, Honigdrüsen mit unregelmäßig gezähnten Fortsätzen. Ähnliche Arten: *E. inermis* Miller, diese aber mit einzelnen, überdauernden Blütenstielen, Honigdrüsen ganzrandig; und *E. fortuita* White, Dyer et Sloane, diese aber ohne die deutliche Trennung in Wurzel und Sproß.
Pflege: Wintertrocken halten, mind. 8 °C. Vermehrung über Samen.

E. espinosa Pax

Heimat: Botswana, Simbabwe, Sambia, Malawi, Tansania, Kenia, in offenem Buschland, in 500 bis 1500 m Höhe.
Aussehen: Halbsukkulenter kleiner Baum oder von der Basis her mehrfach verzweigender Strauch von max. 4 m Höhe, Stamm an der Basis deutlich flaschenförmig verdickt (dient als Speicherorgan). Zweige wechselständig, aufrecht oder weit spreizend, 2 bis 4 mm Ø, mit dunkelbrauner glatter (Ostafrika) bzw. auffällig sich schälender Rinde (Südafrika); dornenlos. Blätter gestielt eiförmig, nicht sukkulent, bis 4,5 cm lang, 2,5 cm breit, Blattstiel 1 cm lang (Größenangaben beziehen sich auf ostafrikanische Pflanzen, südafrikanische sollen größere Blätter besitzen). Cyathien einzeln in den Blattachseln, ungestielt, Involucrum tassenförmig, gelblich grün. Ähnliche Art: *E. matabelensis* Pax, diese aber mit Dornen.
Pflege: Wintertrocken, mind. 12 °C, im Sommer reichlich wässern. Vermehrung über Samen und Stecklinge.

E. eyassiana Bally et S. Carter

Heimat: Tansania, in offenem Grasland auf steinigen Böden.
Aussehen: Zwergstrauch, über unterirdische Ausläufer dichte Polster aus aufrecht wachsenden, an der Basis verzweigten Ästen bildend, max. 80 cm hoch. Zweige bis 1 cm Ø, graugrün, mit violetter Zeichnung in der Mitte, 4-(bis 5-)kantig, Kanten leicht gezähnt. Dornenschilder schmal, 8 mm weit herabgezogen, Dornen paarig, dünn, bis 15 mm lang, grau bis rötlich, Nebendornen bis 3,5 mm. Blätter rudimentär, kurzlebig. Blütenstände einzeln, mit drei Cyathien, diese kurzgestielt, gelbbraun.
Pflege: Wintertrocken halten, mind. 12 °C. Vermehrung über Stecklinge oder Teilung.

E. fasciculata Thunberg

Heimat: Rep. Südafrika (Kap-Provinz), auf sandigen Böden mit minimalen Niederschlägen im Winter.
Aussehen: Zwerg-Euphorbie mit säulenförmigem, in der Regel unverzweigtem Hauptsproß von max. 15 cm Ø und 30 cm Höhe, Oberfläche warzig, Warzen spiralig angeordnet, 6-eckig, bis 1,2 cm dornenähnlich vorgezogen, in eine abwärts gekrümmte, hakenförmige Spitze ausgezogen, oberseits mit dreieckig-rinnenartiger Vertiefung; dornenlos. Blätter schmal, bis 4 cm lang, kurzlebig. Mehrere Blütenstandsstiele werden in aufeinanderfolgenden Jahren jeweils im Ansatz der rinnenartigen Vertiefung hervorgebracht, bis zu 10 cm lang gestielt, Stiele verholzen zu Scheindornen und bleiben mehrere Jahre erhalten, Cyathien in Trugdolde zu drei bis sieben, Involucrum tassenförmig, Honigdrüsen gelblich grün oder bräunlich. Ähnliche Art: *E. schoenlandii* Pax, diese aber bis 1,3 m hoch, mit je einem

△ *Euphorbia espinosa (links).*   △ *Euphorbia eyassiana.*

dornartigen, verholzten Seitentrieb (echter Dorn) pro Warze, Blütenstände mit ein bis drei Cyathien.
Pflege: Benötigt volles Sonnenlicht, sehr nässeempfindlich, streng wintertrocken halten, mind. 6 °C. Vermehrung über Samen.

E. ferox Marloth

Heimat: Rep. Südafrika (Kap-Provinz).
Aussehen: Zwergstrauch mit reduziertem, unterirdischem (2,5 bis 15 cm tiefem!) Hauptsproß und unterirdischen Primärzweigen, durch weitere basale Verzweigungen ausgedehnte, flache Polster von max. 25 cm Höhe und 1 m Ø bildend. Zweige 3 bis 4,5 cm Ø, hellgrün, 9- bis 12-kantig, Kanten durch deutliche Längsfurchen getrennt, glattrandig. Blätter rudimentär, kurzlebig. Dornen einzeln, aus sterilen Blütenstandsstielen, 12 bis 30 mm lang, bis

◁ *Euphorbia ferox.*

2 mm stark, rötlich, später grau, steif. Cyathien einzeln an den Zweigenden, 4 bis 6 mm lang gestielt, Involucrum tassenförmig, purpurn, fein weiß gepunktet, Honigdrüsen unscheinbar gelbgrün bis grün; eingeschlechtlich. Ähnliche Arten: *E. aggregata* A. Berger, diese aber mit oberirdischem, reduziertem Hauptsproß, max. 7,5 cm hoch; und *E. pulvinata* Marloth, diese aber 15 bis 30 cm hoch, Kanten leicht gezähnt, Blätter rudimentär oder 2 bis 3 cm lang, Honigdrüsen braunrot (selten gelbgrün).
Pflege: Wintertrocken halten, mind. 8 °C. Vermehrung über Stecklinge und Samen.

E. fianarantsoae Ursch et Leandri

Heimat: Madagaskar, in 1200 bis 1600 m Höhe.
Aussehen: Kleiner, dichtverzweigter, fast kugelförmiger Busch. Zweige 1,5 bis 2,5 cm Ø, grau, einfach, gelegentlich verzweigt, Zweigspitzen eine gemeinsame Oberfläche bildend. Dornen paarig, 5 bis 15 mm lang, in bis zu acht undeutlich ausgeprägten Reihen. Blätter während der Vegetationsperiode in endständigen Rosetten, 2 bis 3 cm lang, 5 bis 10 mm breit, eiförmig-lanzettlich, kurz gestielt, Ränder mit deutlicher roter Zeichnung. Blütenstände kurz gestielt, mit zwei bis vier Cyathien, Cyathophylle blaßgelb, später rot. Ähnliche Art: *E. duranii* Ursch et Leandri, zur Unterscheidung siehe dort.
Pflege: Nässeempfindlicher als *E. duranii*, benötigt zusätzliches Dränmaterial, wintertrocken halten, erst mit beginnendem Blattaustrieb (unter Umständen erst Mitte Mai bis Anfang Juni!) vorsichtig gießen, mind. 14 °C. Vermehrung über Samen und Stecklinge.

E. fimbriata Scopoli

Heimat: Rep. Südafrika (Kap-Provinz).
Aussehen: Im Aussehen äußerst variable Zwerg-Euphorbie, durch unregelmäßig wiederholende Verzweigung 30 cm (im Schatten bis 100 cm) hohe Polster bildend, Hauptsproß aufrecht oder reduziert. Zweige 1,6 bis 4 cm Ø, zylindrisch, mit sieben bis zwölf Rippen (in der Regel acht bis zehn), Rippen flach, in 6-eckige Felder aufgeteilt. Dornen kräftig, bis 4 mm lang, blaßbraun, etagenweise in den Querfurchen, aus verholzten, sterilen Blütenstandsstielen, zum Teil fehlend. Blätter rudimentär, kurzlebig. Cyathien an Zweigenden, einzeln, kurz gestielt, Involucrum tassenförmig, 3 bis 6 mm Ø, mit gefransten Rändern, Honigdrüsen grün bis purpurrot; eingeschlechtlich. Ähnliche Arten: *E. mammillaris* Linnaeus, diese aber mit kräftigeren Zweigen (4 bis 6 cm Ø) und Dornen (6 bis 10 mm lang), mit sieben bis 17 Rippen, häufig mit spitzer ausgezogenen Warzen, mit geringfügig kleineren Cyathien; und *E. submamillaris* A. Berger sowie *E. nesemannii* Dyer, beide aber ohne durchgehende horizontale Furchen.
Pflege: Benötigt volle Sonne, um die gedrungene Form zu behalten, bei Lichtmangel wachsen die Zweige „schlangenförmig" verdünnt, im Winter reduziert gießen, mind. 8 °C. Vermehrung über Stecklinge.

E. flanaganii N. E. Brown

Heimat: Rep. Südafrika (Kap-Provinz).
Aussehen: Medusenhaupt-Euphorbie, Hauptsproß 3,7 bis 5 cm Ø, zylindrisch, Spitze 2,5 bis 5 cm über den Boden erhebend, an der Basis häufig mit einer Vielzahl von „Nebenköpfen", diese leicht abfallend, bereits am Stamm erste Wurzelansätze zeigend. Zweige in drei bis vier Reihen, 5 bis 6

(und mehr) mm Ø und 1,2 bis 3,7 cm lang, warzig, Warzen oft spitz zahnartig; dornenlos. Blätter 6 bis 10 mm lang, bis 1 mm breit, linealisch zugespitzt, kurzlebig. Cyathien einzeln, in hoher Anzahl auf der Oberseite des Hauptsprosses und den Ästen, kurz gestielt, Involucrum breit tassenförmig, Honigdrüsen leuchtend gelb, leicht gelappt.
Pflege: Benötigt hellen Standort, im Winter reduziert gießen, mind. 8 °C. Vermehrung durch Abtrennen der „Nebenköpfe" oder durch Aussaat.

E. fortuita White, Dyer et Sloane

Heimat: Rep. Südafrika (Natal, KwaZulu), in harten, sandigen Böden.
Aussehen: Medusenhaupt-Euphorbie mit kontinuierlich in dicke rübenförmige Wurzeln übergehendem Hauptsproß, zylindrisch, 5 bis 16 cm Ø, fast völlig im Erdboden verschwunden. Zweige in Vielzahl rosettenförmig um die freibleibende Scheitelfläche angeordnet, bis 1,7 cm Ø, 3 bis 15 cm lang, warzig, Warzen fleischig, 6-kantig, leicht erhaben, variierend in ihrer Größe an einzelnen Zweigen; dornenlos. Blätter rudimentär, kurzlebig. Cyathien einzeln, endständig, sehr kurz (bis 1 mm) gestielt, im zentralen Bereich dicht weiß behaart, mit großen, dunkel purpurfarbenen Honigdrüsen, diese am äußeren Rand mit bis zu sieben zurückgebogenen Fortsätzen. Ähnliche Arten: *E. esculenta* Marloth und *E. inermis* Miller, beide aber mit deutlicher Trennung von Wurzel und Sproß; und *E. colliculina* White, Dyer et Sloane, diese aber mit leuchtend roten Honigdrüsen und zumindest einzelnen überdauernden Blütenstielen.

◁ *Euphorbia flanaganii.*

Pflege: Nässeempfindlich, streng wintertrocken halten, mind. 8 °C. Vermehrung über Samen.

E. fractiflexa S. Carter et J. Wood

Heimat: Saudi-Arabien, Nord-Jemen, auf ausgesprochen sandigem Boden.
Aussehen: Buschiger Strauch von 1,5 m Höhe oder Baum, 2,5 bis 4 m hoch. Zweige mit einer markanten gelben Zeichnung, nicht segmentiert, wiederholt verzweigend, überwiegend 3-kantig, Kanten zickzack-förmig gewellt. Dornenschilder teilweise verschmelzend, Dornen paarig, grau, etwa 10 mm lang, nach unten ausgerichtet, eng spreizend, Nebendornen rudimentär. Blätter rudimentär, kurzlebig. Blütenstände zahlreich an den Zweigenden, mit drei gelben Cyathien. Ähnliche Art: *E. cactus* Ehrenberg, zur Unterscheidung siehe dort.
Pflege: Wintertrocken halten, mind. 12 °C. Vermehrung über leicht bewurzelnde Stecklinge oder Samen.

E. franckiana A. Berger

Heimat: Rep. Südafrika (Natal).
Aussehen: Dicht verzweigter Strauch, bis 1 m hoch. Zweige 2,5 bis 3 cm Ø, anfangs hellgrün, später graugrün, deutlich segmentiert, Segmente 2,5 bis 7,5 cm lang, 3-kantig (junge Zweige 4-kantig), Kanten buchtig warzig, Seiten überwiegend flach, in jungen Trieben eingetieft. Dornenschilder hellgrau, zum Teil verschmelzend, Dornen paarig, bräunlich, später grau mit dunkelbraunen oder schwarzen Spitzen, 4 bis 8 mm lang, Nebendornen rudimentär. Blätter rudimentär, kurzlebig. Blütenstände endständig, kurz gestielt, mit je drei Cyathien, diese hellgrün bis gelblich grün. Ähnliche Arten: *E.*

coerulescens Haworth und *E. ledienii* A. Berger, zur Unterscheidung siehe *E. coerulescens*.
Pflege: Im Winter reduziert gießen, mind. 8 °C. Vermehrung über Stecklinge.

E. francoisii Leandri

Heimat: Madagaskar, auf Sanddünen im äußersten Südwesten beschränkt.
Aussehen: Zwerg-Euphorbie mit dicker, rübenförmiger Wurzel, aus der eine Vielzahl im oder unmittelbar über dem Boden kriechender und sich dort erneut bewurzelnder, dicker stammartiger Triebe entspringt. Zweige 1 bis 1,5 cm Ø, mit graubrauner Rinde; dornenlos. Blätter bleiben länger als eine Vegetationsperiode erhalten, an den Zweigenden, 2 bis 6 cm lang, 5 bis 30 mm breit, linealisch bis lanzettlich-oval, 5 bis 10 mm lang gestielt, fleischig verdickt, Ränder schwach gewellt, äußerst variabel in Form und Zeichnung: grün, silbergrau gefleckt, rot gezeichnet oder fast weiß, Nebenblätter borstenförmig, silbergrau, den Blattgrund umgebend. Blütenstände an den Zweigenden, einzeln, einfach bis 3-fach gegabelt, lang gestielt, mit zwei bis acht Cyathien, aufrecht, Cyathophylle nierenförmig, hellgrün, flach ausgebreitet.
Pflege: Benötigt leichte Schattierung, im Winter stark reduziert gießen, Temperatur mind. 12 °C. Vermehrung über Samen oder Stecklinge, die jedoch nur dann die typische Wuchsform annehmen sollen, wenn ein Teil der Hauptwurzel mit entfernt wurde. Andererseits sollen selbst aus Blattstecklingen nach zwei bis drei Jahren vollständige Pflanzen hervorgehen.

E. fusca Marloth

Heimat: Rep. Südafrika (Kap-Provinz, Bophuthatswana), Namibia.
Aussehen: Medusenhaupt-Euphorbie mit dünner Pfahlwurzel und fast kugelförmigem, teilweise oder fast völlig im Boden verborgenem Hauptsproß, bis 30 cm hoch und 20 cm Ø, oberirdische Anteile dicht mit Zweigreihen besetzt, lediglich im Bereich des Sproßscheitels bleibt eine durch eine deutliche Furche gezeichnete Zone frei von Zweigen. Zweige 9 bis 10 mm Ø, 2 bis 15 cm lang, mit 6-eckigen, flachen Warzen bedeckt. Dornen aus verholzten Blütenstielen, bis 2 cm lang. Blätter rudimentär, kurzlebig. Cyathien an den Zweigspitzen, einzeln, bis 2 cm lang gestielt, Involucrum flach tassenförmig, Honigdrüsen dunkelbraun, diese mit fünf bis sieben fingerförmigen, max. 1,5 mm langen Fortsätzen. Ähnliche Arten: *E. crassipes* Marloth und *E. decepta* N. E. Brown, zur Unterscheidung siehe erstere.
Pflege: Benötigt einen hellen Standort, sehr nässeempfindlich, streng wintertrocken halten, mind. 6 °C. Vermehrung über Samen.

E. galgalana S. Carter

Heimat: Somalia, auf Kalkfelsen, in 1000 bis 1340 m Höhe.
Aussehen: Zwerg-Euphorbie, von der Basis stark verzweigend, 15 bis 60 cm hohe Polster von bis zu 1 m Ø bildend. Zweige 1 bis 1,5 cm Ø, 4- bis 5-kantig, Kanten schwach gezähnt. Dornenschilder länglich oval, nicht verschmelzend, Dornen paarig, 1 bis 1,5 cm lang, leicht gekrümmt, Nebendornen rudimentär oder fehlend. Blätter rudimentär, kurzlebig. Blütenstände kurz gestielt, mit drei Cyathien, Honigdrüsen leuchtend gelb.

Pflege: Wintertrocken, mind. 12 °C. Vermehrung über Samen oder Stecklinge.

E. gemmea Bally et S. Carter

Heimat: nördliches Kenia, auf flachgründigen Böden in schattigem Buschland, in 700 bis 1000 m Höhe.

Aussehen: Zwergstrauch, über unterirdische Ausläufer lockere Polster aus rhizomartigen, schwach aufrecht wachsenden bis niederliegenden, gering verzweigten Sprossen bildend, max. 45 cm hoch. Zweige 5 bis 10 mm Ø, unregelmäßig hell- und dunkelgrün gezeichnet, unsegmentiert, 4-kantig, Kanten flach gezähnt. Dornenschilder lang ausgezogen, sehr schmal, bis 10 mm herabgezogen, nicht verschmelzend, Dornen paarig, etwa 12 mm lang, rötlich braun, später grau, Nebendornen rudimentär bis 5 mm lang. Blätter rudimentär, kurzlebig. Blütenstände einzeln, 2 mm lang gestielt, mit drei rubinroten Cyathien.

Pflege: Empfindliche Art, nässeempfindlich, benötigt zusätzliches Dränmaterial, im Winter sehr reduziert gießen, mind. 14 °C. Vermehrung über Samen oder Stecklinge.

E. genoudiana Ursch et Leandri

Heimat: südliches Madagaskar.

Aussehen: Zwergstrauch mit aufrechtem, unverzweigtem (in Kultur auch verzweigtem) Hauptsproß, bis etwa 50 cm hoch, Sproß silbergrau, im Alter von dicker Wachsschicht bedeckt. Dornen einzeln, 5 bis 15 mm lang, spitz. Blätter jeweils zu 4, max. 6 mm breit, bis 4 cm lang, linealisch, ungestielt. Blütenstände lang gestielt, 2- bis 3-fach gegabelt, Cyathophylle hellgrün, spitz zulaufend, Honigdrüsen leuchtend gelb. Ähnliche Art: *E. mahafalensis* Denis, diese aber regelmäßig verzweigend, mit kürzeren, breiteren Blättern und gelbgrünen Cyathophyllen.

Pflege: Benötigt voll sonnigen Standort, Boden im Winter gelegentlich anfeuchten, Austrieb erfolgt erst spät im Jahr, mind. 14 °C. Vermehrung über Samen und Stecklinge, die allerdings schlecht bewurzeln sollen.

E. globosa (Haworth) Sims

Heimat: Rep. Südafrika (Kap-Provinz).

Aussehen: Zwerg-Euphorbie aus der Gruppe der Fingerblüher, mit fleischiger, knolliger Hauptwurzel, kugelförmigem Hauptsproß und sich wiederholt verzweigenden kugelförmigen Ästen, die bei Pflanzen am Standort durch sproßbürtige Wurzeln langsam in den Boden gezogen und von neuen Zweigen überdeckt werden, Pflanzen erheben sich kaum über den umgebenden Boden, bilden dichte, rasenartige Bestände. Zweige in kugelförmige Abschnitte von max. 2,5 cm Länge gegliedert, Oberfläche undeutlich in 6-eckige Flächen aufgeteilt, spezielle, langgestielte, 2 bis 6 cm lange und 0,7 bis 1,4 cm dicke, hinfällige Blütenzweige hervorbringend; dornenlos. Die verholzten, sehr kurzen bis 10 cm langen, zum Teil verzweigten Blütenstandsstiele bleiben einige Zeit erhalten. Blätter rudimentär, kurzlebig. Cyathien an den Enden der Blütenzweige, einzeln oder in Gruppen, entweder 2 bis 3 mm lang gestielt, mit einem zwittrigen Cyathium, oder 1,5 bis 8 cm lang, sich unterhalb des endständigen, ausschließlich männlichen Cyathiums wiederholt verzweigend, Involucrum auffällig groß (bis 2 cm Ø), grün, Honigdrüsen aufsteigend-spreizend, 5 bis 7 mm lang, mit drei oder vier auffällig fingerförmigen Fortsätzen, diese oberseits mit weiß geränderten Vertiefungen. Ähnliche Arten: *E. tridentata* Lamarck, diese aber

ausschließlich mit kurz gestielten oder ungestielten Cyathien, ohne sproßbürtige Wurzeln, mit gestreckteren Zweigen; und *E. ornithopus* Jacquin, diese aber mit kontinuierlichem, nicht scharf abgesetztem Übergang zwischen Blütenzweig und Stiel.
Pflege: Verliert in nördlichen Breiten selbst bei voller Sonneneinstrahlung ihr typisches Aussehen durch übermäßiges Längenwachstum der Zweige, in Kultur treten kontraktile Wurzeln kaum auf; im Winter reduziert gießen, mind. 8 °C. Vermehrung über Samen und Stecklinge.

E. glochidiata Pax
Foto Seite 31

Heimat: Kenia, Somalia, Äthiopien, auf sandigen Böden über Kalkgestein, in offenem Buschland, in 190 bis 750 m Höhe.
Aussehen: Kleiner Strauch, 1,5 bis 2 m hoch, locker verzweigt. Zweige bis 1,5 cm Ø, unregelmäßig graugrün gezeichnet, unsegmentiert, 4-kantig, Kanten flügelartig ausgezogen, gesägt. Dornenschilder verschmolzen oder fast verschmelzend, Dornen paarig, aber von der Basis bis etwa 5 mm unterhalb der Spitzen verschmolzen, bis 2 cm lang, graubraun, Nebendornen rudimentär bis 5 mm lang. Blätter rudimentär, kurzlebig. Blütenstände einzeln, kurz gestielt, mit drei Cyathien, diese kräftig dunkelrot. Ähnliche Arten: *E. meridionalis* Bally et S. Carter, diese aber schwächer bedornt, Dornen auf deutlicher ausgeprägten Erhebungen der Kanten, Dornenschilder deutlich von einander getrennt; und *E. fissispina* Bally et S. Carter, diese aber mit Zweigen, deren Kanten kaum gezähnt sind, Dornen nur an der Basis für max. 5 mm verschmolzen.
Pflege: Benötigt hellen Standort, da sie sonst nur unscheinbare kurze Dornen aus-

Euphorbia francoisii.

bildet, weitgehend wintertrocken halten, mind. 12 °C. Vermehrung über Samen und Stecklinge.

E. gorgonis A. Berger
Foto Seite 37

Heimat: Rep. Südafrika (Kap-Provinz).
Aussehen: Kleine Medusenhaupt-Euphorbie mit dicker rübenförmiger Wurzel, ansatzlos in kugelförmigen, an der Spitze eingesenkten Hauptsproß übergehend, weit in den Boden eingesenkt, bis 10 cm Gesamtdurchmesser. Zweige in geringer Anzahl um 2,5 bis 5 cm große, freie Scheitelfläche angeordnet, 6 bis 10 mm Ø und 25 mm lang, spitz warzig, Warzen 5- bis 6-eckig, spiralig angeordnet; dornenlos. Blätter rudimentär, kurzlebig. Cyathien einzeln, 4 bis 10 mm lang gestielt, Involucrum tassenförmig, 5 bis 5,5 mm Ø, mit purpurroten, dunkelgrünen oder hellgrünen Honigdrüsen. In sterilem Zustand sehr ähnlich: *E. albipollinifera* Leach, zur Unterscheidung siehe dort.

Pflege: Benötigt einen sehr hellen Standort, sehr nässeempfindlich, streng wintertrocken halten, mind. 6°C. Vermehrung ausschließlich über Samen.

E. gottlebei Rauh

Heimat: Madagaskar, auf steilen, bewaldeten Hängen, auf Kalkgestein.
Aussehen: Lockerer Strauch mit langer Pfahlwurzel, Hauptsproß bis 1,5 m lang, anfangs an der Basis 2 cm Ø, nur basal verzweigend, im Alter auch oberhalb unregelmäßig weiterverzweigend. Zweige anfangs olivgrün, später graugrün, mit einer dicken Wachsschicht bedeckt, in den Blattachseln der Langtriebe entwickeln sich Kurztriebe. Dornen der Langtriebe meist einzeln, den gesamten Trieb bedeckend, graugrün, in der oberen Hälfte dunkelbraun, an der Basis verdickt und in Längsrichtung gestreckt, 1 bis 1,5 cm lang, spreizend oder leicht abwärts gebogen, Dornen der Kurztriebe winzig. Blätter der Langtriebe in endständiger Rosette, 4 bis 6 cm lang, 2 mm breit, grün, linealisch, kurzlebig, Blätter der Kurztriebe meist zu fünf spiralig angeordnet, bis 3 cm lang, (in der Natur) zurückgebogen wachsend, den Stamm bedeckend. Blütenstände zu mehreren, 1 bis 3 cm lang gestielt, regelmäßig verzweigend, mit 4 bis 16 (bis 32) Cyathien, Cyathophylle in Form und Größe variabel, breit eiförmig, mit lang ausgezogener Spitze, horizontal spreizend bis leicht zurückgebogen, unbehaart, Oberseite leuchtend rot, Unterseite blaßrot, Honigdrüsen leuchtend orange. Ähnliche Art: *E. leandriana* Boiteau, diese aber bis 2 m hoch, ohne Kurztriebe, Blütenstandsstiel 1 bis 1,5 cm lang, Cyathophylle unterseits weiß behaart oder unbehaart.
Pflege: Während der Wintermonate reduziert gießen, mind. 12°C. Vermehrung über Samen oder Stecklinge.

E. graciliramea Pax

Heimat: Kenia, Tansania, auf steinigen Böden in offenem Gras- oder Buschland, in 700 bis 2025 m Höhe.
Aussehen: Zwergstrauch, bis 15 cm hoch, 30 bis 60 cm Ø, an der Basis dicht verzweigt, mit verdickter rübenförmiger Wurzel. Zweige 5 bis 10 mm Ø, bis 25 cm lang, blaugrün oder gelblich bereift, unsegmentiert, bogig gekrümmt oder niederliegend, schwach 4-kantig bis zylindrisch, Kanten gezähnt, Zähne mind. 2 cm entfernt. Dornenschilder T-förmig oberhalb der Dornen auslaufend, max. 6 mm weit herabgezogen, Dornen einzeln, in vier Reihen angeordnet, jeweils zwei auf gleicher Höhe gegenüberstehend, das benachbarte Paar streng um 90° versetzt, grau, etwa 2 cm lang, Nebendornen rudimentär. Blätter rudimentär, kurzlebig. Blütenstände einzeln, 1 bis 5 mm lang gestielt, mit drei Cyathien, diese gelbgrün, später rötlich. Ähnliche Arten: *E. similiramea* S. Carter, diese aber in der Regel mit Dornen in fünf spiralig angeordneten Reihen, wenn 4-reihig, dann leicht versetzt angeordnet, Kanten stärker gezähnt, Zähne max. 2 cm entfernt, Dornenschilder mind. 6 mm herabgezogen; und *E. laikipiensis* S. Carter, diese kleiner als die beiden anderen Arten, Zweige kaum 10 cm lang, nicht weiter verzweigend, 4-kantig, Kanten schwach gezähnt, Dornen kürzer, Nebendornen kaum sichtbar.
Pflege: Gedeiht in leichtem Schatten, wintertrocken halten, mind. 12°C. Vermehrung über Samen und leicht bewurzelnde Stecklinge.

E. grandialata Dyer

Heimat: Rep. Südafrika (Transvaal).
Aussehen: Von der Basis her dicht verzweigter Strauch mit unterirdischem, reduziertem

Hauptsproß, bis 2 m hoch, 2,5 m Ø. Zweige grün, mit leuchtend gelber Zeichnung, bogig aufsteigend, deutlich in 7 bis 15 cm lange, pyramidal herzförmige Abschnitte geteilt, selten weiter verzweigend, 4-(selten 3-)kantig, Kanten flügelartig 5 bis 8 cm abstehend, zusammengepreßt, 7 mm dick, zentrale Achse etwa 3 cm Ø. Dornenschilder zu breitem Hornband verschmolzen, Dornen paarig, ein Paar kräftiger, 15 bis 25 mm langer Dornen im Wechsel mit einem Paar kleiner, 3 bis 5 mm langer Dornen, jeweils mit rudimentären Nebendornen. Blätter rudimentär, kurzlebig. Jeweils drei Blütenstände zusammenstehend, 4 mm lang gestielt, mit je drei Cyathien, Involucrum 1 bis 1,1 cm Ø, Honigdrüsen grünlich gelb. Ähnliche Arten: *E. cooperi* N. E. Brown, diese aber ohne Wechsel der Dornenpaare, baumförmig; und *E. grandicornis* Goebel, diese aber mit viel längeren Dornen, wellig gebogenen Kanten, Involucrum 6 bis 8 mm Ø.
Pflege: Benötigt einen hellen Standort, um die attraktive Zeichnung sowie die typische Bedornung voll auszubilden, im Winter reduziert gießen, mind. 8 °C. Vermehrung über Samen und Stecklinge.

E. grandicornis Goebel

Heimat: Rep. Südafrika (KwaZulu, Natal, Swasiland), Mosambik.
Aussehen: Bis zu 2 m hoher, von der Basis her dicht verzweigter Strauch mit reduziertem, unterirdischen Hauptsproß. Zweige bis zu 20 cm Ø, zum Teil hellgelb gezeichnet, sich zum Teil wiederholt verzweigend, deutlich in 5 bis 13 cm lange Abschnitte gegliedert, in der Mitte der Abschnitte am dicksten, 3-kantig, Kanten 3 bis 7 cm flügelartig abstehend, zusammengedrückt, 3 bis 5 mm dick, wellig bis stark zickzackförmig gebogen, zentrale Achse 2 bis 3 cm Ø. Dornenschilder zu einem 2 bis 4 mm breiten Hornband verschmelzend, Dornen paarig, in der Länge variierend, 1,5 bis 7 cm lang, am kürzesten an den Einschnürungen, blaugrau, später grau, Nebendornen rudimentär, gelegentlich im Wechsel mit den großen Dornen ein Paar winzige Dornen. Blätter rudimentär, kurzlebig. Jeweils drei Blütenstände zusammenstehend, kurz gestielt, mit je drei Cyathien, Involucrum 6 bis 8 mm Ø, Honigdrüsen leuchtend gelb. Ähnliche Art: *E. grandialata* Dyer, zur Unterscheidung siehe dort.
Pflege: Im Winter reduziert gießen, mind. 12 °C. Vermehrung über Stecklinge.

E. graniticola Leach

Heimat: Mosambik, Simbabwe.
Aussehen: Kleiner Strauch oder Baum von kandelaberartigem Wuchs (junge Pflanzen zeigen diesen Wachstumstyp noch nicht), max. 2,5 m Höhe, Hauptsproß gestaucht, 12 cm Ø. Zweige einfach, nicht weiter verzweigend, bogig aufsteigend, bis 1 m lang, unregelmäßig segmentiert, Segmente unten 6 cm Ø, oben 4 cm Ø, 4- (Jungpflanzen) bis 6-kantig, Kanten 3 cm breit, flügelartig abstehend, zusammengedrückt, gezähnt. Dornenschilder verschmolzen, Dornen paarig, waagerecht spreizend, max. 8 mm lang, weiß bis grau, Nebendornen rudimentär. Blätter fleischig, spitz, linealisch, bis 34 mm lang, 4 mm breit, ungestielt, kurzlebig. Blütenstände mit je drei Cyathien.
Pflege: Im Winter regelmäßig reduziert gießen, mind. 10 °C. Vermehrung über Samen oder Stecklinge, die aber nicht den typischen zentralen Sproß ausbilden.

E. greenwayi Bally et S. Carter
Foto Seite 36

Heimat: Tansania, auf steinigen Böden in lichten Wäldern, in 1000 bis 1500 m Höhe.
Aussehen: Dichter, von der Basis verzweigender Strauch von max. 1,2 m Höhe. Zweige blaugrün, mit dunklerer Zeichnung auf den Rändern, scharf 4-kantig, Kanten flach bis deutlich gezähnt. Dornenschilder weit herabgezogen, Dornen paarig, bis 1 cm lang, dünn, dunkelbraun, Nebendornen rudimentär bis 5 mm lang. Blätter rudimentär, kurzlebig. Blütenstände einzeln, 3 mm lang gestielt, mit zwei bis drei auffälligen, gelb und rot gezeichneten, schmal becherförmigen Cyathien.
Pflege: Benötigt einen hellen Standort, im Winter stark reduziert gießen, mind. 12 °C. Vermehrung über Stecklinge.

E. guillauminiana Boiteau

Heimat: Östliches Madagaskar, auf Basaltfelsen.
Aussehen: Regelmäßig verzweigender, halbkugelförmiger kleiner Busch von max. 1 m Höhe und 1 m Ø. Zweige zylindrisch, grau. Dornen in acht zum Teil spiraligen Reihen angeordnet, 2 bis 3 cm lang, an den älteren Pflanzenteilen abfallend. Blätter während der Vegetationsperiode in endständigen Rosetten, eiförmig, dunkelgrün, mit rosa gezeichneten Rändern, ungestielt. Blütenstände unterhalb der Blätter, kurz gestielt, Cyathien aufrecht, gelbgrün oder rot.
Pflege: Äußerst empfindlich, bis zum Beginn des neuen Blattaustriebes (etwa April-Mai) streng trocken halten, mind. 14 °C. Vermehrung über Samen.

E. hadramautica J. G. Baker

Heimat: Somalia, Äthiopien, Süd-Jemen, Oman.
Aussehen: Zwerg-Euphorbie mit aufrechtem oder niederliegendem, fleischigem Stämmchen, 3 bis 12 cm hoch, 1 bis 3 cm Ø. Stamm unverzweigt, glatt, mit spiralig angeordneten weißen Blattnarben; dornenlos. Blätter in hoher Anzahl während der Vegetationsperiode im Bereich der Sproßspitze, linealisch bis eiförmig, 3 bis 9 cm lang, 0,5 bis 1,5 cm breit, Spitze stumpf, Ränder gewellt, gestielt. Cyathien im Bereich der Blattkrone, 1 bis 2 mm lang gestielt, Cyathophylle glockenförmig, dicht borstig behaart, grünlich. Ähnliche Art: *E. napoides* Pax, diese aber mit warzigem Stamm.
Pflege: Extrem nässeempfindlich, benötigt einen besonders gut durchlässigen Boden, im Winter weitgehend trocken halten, mind. 15 °C, während der Vegetationsperiode reichlich gießen. Vermehrung über Samen.

E. hamata (Haworth) Sweet

Heimat: Rep. Südafrika (Kap-Provinz), Namibia.
Aussehen: Zwergstrauch mit knolliger Wurzel und reduziertem, wenige cm hohem und bis 5 cm dickem Hauptsproß, durch reichliche Verzweigung dichte niedrige Polster von max. 50 cm Höhe und 50 cm Ø bildend. Zweige 6 bis 20 mm Ø, grün, später grau, 3-kantig, Blattpolster 2 bis 16 mm weit ausgezogenen, konisch, waagerecht spreizend oder leicht zurückgebogen, nach dem Blattfall anfangs spitz, später abgerundet; dornenlos. Blätter 8 bis 20 mm lang, bis 15 mm breit, oval bis lanzettförmig, schwach längsgefaltet. Cyathien einzeln an den Enden der Zweige, ungestielt, unscheinbar klein, aber

Euphorbia grandicornis (Letty 1937).

durch drei auffällig gelbgrün oder scharlachrot gefärbte, bis 1 cm breite Hochblätter betont, Honigdrüsen glattrandig, gelb oder rot; eingeschlechtlich. Ähnliche Arten: *E. peltigera* E. Meyer, diese aber mit grünen Honigdrüsen und sehr kurzen, einfachen oder geteilten Zähnchen auf der Außenseite der Drüsen; und *E. pedemontana* Leach, diese aber viel kleiner, Blätter schmaler, bis 30 mm lang, Honigdrüsen mit unregelmäßigen, kammartigen Fortsätzen.

Pflege: Während der Ruhephasen äußerst vorsichtig gießen, mind. 8 °C. Vermehrung unproblematisch über Stecklinge. Erster Blattaustrieb erfolgt relativ spät im Frühjahr (Ende April bis Mitte Mai), zweite Wachstumsperiode November bis Januar.

E. handiensis Burchard

Heimat: Nur von begrenzten Vorkommen auf Fuerteventura (Kanarische Inseln) bekannt.

Aussehen: Kleiner, vom Grunde aus reichlich verzweigter, kakteenähnlicher Strauch, etwa 1 m hoch. Zweige 6 bis 8 cm Ø, hellgrün bis graugrün, 8- bis 12-kantig, Kanten durch tiefe Furchen von einander getrennt. Dornenschilder grau, zu breiten Hornleisten verschmolzen, Dornen paarig, variabel in der Länge, von fast dornenlos bis 5 cm, hellgrau. Cyathien einzeln, kurz gestielt, blaß bis oliv grün.

Pflege: Empfindlich gegen Kälte und hohe Luftfeuchtigkeit, im Winter sehr reduziert gießen, mind. 12 °C. Vermehrung über Samen und Stecklinge.

E. hedyotoides N. E. Brown

Heimat: Madagaskar, in sandigem Boden.

Aussehen: An der Basis wenig verzweigter Strauch, bis 1,5 m hoch, im oberen Teil reich verästelt, Rinde rotbraun, mit bis zu 20 cm langer und 10 cm dicker rübenförmiger Wurzel und zahlreichen oberflächennahen Wurzeln. Sprosse bis etwa 2 cm Ø, in basale, 5 bis 15 cm lange Langtriebe und breitere, endständige, im Laufe der Jahre bis 5 cm lange Kurztriebe gegliedert, diese mit Blattnarben gezeichnet; dornenlos. Blätter jeweils zu drei bis zehn, endständig an Kurztrieben, sternförmig ausgebreitet, variabel in Form und Größe, in der Regel linealisch, max. 3 mm breit, 13 bis 30 (bis 50) mm lang, ungestielt. Cyathien meist einzeln, kurz gestielt, am Ende der Kurztriebe, unscheinbar klein, grünlich; meist eingeschlechtlich.

Pflege: Caudex ist nässeempfindlich, im Winter reduziert gießen, mind. 12 °C. Vermehrung über Samen oder Stecklinge, die allerdings nur schlecht bewurzeln.

Euphorbia handiensis.

E. heterochroma Pax

Heimat: Tansania, Kenia, auf sandig steinigen bis felsigen Böden, in 450 bis 1300 m Höhe.

Aussehen: Von der Basis her sich wiederholt verzweigender Strauch, bis 2 m hoch. Zweige 2 cm Ø, hellgrün, oft mit dunkleren Flecken an den Kanten, schwach segmentiert, aufrecht oder niederliegend, 4- bis 5-kantig, Kanten gerade bis leicht wellig. Dornenschilder nach unten ausgezogen, in alten Teilen verschmelzend, Dornen paarig, dunkelgrau, in der Länge selbst an einer Pflanze von 0 bis 8 mm variierend, Nebendornen winzig. Blätter rudimentär, kurzlebig. Blütenstände an den Spitzen der Zweige, einzeln, kurz gestielt, mit drei Cyathien, diese vollständig gelblich grün. Im Aussehen sehr variabel, mit zwei lokalen Unterarten. Ähnliche Arten: *E. heterospina* S. Carter, diese aber einförmig grün, Cyathien gelb, gelegentlich mit rotem Involucrum und orangenfarbenen Honigdrüsen; *E. lydenburgensis* Schweickerdt et Letty, diese aber streng 4-kantig; und *E. stapfii* A. Berger, diese aber bis 4 m hoch, mit schmalen, 5-kantigen Zweigen, Dornenschilder stets verschmolzen, Cyathien gelb.

Pflege: Auch im Winter regelmäßig, wenn auch reduziert gießen, mind. 12 °C. Vermehrung über Samen und Stecklinge, Zweige, die dem Boden aufliegen, bewurzeln bereits an der Auflagefläche.

E. hofstaetteri Rauh

Heimat: Madagaskar.

Aussehen: Zwergstrauch, von der Basis her gering verzweigt, im Alter mit ± kugelförmigem Caudex von 5 cm Ø, 50 bis 70 cm hoch. Zweige aufrecht, 1 bis 1,5 cm Ø, graubraun, mit Kurztrieben in den Blattachseln, bis 2 cm lang. Dornen in fünf Reihen angeordnet, dicht stehend, bis 1,5 cm lang, horizontal spreizend, leicht gebogen, spitz, an der Basis verbreitert, in der oberen Hälfte braun, von mehreren Nebendornen begleitet. Blätter eiförmig lanzettlich, 3 bis 4 cm lang, 15 mm breit (Blätter der Kurztriebe kleiner), mit rötlichem, gewelltem Rand, oberseits schwach, unterseits dicht behaart, Behaarung weiß, weich. Blütenstände einzeln, an den Zweigspitzen, kurz gestielt, mit je zwei bis acht Cyathien, diese nickend, Cyathophylle oberseits gelbgrün, unterseits weinrot gestreift. Ähnliche Art: *E. rossii* Rauh et Buchloh, diese aber mit schmallinealischen Blättern, Blütenstände fast ungestielt.

Pflege: Langsam wachsende Art, weitgehend wintertrocken halten, mind. 12 °C. Vermehrung durch Aussaat; ob Stecklinge den typischen Caudex bilden, ist zur Zeit noch unbekannt.

E. horombensis Ursch et Leandri

Heimat: Madagaskar.

Aussehen: Locker verzweigter Strauch von max. 1 m Höhe. Zweige 2 bis 3 cm Ø, graubraun. Dornen einzeln in mehreren Reihen, grau, spitz, an der Basis abgeflacht und verbreitert, bis zu 3 cm lang. Blätter während der Vegetationsperiode am Ende der Zweige in Rosettenform, bis 8 cm lang, 3 cm breit, an den Rändern rot gefärbt, ungestielt. Blütenstände am Triebende, wiederholt verzweigt, mit bis zu 40 Cyathien, Cyathophylle purpurrot bis rotbraun.

Pflege: Erträgt leichten Schatten wie auch volle Sonneneinstrahlung, etwas nässeempfindlich, weitgehend wintertrocken halten, mind. 12 °C. Vermehrung über Samen und Stecklinge.

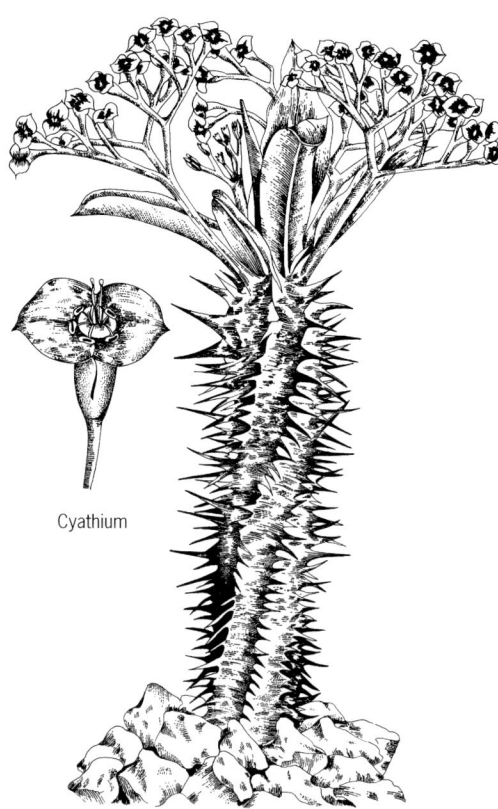

Euphorbia horombensis
(nach Ursch und Leandri 1954).

E. horrida Boissier

Heimat: Rep. Südafrika (Kap-Provinz).
Aussehen: Von der Basis her gering verzweigter Strauch, bis 1,2 m hoch. Stamm und Zweige 10 bis 20 cm Ø, aufrecht, säulenförmig, dichte Gruppen bildend, mit zwölf bis 20 (durchschnittlich 14) Rippen, diese 2 bis 5 cm hoch, durch tiefe Furchen getrennt, Kanten flügelartig, an der Basis 1 bis 1,5 cm dick, deutlich gezähnt. Dornen einzeln oder drei bis fünf, horizontal fächerförmig angeordnet, rotbraun, später grau, unterschiedlich lang, mittlerer Dorn aus sterilem Blütenstandsstiel hervorgegangen, 1 bis 4 cm lang, an der Basis 2 bis 3 mm Ø, steif, seitliche Dornen aus verholzten echten Blütenstielen, 1 bis 10 mm lang. Blätter rudimentär, kurzlebig. Cyathien einzeln, endständig auf unverzweigten, bis 1 cm langen Stielen, Involucrum tassenförmig, Honigdrüsen grün oder dunkel purpurn; getrenntgeschlechtlich. Sehr variable Art, von der unter anderem eine weiß bereifte, gestreift Varietät (var. *striata* White, Dyer et Sloane) sowie völlig dornenlose Zuchtlinien existieren. Ähnliche Art: *E. polygona* Haworth, diese aber mit dünneren Zweigen, einer im Durchschnitt höheren Anzahl von Rippen und max. 1 cm langen Dornen, die in älteren Teilen zuweilen fehlen.
Pflege: Wintertrocken halten, mind. 6 °C. Vermehrung unproblematisch über Stecklinge.

E. hottentota Marloth

Heimat: Rep. Südafrika (Kap-Provinz, Bophuthatswana), Namibia.
Aussehen: Locker verzweigter Strauch, bis 2 m hoch, Hauptsproß reduziert, unterirdisch, Verzweigungen am Boden oder unterirdisch. Zweige bogenförmig aufsteigend, bis 4 cm Ø, nicht oder wenig segmentiert, 5- oder 6-kantig, sekundäre Zweige meist 4-kantig, Seiten flach. Dornenschilder zu einem Hornband verschmolzen, Dornen paarig, 3 bis 5 mm lang, grau. Blätter rudimentär, kurzlebig. Blütenstände in Gruppen zu drei oder vier pro Blütenanlage, mit je drei vertikal angeordneten Cyathien, Involucrum glockenförmig, 3 bis 5 mm Ø. Ähnliche Art: *E. virosa* Willdenow, diese aber mit dickeren, segmentierten Zweigen.
Pflege: Wintertrocken halten, mind. 8 °C. Vermehrung durch Stecklinge.

E. inconstantia Dyer

Heimat: Rep. Südafrika (Kap-Provinz).
Aussehen: Gering verzweigter Strauch, bis 1,7 m hoch. Stamm und basale Zweige 7,5 cm Ø, höhere Zweige 1,2 bis 5 cm Ø, anfangs abwärts geneigt, zur Spitze hin aufrecht, säulenförmig, dichte Gruppen bildend, blaugrün bestäubt, mit sieben bis zehn Rippen, durch tiefe Furchen getrennt, Kanten 0,6 bis 1 cm hoch, leicht gekerbt. Dornen aus verholzten Blütenstielen, einzeln (weibliche Pflanzen) oder zwei bis drei (männliche Pflanzen), horizontal fächerförmig angeordnet, 20 mm lang, rötlich, später grau. Blätter rudimentär, kurzlebig. Cyathien einzeln, endständig auf einfachen oder unterhalb der Spitze verzweigten Stielen, Involucrum tassenförmig; getrenntgeschlechtlich. Sehr variabel im Aussehen, evtl. Naturhybride zwischen *E. pentagona* Haworth und *E. polygona* Haworth.
Pflege: Wintertrocken halten, mind. 6 °C. Vermehrung über Stecklinge.

E. inermis Miller

Heimat: Südafrika (Kap-Provinz).
Aussehen: Medusenhaupt-Euphorbie mit kurzem, zylindrischem Sproß, kaum über den Erdboden erhoben, im Scheitelbereich leicht eingesenkt, Sproß und Wurzeln deutlich getrennt. Zweige in mehreren Reihen dicht um den Scheitel angeordnet, aufrecht bis spreizend, 1 bis 1,2 cm Ø, 3,7 bis 30 cm lang (in Kultur auch länger), warzig, Warzen in sechs bis acht Reihen, spiralig angeordnet, gestreckt sechseckig, bis 1,5 mm hoch. Dornen aus verholzten Blütenstandsstielen, einige Zeit erhalten bleibend. Blätter rudimentär, kurzlebig. Cyathien einzeln, an den Enden der Zweige, 3 bis 4 mm lang gestielt, im Inneren auffällig weiß behaart, Honigdrüsen leuchtend gelb, stark duftend. Ähnliche Art: *E. esculenta* Marloth, zur Unterscheidung siehe dort.
Pflege: Benötigt hellen Standort, während der Wintermonate trocken halten, Temperatur mind. 8 °C. Vermehrung über Samen.

E. isacantha Pax

Heimat: Tansania, auf Felsen in Trockenwald, in 990 bis 1015 m Höhe.
Aussehen: Zwergstrauch, von der Basis stark verzweigend, bis 25 cm hoch, 1 m Ø. Zweige niederliegend, 8 bis 10 mm Ø, bis 50 cm lang, kaum weiter verzweigend, hellgrün, flach 4-kantig, Kanten nicht gezähnt.

Euphorbia inconstantia.

Dornenschilder weiß, dreieckig, 3 bis 9 mm lang, bis 2 mm breit, nicht verschmelzend, Dornen paarig, an der Spitze dunkelbraun, an der Basis heller, sehr dünn, variabel in der Länge, bis 6 mm lang, weiter spreizend als Nebendornen, diese gleich lang oder etwas länger, ein X formend. Blätter rudimentär, kurzlebig. Blütenstände einzeln, bis 2,5 mm lang gestielt, mit je drei horizontal angeordneten Cyathien, diese 5 bis 6 mm Ø, purpurfarben, Honigdrüsen rosagelb.
Pflege: Im Winter reduziert gießen, mind. 12 °C. Vermehrung über Stecklinge und Samen.

E. jansenvillensis Nel

Heimat: Südafrika (Kap-Provinz).
Aussehen: Zwerg-Euphorbie mit unterirdischem Hauptsproß, durch unterirdische Ausläufer lockere Polster bildend. Zweige aufrecht, zum Teil verzweigt, graugrün, 8 bis 16 cm lang, 2 cm Ø, zum Ansatz hin hin verjüngt, zum Teil sogar gestielt, unsegmentiert, 5-kantig, Kanten mit leicht hervorstehenden, abwärtsgebogenen spitzen Blattpolstern; dornenlos. Blätter rudimentär, kurzlebig. Blütenstände an den Zweigspitzen, einfach, unverzweigt, etwa 8 mm lang gestielt, Cyathophylle bis 4 mm lang, 2 mm breit, grün, Ränder gezähnt; eingeschlechtlich. Ähnliche Art: *E. tubiglans* Marloth, diese aber mit dicker, rübenartiger Wurzel, die unmittelbar in gedrungenen Hauptsproß übergeht.
Pflege: Benötigt einen sehr hellen Standort und eine sparsame Bewässerung, um ihr gedrungenes Aussehen zu bewahren, wintertrocken halten, mind. 8 °C. Vermehrung über Samen und Stecklinge bzw. Trennung der Polster.

E. juttae Dinter

Heimat: Namibia.
Aussehen: Zwergstrauch, von der Basis her stark verzweigend, max. 15 cm hoch. Zweige aufrecht, wiederholt verzweigend, blaugrün bereift, deutlich in 6 bis 15 mm lange Abschnitte gegliedert, unten 8 mm Ø, nach oben zu warzig verdickt, von ovalem, leicht kantigem Querschnitt, aufeinanderfolgende Abschnitte jeweils um 90° versetzt, Warzen mit drei längsverlaufenden Rippen; dornenlos. Blätter etwa 1 cm lang und 4 mm breit, spatelförmig, 1 bis 2 mm lang gestielt, wechselständig, nur an den frischen Trieben. Cyathien einzeln in den Gabelungen der Zweige und an Zweigenden, klein (1,5 mm Ø), braungrün. Ähnliche Arten: *E. vaalputsiana* Leach, diese aber samtig behaart; und *E. gentilis* N. E. Brown, diese aber mit rudimentären Blättern.
Pflege: Anspruchsvolle Art, nässeempfindlich, wintertrocken halten, mind. 8 °C. Vermehrung über Samen.

E. keithii Dyer

Heimat: Rep. Südafrika (Swasiland).
Aussehen: Bis zu 6 m hoher Baum. Äste abstehend, max. 2 m lang, 4 cm Ø, blaugrün, in bis zu 25 cm lange Segmente gegliedert, 3- bis 6-kantig, Kanten flügelartig zusammengedrückt, 0,7 bis 1,5 cm hoch, leicht warzig, ältere Äste vertrocknen. Dornenschilder grau, in älteren Teilen einander berührend, Dornen paarig, 5 bis 8 mm lang, graubraun. Blätter herzförmig, 5 mm lang, kurzlebig. Blütenstände einzeln, kurz gestielt, mit drei gelbgrünen Cyathien.
Pflege: Im Winter reduziert gießen, mind. 10 °C. Vermehrung über Samen oder Stecklinge, die jedoch nicht die typische Wuchsform ausbilden.

E. knobelii Letty

Heimat: Rep. Südafrika (Transvaal), auf vulkanischem Gestein und Sandstein, in 1000 bis 1200 m Höhe.

Aussehen: Dichter, von der Basis her reich verzweigter Strauch mit reduziertem, meist im Boden verborgenen Hauptsproß, 0,6 bis 0,7 (bis 1,2) m hoch. Zweige aufrecht, vereinzelt weiter verzweigend, bis 4 cm Ø, deutlich in unterschiedlich lange Segmente gegliedert, überwiegend 5-kantig, gelbgrün mit dunkelgrüner Zeichnung im Bereich der Kanten, Seiten konkav, 1,5 cm tief, Kanten zusammengedrückt, buchtig-warzig. Dornenschilder 3 mm breit, nur in älteren Teilen fast verschmolzen, Dornen paarig, 1 cm lang, spreizend, Nebendornen bis 3 mm lang. Blätter rudimentär, kurzlebig. Blütenstände an den Zweigenden, zu zwei oder drei (selten einzeln), mit je drei vertikal angeordneten Cyathien, diese kurz gestielt, gelbgrün. Ähnliche Art: *E. perangusta* Dyer, diese aber mit 5- bis 7-kantigen Zweigen, mit weit flügelartig vorgezogenen Kanten, Dornenschilder durchgehend verschmolzen.

Pflege: Im Winter reduziert gießen, mind. 10 °C. Vermehrung über Samen und Stecklinge.

E. knuthii Pax

Heimat: Südafrika (KwaZulu, Natal, Transvaal, Swasiland), Mosambik.

Aussehen: Zwergstrauch mit reduziertem Hauptsproß und zahlreichen Verzweigungen, zum Teil zusätzlich durch Rhizome ausbreitend, Wurzel rübenförmig, deutlich vom Sproß abgesetzt. Zweige 5 bis 15 cm lang, 6 bis 12 mm Ø, zum Ansatz verjüngt, einfach, zum Teil weiter verzweigend, nicht segmentiert, grün, mit graugrüner bandförmiger Zeichnung im Bereich der Kanten, 3- bis 4-kantig, Kanten warzig. Dornenschilder 2 bis 6 mm lang, nicht verschmolzen, Dornen paarig, hellbraun, später grau, 4 bis 8 mm lang, ohne oder mit reduzierten Nebendornen. Blätter rudimentär, kurzlebig. Blütenstände einzeln, in der Regel mit ein bis drei Cyathien, gelegentlich mehrfach gegabelt, mit bis zu sieben Cyathien, bis 10 mm lang gestielt, Cyathien tassenförmig, grün bis hellgelb.

Pflege: Wintertrocken halten, mind. 10 °C. Vermehrung über Samen, Stecklinge oder das Abtrennen der unterirdischen Ausläufer.

E. kondoi Rauh et Razafindratsira

Heimat: Madagaskar, auf Kalkgestein.

Aussehen:: Dicht verzweigter Strauch, 70 bis 100 cm hoch, mit großer rübenförmiger Wurzel, diese bis 15 cm lang, 6 cm Ø, mit dicker gelblicher Rinde, Hauptsproß an der Basis 3 cm Ø, von der Basis her reich verzweigend. Zweige dünn, anfangs behaart, in Lang- und Kurztriebe gegliedert, Kurztriebe entwickeln sich im zweiten Jahr in den Blattachseln der Langtriebe, etwa 5 mm

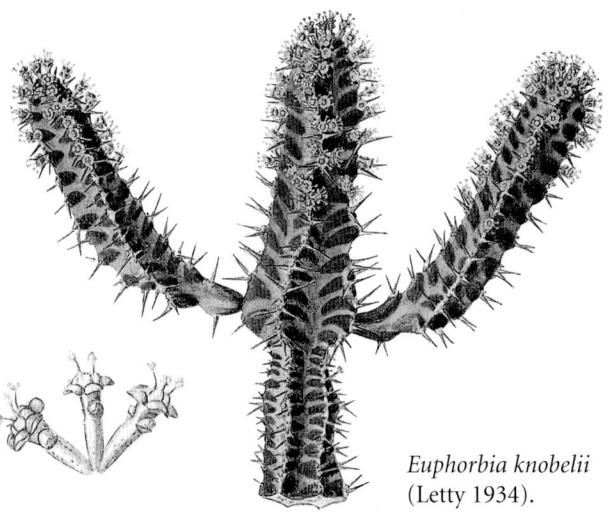

Euphorbia knobelii (Letty 1934).

lang, 3 mm Ø. Dornen paarig, 1 bis 1,5 cm lang, rotbraun, anfangs behaart, Nebendornen 5 mm lang. Blätter der Langtriebe während einer Vegetationsperiode an den Zweigspitzen, spiralig angeordnet, 3 cm lang, 3 bis 5 mm breit, spitz, mit deutlicher Mittelader, in den Folgejahren während der Vegetationsperiode je drei bis vier Blätter an Kurztrieben, schmal, 2 cm lang. Blütenstände in Gruppen unterhalb der Zweigspitzen auf Kurztrieben, gegabelt, mit je zwei (bis vier) Cyathien, Cyathophylle aufrecht, röhrenförmig, 5 mm lang, 3 mm breit, zitronengelb, mit grüner Basis und roten Rändern. Ähnliche Art: *E. pedilanthoides* Denis, diese aber mit größeren Blättern (an Langtrieben 6,5 cm lang, 7 mm breit), Blütenstände mit vier bis zwanzig Cyathien, Cyathophylle leuchtend rot.

Pflege: Äußerst nässeempfindlich, in der Übergangszeit sparsam gießen, während der Wintermonate völlig trocken halten, mind. 14 °C. Stecklinge, die keine rübenförmige Wurzel ausbilden, sollen weniger empfindlich sein. Vermehrung über Samen.

E. lactea Haworth

Heimat: Bangladesch, Indien, Sri Lanka, Molukken, eingeführt auf den Galapagosinseln, in Süd-Florida, Zentralamerika, auf den Bahamas, Kuba, Hispaniola, Puerto Rico, Virgin Island, Guadeloupe, Martinique, Trinidad, in Venezuela, Ecuador, auf Réunion, Mauritius, in Nigeria, Senegal, Gambia, Neukaledonien.

Aussehen: Baum- oder strauchförmige Euphorbie. Zweige 3 bis 5 cm Ø, Seiten flach, dunkelgrün, mit einer milchig weißen bis hellgrünen Zeichnung in der Mitte, die zu den Kanten hin bogenförmig ausstrahlt, 3- bis 4-kantig, Kanten buchtig. Dornenschilder eiförmig, nicht verwachsen, Dornen paarig, 5 mm lang, dunkelbraun, kräftig. Blätter reduziert, kurzlebig. Häufig erhältlich ist eine cristate Form sowie eine Form die als 'Gray Ghost' oder 'White Ghost' gehandelt wird und sich durch das völlige Fehlen von Blattgrün (Chlorophyll) in einigen Teilen der Pflanze auszeichnet.

Pflege: Benötigt einen hellen Standort, um die typische Zeichnung voll zu entwickeln, in den Wintermonaten reduziert gießen, mind. 10 °C. Da *E. lactea* in Kultur nicht blüht, erfolgt Vermehrung ausschließlich über Stecklinge. Die cristate Form und die Form 'White/Gray Ghost' wachsen deutlich langsamer als die Stammform.

E. leuconeura Boissier
Foto Seite 37

Heimat: Madagaskar.

Aussehen: Kleiner, verzweigter Strauch oder aufrechter, unverzweigter, keulig verdickter Stamm mit deutlich verholzender Basis, bis 50 cm hoch. Sproß und Zweige dunkelgrün, mit deutlichen bohnenförmigen Blattnarben, 4-kantig, Kanten mit bräunlichen, pinselartigen Borsten von bis zu 2 mm Länge; dornenlos. Blätter während der Vegetationsperiode an den Enden der Triebe, 10 bis 12 cm lang, 3,5 bis 4 cm breit, länglich eiförmig, oberseits dunkelgrün, unterseits rötlich grün, anfangs weißadrig, lang gestielt. Blütenstände in den Blattachseln, in dichten Gruppen, kurz gestielt, mit je drei Cyathien, diese röhrenförmig von Cyathophyllen umschlossen, diese grünlich. Im Handel wird die Art gelegentlich als *E. lophogona* Lamarck angeboten, diese aber mit deutlich gestielten Blütenständen, Cyathien weit offen, mit spreizenden, weißen oder rosafarbenen Cyathophyllen, die Kanten des Sprosses kammartig.

Pflege: Erträgt leichten Schatten, benötigt während der Vegetationsperiode viel Wasser, mit beginnender Gelbfärbung der Blätter Wässern einstellen, weitgehend wintertrocken halten, mind. 12 °C. Vermehrung über Stecklinge und Samen (selbstbefruchtend!).

E. lignosa Marloth
Foto Seite 33

Heimat: Namibia.
Aussehen: Gedrungener, kugelförmiger Busch mit kurzem Stamm, dicht verzweigt, max. 60 cm hoch, 1,2 m Ø. Zweige häufig paarig in gleicher Höhe im Winkel von 180° ansetzend, die benachbarten Zweige jeweils um 90° versetzt, wiederholt verzweigend, zylindrisch, graugrün. Zweigspitzen verholzen dornenartig, echte Dornen fehlen. Blätter bis 15 mm lang, spitz lanzettförmig, längsgefaltet, kurz gestielt, wechselständig, max. eine Vegetationsperiode überdauernd. Blütenstände an den Zweigenden, ungestielt, mit ein bis drei Cyathien, grüngelb, Honigdrüsen mit gelblichen, 1 mm langen, fingerförmigen Fortsätzen. Ähnliche Art: *E. spinea* N. E. Brown, diese aber mit gegenständigen Blättern, Cyathien max. 2 mm Ø.
Pflege: Sehr nässeempfindlich, benötigt einen besonders gut durchlässigen Boden, streng wintertrocken halten, mind. 6 °C. Vermehrung über Samen.

E. lophogona Lamarck

Heimat: Madagaskar, auf sandigen bis humusreichen Böden.
Aussehen: Schwach (gelegentlich quirlig) verzweigter Strauch von max. 50 cm Höhe. Stamm und Zweige aufrecht, nach oben zu leicht verdickt, dunkelgrün bis olivbraun, mit großen bohnenförmigen Blattnarben, meist 5-kantig, Kanten kräftig ausgeprägt, über die gesamte Länge mit Reihen von kammartigen, spitzen Nebenblättern, diese rötlich, max. 1 cm lang oder nur an Jungtrieben, max. 3 mm hoch (var. *tenuicaulis* Rauh). Dornen fehlen. Blätter bleiben länger als eine Vegetationsperiode erhalten, große Teile der Sproßenden bedeckend, bis 12 cm lang, 5 cm breit, fleischig bis ledrig, lang gestielt. Blütenstände an den Sproßenden, mehrfach gegabelt, 4 bis 5 cm lang gestielt, Cyathien weit offen, mit großen weiß oder rosa (var. *tenuicaulis*: rosa bis rot) gefärbten, spreizenden Cyathophyllen. Gelegentlich wird unter dem Namen *E. lophogona* die ähnliche Art *E. leuconeura* Boissier angeboten, zur Unterscheidung siehe dort.
Pflege: Benötigt keine direkte Sonneneinstrahlung, im Winter regelmäßig gießen, mind. 14 °C. Vermehrung über Samen oder Stecklinge.

E. louwii Leach

Heimat: Rep. Südafrika (Transvaal).
Aussehen: Kleiner Strauch, durch basale Verzweigung dichte Polster von über 1 m Höhe bildend. Zweige graublau bis grünblau, mit bläulichem längsverlaufendem Band, aufrecht, selten weiter verzweigend, schwach segmentiert, mit schwach konkaven Seiten, 5- bis 7-kantig, Kanten flach gekerbt bis gezähnt. Dornenschilder haselnußbraun, bis 10 mm lang, nicht verschmelzend, Dornen zu fünf: ein Dornenpaar 5 bis 6 mm lang, spreizend, darüber ein Paar Nebendornen, 1,5 bis 3 mm lang, ein zusätzlicher Dorn nahe der Basis des Dornenschildes, 1 bis 1,5 mm lang. Blätter rudimentär, kurzlebig. Blütenstände einzeln, kurz gestielt, mit drei Cyathien, diese horizontal angeordnet, leuchtend gelb. Es existieren ei-

ne Reihe von Übergangsformen zu den nahe verwandten Arten *E. aeruginosa* Schweikerdt und *E. schinzii* Pax.
Pflege: Im Winter reduziert gießen, mind. 14 °C. Vermehrung zur Zeit noch überwiegend durch Stecklinge.

E. lydenburgensis Schweickerdt et Letty

Heimat: Rep. Südafrika (Transvaal), auf durchlässigen, sandig-lehmigen Böden, in Buschland, in 900 bis 1500 m Höhe.
Aussehen: Bis 1,5 m hoher Strauch mit verkürztem Hauptsproß, von der Basis her verzweigend. Zweige bis 1,5 cm Ø, aufrecht, nahe der Spitze verzweigend, blaß grüngelb, deutlich segmentiert, mit leicht eingesenkten Seiten, 4-(selten 5-)kantig, Kanten geschweift-warzig. Dornenschilder braun bis grau, in der Regel verschmolzen, Dornen paarig, dunkelbraun, 5 bis 7 mm lang, horizontal spreizend, Nebendornen 1 mm. Blätter rudimentär, kurzlebig. Blütenstände einzeln, ungestielt, mit drei Cyathien, diese horizontal angeordnet, grüngelb. Ähnliche Arten: *E. heterochroma* Pax, zur Unterscheidung siehe dort; *E. griseola* Pax, diese 4- bis 6-, oft 5-kantig; und *E. complexa* Dyer, diese mit nicht verschmolzenen Dornenschildern und größeren Nebendornen (2 bis 2,5 mm lang).
Pflege: Weitgehend wintertrocken halten, mind. 10 °C. Vermehrung über Samen und Stecklinge.

E. magnicapsula S. Carter

Heimat: Kenia, Tansania, Uganda, auf felsigen Hängen im offenen Buschland, in 1200 bis 1900 m Höhe.
Aussehen: Bis 12 m hoher, spärlich verzweigter Baum mit kompakter runder oder abgeflachter Krone, Stammdurchmesser etwa 45 cm (Sämlinge besitzen noch bis zu 7-kantigen Stamm). Zweige aufwärts gebogen, bis 2,5 m lang, wiederholt verzweigend, deutlich segmentiert, endständige Segmente bis 20 cm lang, 15 cm breit, 4- bis 5-kantig, Kanten tief geflügelt, leicht gezähnt, bei jungen Pflanzen wellig. Dornenschilder zu 3 bis 8 mm breitem, grauem Band verschmolzen, Dornen paarig, derb, grau, 5 bis 15 (bis 25) mm lang, Nebendornen rudimentär. Blätter rudimentär, kurzlebig. Blütenstände einzeln oder in Gruppen (zwei bis fünf), kurz gestielt, Cyathien gelb, Samenkapseln können fast 0,5 cm Ø erreichen (die „Großkapselige Euphorbie"). Ähnlich Art: *E. bussei* var. *kibwezensis* (N. E. Brown) S. Carter, zur Unterscheidung siehe dort.
Pflege: Erträgt leichten Schatten, ohne sogleich ihre typische Wuchsform zu verlieren, wintertrocken halten, mind. 14 °C. Vermehrung über Samen oder Stecklinge.

E. mahafalensis Denis

Heimat: Madagaskar, auf steinigen, armen Kalkböden.
Aussehen: Busch oder kleiner, reich verzweigter Baum von etwa 1 m Höhe. Zweige gelblich oder grünlich. Dornen einzeln, an der Basis verbreitert, spitz, bis 1 cm lang. Blätter während der Vegetationsperiode an den Zweigenden, 6 mm breit, 1 bis 2 cm lang, verkehrt lanzettlich, weich behaart. Blütenstände lang gestielt, verzweigt, Cyathophylle breit oval, mit deutlich ausgezogener Spitze, grüngelb, Honigdrüsen bernsteinfarben.
Pflege: Wintertrocken halten, mind. 14 °C. Vermehrung über Samen oder Stecklinge.

Euphorbia maleolens.

E. maleolens Phillips

Heimat: Rep. Südafrika (Transvaal), an heißen, sandigen Standorten in 600 bis 1500 m Höhe.
Aussehen: Medusenhaupt-Euphorbie mit verdickter, rübenförmiger Hauptwurzel und gedrungenem, fast eiförmigem Sproß von 3 bis 9 cm Ø, bis max. 7 cm aus dem Boden hervortretend, gelegentlich in zwei oder mehr „Köpfe" geteilt. Zweige rund, 10 (bis 20) cm lang, 1 cm Ø, mit bis zu 1 cm langen und bis 5 mm breiten rhombischen Warzen bedeckt. Dornen aus verholzten Blütenstielen. Blätter an der Spitze der Äste, schmal, max. 1 cm lang, kurzlebig. Cyathien einzeln, am Triebende, bis 1 cm lang gestielt, Involucrum glockenförmig, Honigdrüsen groß, grüngelb, an der Außenseite mit zwei bis drei weißlich gelben, 2 mm langen fingerförmigen Fortsätzen. Ähnliche Art: *E. davyi* N. E. Brown, zur Unterscheidung siehe dort. Der Name *E. maleolens* (die übelriechende Euphorbie) bezieht sich auf den Geruch des Milchsaftes und nicht auf die klebrigen Ausscheidungen der Honigdrüsen.
Pflege: Wintertrocken halten, mind. 6 °C. Vermehrung über Samen, Stecklinge bilden nicht die typische Medusenhaupt-Form aus.

E. mammillaris Linnaeus

Heimat: Rep. Südafrika (Kap-Provinz).
Aussehen: Vom Grunde aus vielfach verzweigter Zwergstrauch mit verkürztem Hauptsproß, etwa 20 cm hoch, bis 1 m Ø. Zweige aufrecht, in der Regel nicht weiter verzweigend, dunkelgrün, häufig annä-

hernd gleich lang, 2 bis 3 (bis 6) cm Ø, etwa 20 cm lang, zylindrisch, 6- bis 17-kantig, Kanten durch reihenweise Anordnung breiter 6-seitiger Warzen gebildet, Warzen durch deutliche Furchen, die auch die Kanten durchschneiden, von einander getrennt, anfangs konvex-konisch, später flach. Dornen aus verholzten sterilen Blütenstandsstielen, grau, 6 bis 10 mm lang, oft abwärts gebogen, in unregelmäßiger Anordnung, zum Teil in Intervallen längs der Zweige gehäuft. Blätter rudimentär, kurzlebig. Cyathien zahlreich an den Spitzen der Zweige, 2 mm lang gestielt, Involucrum tassenförmig, max. 5 mm Ø, Honigdrüsen gelb, gelbgrün oder dunkel purpur; eingeschlechtlich. Es existiert eine fast weiße Variegata-Form. Ähnliche Arten: *E. fimbriata* Scopoli, *E. nesemannii* Dyer, *E. submamillaris* A. Berger, zur Unterscheidung siehe *E. fimbriata*.
Pflege: Wintertrocken halten, mind. 6 °C. Vermehrung über Stecklinge. In Kultur verzweigt die Art stärker als am Standort.

E. meloformis Aiton
Foto Seite 36

Heimat: Rep. Südafrika (Kap-Provinz).
Aussehen: Zwerg-Euphorbie mit schwach verdickter Pfahlwurzel, in teilweise unterirdischen, kugelförmigen bis gedrungen kurzsäuligen Hauptsproß übergehend. Hauptsproß unverzweigt, gelegentlich von der Basis verzweigt, etwa 10 cm Ø, max. 16 cm hoch, Sproßspitze deutlich eingesenkt, mit in der Regel acht (bis zwölf) längsverlaufenden Rippen, diese durch scharfe Furchen voneinander getrennt, breiter als hoch, dunkelgrün, mit deutlicher rötlicher oder blaugrüner Streifung quer zu den Rippen. Dornen fehlen (weibliche Pflanzen) oder aus mehrfach gabelig verzweigten, verholzten Blütenstandsstiele, die zum Teil längere Zeit erhalten bleiben (männliche Pflanzen). Blätter rudimentär, kurzlebig. Blütenstände einzeln in Scheitelnähe, 2 bis 6 mm lang gestielt, an der Stielspitze verzweigend, insgesamt 6 cm lang (männl. Pflanzen), oder sehr kurz gestielt, insgesamt 6 bis 12 mm lang (weibl. Pflanzen), beide mit zwei bis zwölf Cyathien, Involucrum klein (2 bis 4 mm Ø), grün; getrenntgeschlechtlich. Besonders als junge Pflanze oder in Kultur leicht mit *E. valida* N. E. Brown zu verwechseln, diese aber im Alter mehr als doppelt so hoch, ohne Pfahlwurzel, mit schwach eingesenkter Spitze, verholzte Blütenstandsstiele kräftiger.
Pflege: Wintertrocken halten, mind. 6 °C, im Sommer reichlich wässern. Vermehrung über Samen oder Stecklinge. In Kultur neigt die Art zu kräftiger Verzweigung.

E. meridionalis Bally et S. Carter

Heimat: Kenia, Tansania, in offenem Grasland, in 1200 bis 1750 m Höhe.
Aussehen: Von der Basis her dicht verzweigter Strauch, bis 1 m hoch. Zweige bis 1,5 cm Ø, 4-kantig, längs der Kanten mit dunkler, zum Teil purpurfarbener Zeichnung, Kanten deutlich gesägt. Dornenschilder nach unten hin verlängert, ohne sich zu berühren, Dornen paarig, grau, bis 2 cm lang, basal verschmolzen. Blätter rudimentär, kurzlebig. Cyathien kurz gestielt, karminrot. Ähnliche Arten: *E. glochidiata* Pax und *E. fissispina* Bally et S. Carter, zur Unterscheidung siehe *E. glochidiata*.
Pflege: Zur Ausprägung der typischen Zeichnung und der langen, gegabelten Dornen benötigt die Art einen sehr hellen Standort, während der Wintermonate reduziert gießen, mind. 12 °C. Vermehrung über Samen oder Stecklinge.

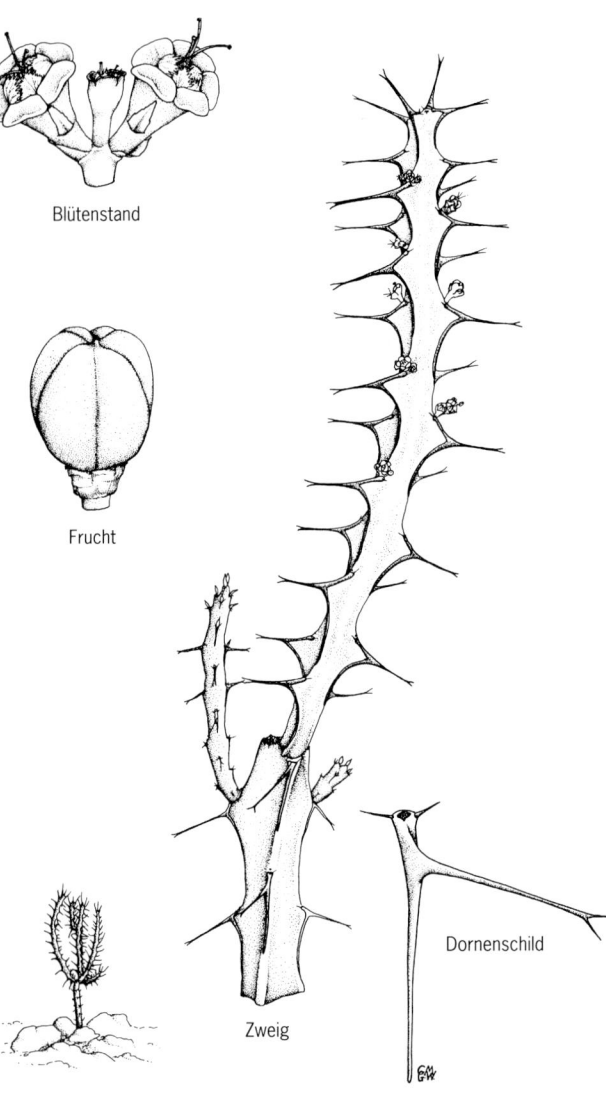

Euphorbia meridionalis (nach Carter 1982).

E. micracantha Boissier

Heimat: Rep. Südafrika (Kap-Provinz).
Aussehen: Zwerg-Euphorbie, Hauptsproß in die verdickte Wurzel übergehend, einen 12,5 bis 15 cm langen Caudex von 3 bis 7 cm Ø bildend, fast vollkommen im Boden versenkt. Zweige an der Sproßspitze strahlenförmig entspringend, dem Boden aufliegend, selten aufrichtend, 3,7 bis 14 cm lang, meist 4-kantig, Seiten leicht konkav, Kanten leicht gezähnt. Dornenschilder rundlich, nicht verschmelzend, Dornen paarig, grau, 3 bis 6 mm lang, dünn, spreizend. Blätter rudimentär, kurzlebig. Blütenstände einzeln an den Zweigenden, 1 bis 2 mm lang gestielt, aus drei horizontal angeordneten Cyathien, das zentrale ungestielt, die seitlichen Cyathien kurz gestielt, purpurn oder grüngelb. Ähnliche Arten: *E. squarrosa* Haworth, und *E. stellata* Willdenow, zur Unterscheidung siehe *E. squarrosa*.
Pflege: Wintertrocken halten, mind. 10 °C. Vermehrung über Samen.

E. milii Des Moulins, Christusdorn
Foto Seite 31

Heimat: Madagaskar.
Aussehen: Von dieser Art existieren zahlreiche Varietäten, die durch gezielte Zucht sowie Kreuzungen mit anderen Arten noch um etliche Formen vermehrt wurden: Strauch, von der Basis her reich verzweigend, bis 2 m (var. *hislopii* N. E. Brown) hoch. Zweige zylindrisch bis vielkantig, grün, später silbrig grau bis braun, unsegmentiert, bis 60 mm Ø (var. *hislopii*), mehr oder weniger dicht mit Dornen bedeckt, zum Teil mit zahlreichen Kurztrieben (var. *longifolia* Rauh). Dornen paarig, spitz, bis 24 mm (var. *hislopii*) lang, an der Basis nicht verdickt (zum Beispiel var. *bevilaniensis* Croizat) oder verdickt (zum Beispiel var. *hislopii*), zum Teil im Alter abfallend (zum Beispiel var. *tenuispinosa* Rauh et Razafindratsira), Nebendornen zum Teil ausgebildet. Anordnung und Form der Blätter sehr variabel, sowohl in endständigen Rosetten

(var. *breonii* L. Noisette) als auch gleichmäßig verteilt (var. *milii*), von kreisrund und klein (var. *bevilaniensis*) bis 20 cm lang und 5 cm breit (var. *vulcani* Leandri). Blütenstände im Spitzenbereich der Zweige, lang gestielt, meist gabelig verzweigt, Cyathophylle im Austrieb kräftig rot gefärbt (var. *bevilaniensis, breonii, milii, splendens* Bojer et Hooker, var. *tenuispinosa*), aber auch gelblich (var. *longifolia*), weißgelb (var. *roseana* Marnier-Lapostolle), gelb (var. *splendens* f. *lutea*), gelb mit roten Rändern (var. *tananarivae* Leandri) bis zu zart rosa (var. *hislopii*).

Pflege: *E. milii* hat unter dem Namen *Christusdorn* eine weite Verbreitung gefunden. Fast alle Varietäten zeichnen sich durch ihre Anspruchslosigkeit aus, während der Wintermonate reduziert gießen, mind. 14 °C. Vermehrung über problemlos bewurzelnde Stecklinge.

E. millotii Ursch et Leandri

Heimat: Madagaskar, auf sandigen Böden.
Aussehen: Zwergstrauch, von der Basis her dicht verzweigend, bis 50 cm hoch. Zweige stammartig, fleischig, bis 15 mm Ø, graugrün, später mit silbrig grauem Korkmantel, in jüngeren Abschnitten rötlich grün, mit großen, bohnenförmigen Blattnarben, zylindrisch, unsegmentiert; dornenlos. Blätter während der Vegetationsperiode in endständiger Rosette, bis 6 cm lang, 8 bis 10 mm lang rötlich gestielt, im Austrieb dunkelrot, später oberseits dunkelgrün, glänzend, unterseits mit rötlichem Schimmer und kräftig rot gefärbten Blattadern. Blüten erscheinen vor den Blättern, Blütenstände im Scheitelbereich, lang gestielt, mehrfach gegabelt, mit vier bis acht hängenden Cyathien, Cyathophylle blaßrot bis grün.
Pflege: Während der Wintermonate weitge-

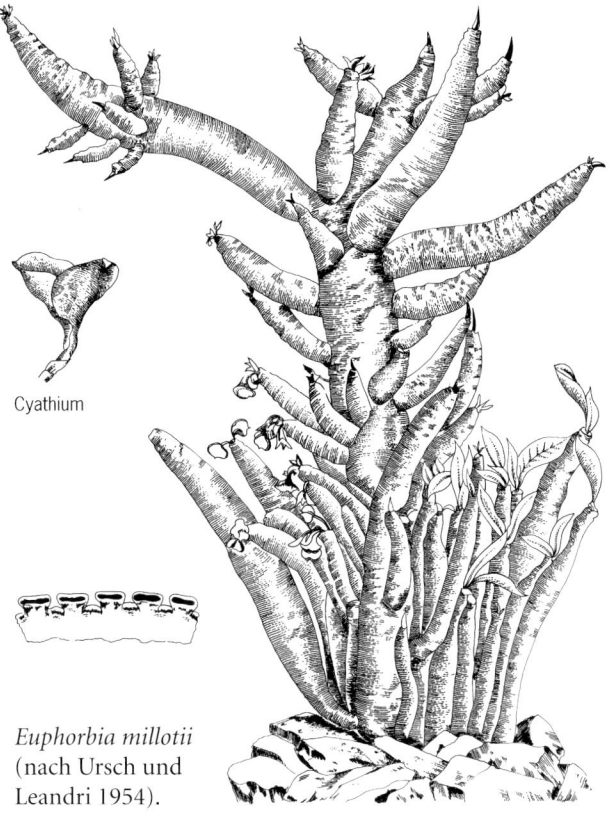

Cyathium

Euphorbia millotii (nach Ursch und Leandri 1954).

hend trocken halten, mind. 14 °C, in Kultur zweite Blüte vor Beginn des Laubfalles. Vermehrung über Samen oder Stecklinge.

E. misera Bentham

Heimat: Guadeloupe, Ostküste der USA, Mexiko.
Aussehen: Halbsukkulenter, dichter, vielfach verzweigender Strauch, bis 1,5 m hoch, Hauptsproß leicht geschwollen. Zweige zylindrisch, unsegmentiert, anfangs grün, später grau, verholzend; dornenlos. Blätter rund bis oval, kurz gestielt, können in Abhängigkeit von der zur Verfügung stehenden Feuchtigkeit mehrmals im Jahr abgeworfen

Euphorbia monacantha.

werden. Cyathien an den Zweigspitzen, kurz gestielt, Honigdrüsen weiß mit rotem Fleck.
Pflege: Etwas nässeempfindlich, im Winter reduziert gießen. Vermehrung über Stecklinge.

E. monacantha Pax

Heimat: Somalia, Äthiopien, Sudan, Arabische Halbinsel.
Aussehen: Kleiner von der Basis her wiederholt verzweigter Zwergstrauch, max. 20 cm hoch. Zweige bis 2 cm Ø, bis 20 cm lang, graugrün mit unregelmäßiger heller Zeichnung, unsegmentiert, zylindrisch, mit leicht warzigen Erhebungen. Dornenschilder klein, nicht verschmelzend, Dornen zu drei, je ein einzelner, 1,5 bis 2 cm lang, von zwei rudimentären Nebendornen eingerahmt oder diese fehlend, braungrau. Blätter rudimentär, kurzlebig. Blütenstände an den Triebspitzen, kurz gestielt, mit je drei Cyathien, diese gelb, Honigdrüsen olivgrün. Ähnliche Art: *E. xylacantha* Pax, diese aber mit 40 cm langen, sich kaum verzweigenden Ästen und bis zu 20 cm hohem, gedrungenem Stamm, Nebendornen 1 bis 3 mm lang.
Pflege: Nässeempfindlich, wintertrocken halten, mind. 14 °C. Vermehrung über Samen und Stecklinge.

E. monteiri Hooker

Heimat: Rep. Südafrika (Transvaal, Bophuthatswana), Namibia, Angola, Botswana, Simbabwe.
Aussehen: Unverzweigter bis schwach verzweigter Strauch, 50 bis 100 cm hoch (in Ausnahmefällen bis zu 4,5 m), mit gedrungenem, fast zylindrischem oder schwach keuligem Sproß, dieser max. 10 cm Ø, Oberfläche dicht von konischen, nach oben gebogenen Warzen in spiraligen Reihen bedeckt; dornenlos. Blätter während der Vegetationsperiode am Sproßscheitel, auf den Spitzen der Warzen, 5 bis 21 cm lang, 0,6 bis 3 cm breit, länglich spatelig, meist stachelspitzig, 6 bis 8 mm lang gestielt. Blütenstände auf 15 bis 30 cm langen, beblätterten Blütenstandsstiele, die an blütentragende Seitenzweige erinnern und deren basale Anteile nach der Blüte erhalten bleiben, Blätter der Blütenstandsstiele 2 bis 6 cm lang, 12 bis 37 mm breit, Blätter unterhalb der Cyathien kleiner, Cyathien an der Spitze der Blütenstandsstiele in doldenförmiger Anordnung, bis 20 cm lang gestielt, Involucrum glockenförmig, etwa 1 cm Ø, braun bis purpurrot, Honigdrüsen mit fingerförmigen Fortsät-

Euphorbia monteiri. ▷

zen. Ähnliche Art: *E. grantii* Oliver, diese aber ohne Warzen.
Pflege: Wintertrocken halten, mind. 8 °C. Vermehrung über Samen oder bei Pflanzen mit verzweigtem Stamm durch Stecklingsschnitt.

Über die korrekte Schreibweise des Namens besteht keine Einigkeit, *E. monteiri* wird daher häufig auch als *E. monteiroi* bezeichnet.

E. moratii Rauh

Heimat: Madagaskar.
Aussehen: Zwerg-Euphorbie, Wurzelstock fleischig rübenförmig, bis 10 cm lang, 2 bis 4 cm Ø, in einen kurzen unterirdischen Hauptsproß übergehend. Sproß unverzweigt, bis 5 cm lang, 1,5 cm Ø, graubraun, verholzend, von Blattnarben bedeckt; dornenlos. Blätter zu zehn bis zwölf in endständiger Rosette, dem Erdboden aufliegend, lanzettlich, bis 9 cm lang, 2 cm breit, oberseits dunkelgrün mit silberner Zeichnung, Blattränder und -unterseite rötlich, gewellt, Blätter bis 1 cm lang gestielt, Stiel dunkel weinrot. Blütenstände in Gruppen an der Sproßspitze, 1,5 cm lang gestielt, mit je zwei (var. *moratii*) bis vielen (var. *multiflora* Rauh) Cyathien, Cyathophylle 5 mm lang, 3 mm breit, spitz zulaufend, leicht längsgefaltet, olivbraun bis rötlich braun.
Pflege: Bevorzugt leichten Schatten, äußerst nässeempfindlich, benötigt besonders gut durchlässiges Substrat, während der Wintermonate völlig trocken halten, mind. 14 °C. Vermehrung ausschließlich über Samen.

E. neobosseri Rauh

Heimat: Madagaskar, in Trockenwald.
Aussehen: Zwergstrauch mit verdicktem Sproß (bis 4 cm Ø), in verdickte Pfahlwurzel übergehend, Sproß reich verzweigt, bis 30 cm hoch, 40 cm Ø. Zweige in Lang- und Kurztriebe gegliedert, Langtriebe mehr oder weniger horizontal spreizend, grün, im Alter grau, an der Spitze anfangs behaart, Kurztriebe in den Blattachseln älterer Langtriebe, 1 bis 2 cm lang. Dornen meist einzeln, dünn, bis 2 cm lang. Blätter lanzettförmig, 3,5 cm lang, 3,5 mm breit, kurz gestielt, Ränder schwach wellig. Blütenstände an den Enden der Zweige, einzeln, kurz gestielt, mit zwei bis sechs Cyathien, diese klein, Cyathophylle in Form und Größe variabel, spreizend, eiförmig, gelbgrün bis rotbraun.
Pflege: Während der Wintermonate reduziert gießen, mind. 14 °C. Vermehrung über problemlos bewurzelnde Stecklinge.

E. neohumbertii Boiteau

Heimat: Madagaskar, auf steinigem, kalkhaltigem Boden.
Aussehen: Kanteneuphorbie mit aufrechtem, unverzweigtem Sproß, bis 1 m hoch, 5 cm Ø, nach oben verdickt, dunkelgrün, mit breit bohnenförmigen, weißgrauen Blattnarben, 5-kantig. Dornen in Reihen längs der Kanten, bis 1,8 cm lang, borstig, dunkelbraun, dazwischen Saum aus 2 bis 5 mm langen, borstenartigen Nebendornen, in älteren Abschnitten zu Leisten vereinigend. Blätter während der Vegetationsperiode in endständiger Rosette, bis zu 10 cm lang, spitzoval, 6,5 cm breit, kurz gestielt, oberseits bläulich grün, unterseits hellgrün oder rot. Blütenstände erscheinen vor den Blättern, dicht gedrängt im Scheitelbereich, je vier bis acht Cyathien in ungestielten

Knäueln, insgesamt bis zu 100 Cyathien, je zwei Cyathophylle bilden eine eng röhrenförmige Hülle aus, an der Basis grün, an der Spitze karminrot. Ähnliche Arten: *E. aureoviridiflora* (Rauh) Rauh, *E. cap-manambatoensis* Rauh, und *E. iharanae* Rauh, zur Unterscheidung siehe erstere.
Pflege: Wintertrocken halten, mind. 14 °C. Vermehrung über Samen.

E. neriifolia Linnaeus

Heimat: Iran, Afghanistan, Pakistan, Indien, Bangladesch, Indochina, Borneo, Java, Bali, Philippinen, Molukken, Papua-Neuguinea, eingeführt in Guatemala, Honduras, Panama, auf den Antillen, Kuba, Puerto Rico, Virgin Islands, Guadeloupe, Martinique, Trinidad, Réunion, Mauritius, Sri Lanka, Burma, Malaysia, Mikronesien.
Aussehen: Reich verzweigter Baum oder Strauch, max. 7 m hoch, Stamm schwach 5-kantig, im Alter rund. Zweige quirlig angeordnet, bis 4 cm Ø, hellgrün, schwach 5-kantig, Kanten spiralig, warzig. Dornen fehlen oder paarig, an Stamm und Zweigen, kurz, schwarz, spreizend. Blätter bleiben während der Vegetationsperiode erhalten, 7 bis 12 cm lang, zugespitzt eiförmig, zur Basis hin allmählich verschmälert, fleischig-ledrig. Blütenstände in den Achseln der oberen Blätter, mit langen, dicken Blütenstandsstielen und ein bis sieben Cyathien, diese grünlich. Neben der hellgrünen Form existiert eine weiß gezeichnete Form *E. neriifolia* ‚Variegata'.
Pflege: Während der Vegetationsperiode reichlich wässern, wintertrocken halten. Vermehrung über Samen und Stecklinge.

E. nesemannii Dyer

Heimat: Rep. Südafrika (Kap Provinz).
Aussehen: Zwergstrauch mit knolliger Hauptwurzel, in einen kurzen, fast kugelförmigen Hauptsproß übergehend, dieser fast völlig im Boden verborgen. Zweige 8 bis 40 cm lang, 1 bis 3 cm Ø, nach oben hin verdickt, Seiten mit deutlicher, längsverlaufender Furche, 4- bis 16-kantig, Kanten spiralig, anfangs warzig, Warzen durch waagerechte Linien von einander getrennt, diese jedoch nicht die Längsfurche erreichend. Dornen einzeln, aus verholzten Blütenstandsstielen, bis 1,5 cm. Blätter rudimentär, kurzlebig. Cyathien einzeln oder in Blütenständen zu drei, Involucrum glockenförmig; eingeschlechtlich. Ähnliche Arten: *E. fimbriata* Scopoli, *E. mammillaris* Linnaeus, *E. submamillaris* A. Berger, zur Unterscheidung siehe erstere.
Pflege: Wintertrocken halten, mind. 8 °C. Vermehrung über Samen.

E. obesa Hooker
Foto Seite 37

Heimat: Rep. Südafrika (Kap-Provinz), auf sehr sandigen Böden.
Aussehen: Zwerg-Euphorbie mit einfachem, fast kugelförmigem, im Alter zylindrischem Sproß. Dieser max. 20 cm hoch, 8 bis 12 cm Ø, graugrün gefärbt mit ausgeprägter rotbrauner Querstreifung, durch in der Regel acht breite, nicht hervortretende Rippen gegliedert, diese durch deutliche Furchen von einander getrennt, Kanten mit sehr kleinen, stumpfen, bräunlich gefärbten Zähnchen; dornenlos. Blätter extrem reduziert, kurzlebig. Cyathien einzeln oder in einzelnen Blütenständen nahe der Sproßspitze auf den Kanten, Blütenstandsstiele sehr kurz (gelegentlich aber bis 7,5 cm lang),

Involucrum tassenförmig, 2,5 bis 3 mm Ø, rötlich grün; eingeschlechtlich (gelegentlich zwittrig oder das Geschlecht wechselnd). Ähnliche Art: *E. symmetrica* White, Dyer et Sloane, diese aber mit abgeflachter bis leicht eingesenkter Sproßspitze, stärkerer Pfahlwurzel, entwickelt aus jeder Blütenanlage mehrere kurz gestielte, zum Teil rudimentäre und nur mit der Lupe erkennbare Blütenstände und hinterläßt mehrere nebeneinanderliegende Narben, (während *E. obesa* aus jeder Blütenanlage jeweils nur einen Blütenstand hervorbringt, so daß nur eine Narbe sichtbar ist).

Pflege: Benötigt zum Schutz vor Wurzelfäulnis ein gut durchlässiges Substrat, streng wintertrocken halten, mind. 8 °C. Vermehrung über Samen.

E. odontophora S. Carter

Heimat: Kenia, auf Sandstein in Trockenwald, in 450 bis 500 m Höhe.

Aussehen: Zwergstrauch mit fleischiger Wurzel, bis 40 cm hoch. Zweige spreizend, bis etwa 1 cm Ø, leuchtend hellgrün mit dunkleren Streifen an den Kanten, 4-kantig, Kanten deutlich gezähnt. Dornenschilder verschmelzend, Dornen paarig, an der Basis bis 5 mm lang verschmelzend, bis 2 cm lang, gelblich, später dunkel rotbraun, Nebendornen 3 mm lang. Blätter rudimentär, kurzlebig. Blütenstände einzeln, 1,5 mm lang gestielt, mit drei ziegelroten Cyathien.

Pflege: Weitgehend wintertrocken halten, mind. 12 °C. Vermehrung über Samen und Stecklinge.

Euphorbia neohumbertii.
Euphorbia neriifolia.

E. officinarum Linnaeus

Heimat: Mauretanien, Algerien, Marokko.
Aussehen: Im Aussehen sehr variable Art: von der Basis her wenig verzweigender Strauch mit aufrechtem zylindrischem Stamm, bis 1 m hoch (ssp. *officinarum*), oder stark verzweigt, mit aufrechtem, keulig verdicktem Stamm, bis 2 m hoch, dichte Polster von 1,5 m Ø bildend (ssp. *beaumieriana* (Hooker et Cosson) Vindt) oder bis 1 m hoch (ssp. *echinus* (Hooker et Cosson) Vindt). Zweige bogig aufsteigend, dunkelgrün, 6 bis 8 cm Ø, unsegmentiert, 9- bis 13-kantig (ssp. *echinus*: 4 bis 5 cm Ø, 5- bis 8-kantig), Kanten gerade, leicht buchtig. Dornenschilder grau, verschmelzend, Dornen paarig, oft nach unten gerichtet, 5 bis 15 mm lang, weißgrau (ssp. *officinarum*) oder fehlend bis 20 mm lang, rötlich, später grau (ssp. *beaumieriana*). Blätter rudimentär, kurzlebig. Cyathien klein, braunrot oder grün.
Pflege: Streng wintertrocken halten. Vermehrung über Stecklinge und Samen.

E. opuntioides Welwitsch

Heimat: Angola.
Aussehen: Niedriger, von der Basis her verzweigender Zwergstrauch. Zweige aufsteigend oder kriechend, fleischig bis holzig, bis 15 cm lang, in fast runde bis ovale, 3 bis 8 cm lange Segmente gegliedert, flach, 2-kantig (in Kultur auch 3-kantig), Kanten gewellt, grob gekerbt oder buchtig. Dornenschilder graubraun, in älteren Abschnitten zu einem breiten Hornband verschmelzend, Dornen paarig, 3 bis 4 mm lang. Blätter rudimentär,

Euphorbia opuntioides.
Euphorbia officinarum.

kurzlebig. Blütenstände kurz gestielt, mit je drei Cyathien, Honigdrüsen dunkelrot.
Pflege: Benötigt einen hellen Standort, um die fast runde Form der Zweigsegmente zu bewahren, weitgehend wintertrocken halten, mind. 12 °C. Vermehrung über Samen und Stecklinge.

E. ornithopus Jacquin
Foto Seite 36

Heimat: Rep. Südafrika (Kap-Provinz).
Aussehen: Zwerg-Euphorbie, 5 bis 7,5 cm hoch, Hauptsproß kurz, in knollige Wurzel mit zahlreichen Rhizomen übergehend (insgesamt bis 20 cm lang, bis 5 cm Ø). Zweige zahlreich, zum Teil unterirdisch, kriechend oder aufsteigend, bis 1 cm Ø, keulenförmig verdickt, sich wiederholt verzweigend, deutlich segmentiert, einzelne Zweigglieder bis 3 cm lang, Oberfläche von spiralig angeordneten, flachen Warzen bedeckt; dornenlos. Blätter rudimentär, kurzlebig. Blütenstände 1,5 bis 18 (!) cm lang gestielt, Stiele gabelig verzweigend, später verholzend und längere Zeit erhalten bleibend, mit ein bis fünf Cyathien, diese grün, 1 bis 1,2 cm Ø, Honigdrüsen mit jeweils 3 bis zu 4 mm langen fingerförmigen Fortsätzen. Ähnliche Art: *E. tridentata* Lamarck, diese aber stets mit einzelnen Cyathien.
Pflege: Benötigt sehr hellen Standort, im Winter reduziert gießen. Vermehrung über Stecklinge. Der Name „Vogelfuß-Euphorbie" bezieht sich auf die Fortsätze der Honigdrüsen, die entfernt an Vogelfüße erinnern.

E. pachypodioides Boiteau

Heimat: Madagaskar, auf Kalkklippen.
Aussehen: Zwergstrauch mit aufrechtem, säulenförmigem Stamm, dieser 50 bis 70 cm hoch, 5 cm Ø, unverzweigt, grau, mit 8 bis 12 spiraligen Reihen warzenförmig erhobener Blattnarben. Dornen paarig, derb, bis 5 mm lang, rotbraun bis schwarzviolett, in älteren Teilen fehlend. Blätter während der Vegetationsperiode in endständiger Rosette, 10 bis 12 cm lang, 3 bis 5 cm breit, spitz auslaufend, oberseits grün, unterseits weinrot. Blütenstände erscheinen vor den Blättern, in Gruppen im Scheitelbereich, trugdoldig, lang gestielt, mit 20 bis 40 aufrechten Cyathien, Cyathophylle purpurrot, an der Basis grün, 4 bis 5 mm lang.
Pflege: Benötigt einen sehr hellen Standort, nässeempfindlich, wintertrocken halten, mind. 14 °C. Vermehrung ausschließlich über Samen.

E. parciramulosa Schweinfurth

Heimat: Saudi-Arabien, Nord- u. Süd-Jemen, in 1600 bis 2200 m Höhe, in frostfreien Lagen mit vergleichsweise hohen Niederschlägen.
Aussehen: Kurzstämmiger Baum von etwa 3 m Höhe mit einer Vielzahl überwiegend unverzweigter, fast senkrecht aufsteigender Zweige. Zweige bis 7 cm Ø, dunkelgrün, ungegliedert, 3- oder 4-kantig, Seiten flach, 4 bis 5,5 cm breit, Kanten schwach buchtig. Dornenschilder verschmolzen, Dornen paarig, derb, etwa 0,5 cm lang. Blätter rudimentär, kurzlebig. Cyathien an den Spitzen der Zweige, kurz gestielt, gelb.
Pflege: Während der Wintermonate stark reduziert gießen, mind. 12 °C. Vermehrung über Samen oder Stecklinge.

E. pauliana Ursch et Leandri

Heimat: Madagaskar.

Aussehen: Zwergstrauch mit aufrechtem, unverzweigtem Stamm, dieser bis 40 cm hoch, 4 cm Ø, mit graugrüner Rinde und breit ovalen Blattnarben. Dornen in spiraligen Reihen angeordnet, etwa 5 mm lang, an der Basis stark verbreitert. Blätter während der Vegetationsperiode in endständiger Rosette, 18 bis 25 cm lang und bis 4 cm breit, oval, kurz gestielt, Stiel an der Basis rot gefärbt. Blütenstände erscheinen vor den Blättern, lang gestielt, wiederholt gabelig verzweigend, mit bis zu 300 (!) Cyathien, diese hängend, Cyathophylle klein, gelb.

Pflege: Nässeempfindlich, bis zum neuen Blattaustrieb (unter Umständen erst Ende Mai bis Mitte Juni!) streng trocken halten, mind. 12 °C. Vermehrung ausschließlich über Samen.

Nach OUDEJANS (1990) lautet die korrekte – aber unübliche – Schreibweise E. paulianii.

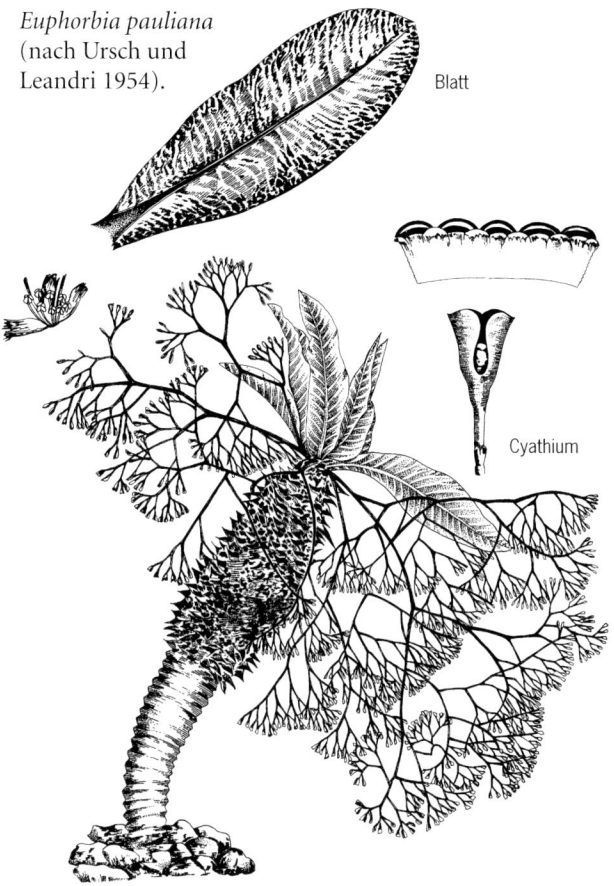

Euphorbia pauliana (nach Ursch und Leandri 1954).

Blatt

Cyathium

E. pedemontana Leach

Heimat: Rep. Südafrika (Kap-Provinz).

Aussehen: Zwergstrauch mit langer, dünner Pfahlwurzel, deutlich von dem verholzten kurzen Stamm abgesetzt. Zweige spiralig gedreht, selten weiter verzweigend, 3 bis 4 mm Ø, etwa 15 cm lang, 3-kantig, Kanten warzig, Warzen zu harten Spitzen ausgezogen, 6 (bis 8) mm lang; dornenlos. Blätter während der Vegetationsperiode an den Zweigspitzen, sehr kurz gestielt, schmal elliptisch, bis 3 cm lang, 8,5 mm breit. Blütenstände an den Enden der Zweige, verzweigend, Cyathien von drei (vier) ungleichen Hochblättern umgeben, tönnchenförmig, Honigdrüsen mit unregelmäßigen, kammartigen Fortsätzen, grün, später rötlich; getrenntgeschlechtlich. Ähnliche Arten: E. hamata (Haworth) Sweet und E. peltigera E. Meyer, zur Unterscheidung siehe erstere.

Pflege: Benötigt einen sehr hellen Standort, um ihre gedrungene Wuchsform zu erhalten, Pfahlwurzel zum Schutz gegen Fäulnis zum Teil frei lassen; während der Ruhephasen äußerst vorsichtig gießen, mind. 10 °C. Erster Blattaustrieb erfolgt relativ spät im Frühjahr (Ende April bis Mitte Mai), zweite Wachstumsperiode November bis Januar.

E. pedilanthoides Denis

Heimat: Madagaskar, auf trockenen, sandigen Böden.

Aussehen: Kleiner, von der Basis her stark verzweigter Strauch, max. 1 m hoch, mit kräftig entwickeltem unterirdischem Caudex. Zweige rund, 1 cm Ø, graugrün, anfangs leicht behaart, in Lang- und Kurztriebe gegliedert, Kurztriebe entwickeln sich im zweiten Jahr in den Blattachseln der Langtriebe. Dornen paarig, dünn, 1 cm lang, rötlich braun, darunter vier bis fünf dünne, haarartige, rote Fortsätze. Blätter der Langtriebe während einer Vegetationsperiode an den Zweigspitzen, spiralig angeordnet, bis 6,5 cm lang, 7 mm breit, oberseits grün, unterseits rötlich, in den Folgejahren während der Vegetationsperiode je vier bis sechs Blätter an den Kurztrieben, schmal, 2 cm lang. Blütenstände in Gruppen unterhalb der Zweigspitzen auf Kurztrieben, gabelig verzweigt, 2 bis 4 cm lang gestielt, mit je 4 bis 30 Cyathien, Cyathophylle aufrecht, 15 bis 18 mm lang, röhrenförmig das Cyathium umschließend, leuchtend rot, mit gelbgrüner Basis. Ähnliche Art: *E. kondoi* Rauh et Razafindratsira, zur Unterscheidung siehe dort.

Pflege: Wintertrocken halten, mind. 14 °C. Vermehrung über Samen oder Stecklinge, diese bilden in der Regel nicht den typischen Caudex aus, sind dafür aber auch weniger empfindlich gegenüber Feuchtigkeit.

E. peltigera E. Meyer
Foto Seite 14

Heimat: Rep. Südafrika (Kap-Provinz).
Aussehen: Zwergstrauch mit rübenförmiger Wurzel, in reduzierten Hauptsproß übergehend, von der Basis her dicht verzweigt, niedrige Polster von 30 bis 40 cm Höhe bil-

Euphorbia perangusta.

dend. Zweige 6 bis 12 mm Ø, anfangs fein behaart, mit kegelförmig vorgezogenen Blattpolstern, diese mit leicht aufwärts gebogener Spitze; dornenlos. Blätter bleiben während einer Vegetationsperiode erhalten, 0,6 bis 2 cm lang, 0,6 bis 1,2 cm breit, oval oder elliptisch, leicht längsgefaltet. Cyathien einzeln an den Enden der Zweige, unscheinbar, aber durch drei auffällig gelbgrün oder rot gefärbte Hochblätter von 17 bis 19 mm Ø betont, Involucrum tassenförmig, 5 bis 6 mm Ø, Honigdrüsen grün, mit sehr kurzen einfachen oder geteilten Zähnchen auf der Außenseite der Drüsen; eingeschlechtlich. Ähnliche Arten: *E. hamata* (Haworth) Sweet und *E. pedemontana* Leach, zur Unterscheidung siehe erstere.

Pflege: Benötigt einen sehr hellen Standort, ein wenig nässeempfindlich, bis zum Blattaustrieb (evtl. Mai bis Juni) wintertrocken halten, mind. 8 °C. Vermehrung über Samen und Stecklinge.

E. pentagona Haworth

Heimat: Rep. Südafrika (Kap-Provinz).
Aussehen: Strauch, im Alter kleiner Baum mit aufrechtem, bis 4 cm dickem Stamm, bis 3 m hoch, unregelmäßig quirlig verästelt. Zweige bogig aufsteigend, wiederholt verzweigend, 1 bis 4 cm Ø, hellgrün, später graugrün, 5- bis 8-kantig, Kanten durch scharfe Furchen voneinander getrennt, schwach gezäht bis gekerbt, in den Kerben kleine Querfurchen. Dornen einzeln, aus verholzten sterilen Blütenstandsstielen, graugrün, 6 bis 19 mm lang. Blätter rudimentär, ± kurzlebig. Blütenstände an den Zweigenden, einzeln oder in Gruppen bis vier, gestielt, unterhalb des endständigen Cyathiums verzweigend, mit ein bis vier Cyathien, diese purpur schimmernd grün; in der Regel eingeschlechtlich.
Pflege: Benötigt hellen Standort, wintertrocken halten, mind. 8 °C. Vermehrung über Samen oder Stecklinge.

E. perangusta Dyer

Heimat: Rep. Südafrika (Transvaal), in kleinen erdgefüllten Felsspalten, auf Quarzit und Dolerit in 750 bis 950 m Höhe.
Aussehen: Von der Basis her dicht verzweigter Zwergstrauch mit reduziertem unterirdischem Hauptsproß, dieser mehrere kurze, stammartige Zweige hervorbringend, an deren Spitzen zahlreiche oberirdische Zweige entspringen, max. 1 m hoch. Zweige selten weiter verzweigend, mit hellgrüner Zeichnung entlang der Seitenmitten, von dort ausgehend im rechten Winkel zu den Kanten ziehend, segmentiert, Segmente 50 (15 bis 90) mm lang, an der Basis bis 50 mm Ø, 5- bis 7-kantig, Kanten flügelartig vorgezogen, zentrale Achse zwischen den Kanten 10 bis 13 mm Ø. Dornenschilder meist zu hellgrauem Hornband verschmolzen, Dornen paarig, an den breitesten Stellen bis 13 mm lang, viel kürzer an den Einschnürungen. Blätter rudimentär, kurzlebig. Blütenstände einzeln oder bis zu drei an den Zweigenden, kurz gestielt, jeweils aus drei vertikal angeordneten Cyathien, Involucrum tassenförmig, 3 mm Ø. Ähnliche Art: *E. knobelii* Letty, zur Unterscheidung siehe dort.
Pflege: Wintertrocken halten, mind. 10 °C. Vermehrung über Samen oder Stecklinge.

E. persistens Dyer

Heimat: Rep. Südafrika (Natal, KwaZulu, Transvaal), Mosambik.
Aussehen: Zwergstrauch, Hauptsproß in die fleischige Pfahlwurzel übergehend, einen unterirdischen Caudex von 30 cm Länge und max. 15 cm Ø bildend, Hauptsproß in zwei oder mehr kurze, stammartige Zweige teilend, diese in wenige oder viele oberirdische Zweige weiter verzweigend. Oberirdische Zweige aufrecht, anfangs grün mit hellgrüner Zeichnung, später verholzend, 10 bis 30 cm lang, 1 bis 2 cm Ø, anfangs unsegmentiert, später unregelmäßig segmentiert, Segmente 7 bis 10 mm Ø an der Basis, zum nächsten Segment hin auf 2 bis 3 cm Ø verbreiternd, 4-(3- bis 5-)kantig, Kanten unregelmäßig gezähnt, gerade oder spiralig gedreht. Dornenschilder fast verschmelzend. Dornen paarig, spreizend, bis 1,5 cm lang, am längsten an den breiten Bereichen der Segmente, hellbraun, oft an der Spitze rötlich braun, Nebendornen rudimentär. Blätter rudimentär, kurzlebig. Blütenstände einzeln, 3 bis 10 mm lang, aus je drei gelben Cyathien.

Euphorbia persistentifolia.

Pflege: Wintertrocken, mind. 10 °C. Vermehrung über Samen.

E. persistentifolia Leach

Heimat: Simbabwe, Sambia.
Aussehen: Dicht verzweigter Strauch mit quirlig aufsteigenden Ästen, bis 2 m hoch, oder mit Krone aus spreizenden Ästen, 3,5 m hoch. Zweige deutlich in bis 40 cm lange Segmente gegliedert, 2 bis 2,5 cm Ø, Seiten flach oder leicht eingewölbt, gelblich grün, mit großen kreisförmigen Blattnarben, 4- bis 5-kantig, Kanten buchtig-warzig, selten flügelartig. Dornenschilder im Alter zu einem weißen Hornband verschmelzend, Dornen paarig, 3 bis 7 (bis 15) mm lang, dünn, spitz, braun, Nebendornen rudimentär. Blätter derb, bis 10 cm lang, 2,5 cm breit, spitz zulaufend, während der Vegetationsperiode erhalten bleibend. Blüte im blattlosen Zustand, Blütenstände an den Zweigenden, gestielt, verzweigend, Cyathien grün.
Pflege: Nässeempfindlich, während der Wintermonate sehr reduziert gießen, mind. 12 °C. Vermehrung über Samen und Stecklinge.

E. petraea S. Carter

Heimat: Uganda, auf Felsen in offenem Buschland, in 950 bis 1850 m Höhe.
Aussehen: Zwergstrauch, von der Basis her dicht verzweigend, bis 60 cm hoch. Zweige 1 bis 2 cm Ø, unsegmentiert, in der Regel 4-kantig, Kanten buchtig gezähnt. Dornenschilder weit herabgezogen ohne zu verschmelzen, grau, Dornen paarig, bis 8 mm lang, Nebendornen rudimentär. Blätter rudimentär, kurzlebig. Blütenstände einzeln, mit gedrungenem Stiel, verzweigend, Cyathien mit auffällig gelben Honigdrüsen und roten Filamenten der männlichen Blütenanteile, Samenkapseln auf 1 cm langen Stielen.

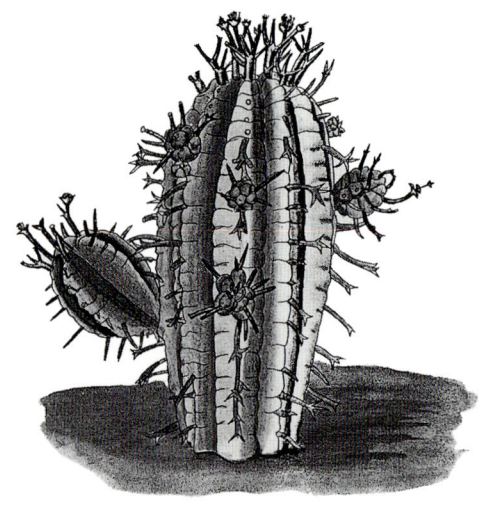

Euphorbia pillansii (Letty 1929).

Pflege: Während der Wintermonate reduziert gießen, mind. 12 °C. Vermehrung über extrem einfach bewurzelnde Stecklinge.

E. pillansii N. E. Brown

Heimat: Rep. Südafrika (Kap-Provinz).
Aussehen: Zwergstrauch, Sproß aufrecht, max. 30 cm hoch, von der Basis oder höher verzweigend. Zweige 3 bis 5 cm Ø, Seiten durch eine deutliche senkrechte Furche geteilt, häufig mit einer hell- und dunkelgrünen Querstreifung, Streifen alternieren häufig auf beiden Seiten der Furche, 7- bis 9-kantig, junge Triebe meist 5-kantig, Kanten flach mit etwa 1 mm hohen Warzen. Dornen aus verholzten Blütenständen, 8 bis 14 mm lang, 1,5 bis 2 mm Ø, einfach oder an der Spitze sternförmig verzweigend, grau. Blätter rudimentär, kurzlebig. Blütenstände einzeln, 8 bis 12 mm lang gestielt, unverzweigt oder unterhalb des endständigen Cyathiums sternförmig verzweigend, mit zwei bis sechs Cyathien, Involucrum tassenförmig, 5 mm Ø, blaßgrün; eingeschlechtlich. Ähnliche Art: *E. stellaespina* Haworth, diese aber größer, 10- bis 16-kantig, ohne Querstreifung.

Euphorbia platyclada.

Pflege: Nässeempfindlich, wintertrocken halten, Austrieb erfolgt sehr spät (Juni), mind. 6 °C. Vermehrung über Stecklinge oder Samen.

E. piscidermis Gilbert

Foto Seite 55

Heimat: Äthiopien, überwiegend ungeschützt, in feinem braunem Boden mit hohem Kiesanteil, seltener im Schutz von Büschen oder Felsspalten.
Aussehen: Kugelförmige Zwerg-Euphorbie, max. 11 cm hoch, 7 cm Ø, mit dünner, bräunlich gelber Wurzel. Sproß kugelig-zylindrisch, unverzweigt, Spitze tief eingesunken, völlig von Warzen bedeckt, diese dicht in spiraligen Reihen angeordnet, bis 2 mm hoch und 5 mm breit, ± rhombisch, Spitze gestutzt, Rand winzig gefranst, Warzen scheinen sich schuppenförmig zu überdek-

Euphorbia pillansii.

ken, Oberseite mit quer gestellten Runzeln und breiten Linien aus winzigen weißen Punkten auf grauem oder bräunlichem Untergrund; dornenlos; blattlos. Blütenstände aus den Achseln der oberen Warzen, kurz gestielt, aus je drei Cyathien, das mittlere rein männlich, früh abfallend, Cyathien bläulich rosagrau.

Pflege: Pflanzen dieser langsam wachsenden Art sind noch immer sehr selten in Kultur und fast nur gepfropft zu erhalten. Die Versorgung mit Wasser richtet sich dann nach der jeweiligen Unterlage (sonst wohl sehr nässeempfindlich), die Temperatur sollte etwa 14 °C nicht unterschreiten. Vermehrung zur Zeit nur über Stecklingsschnitt zuvor decapitierter Pflanzen.

E. platyclada Rauh

Heimat: Madagaskar.
Aussehen: Kleiner, von der Basis her stark verzweigter Strauch mit spreizenden Zweigen, bis 50 cm hoch, oder Zweige flach auf dem Boden liegend, Adventivwurzeln ausbildend. Aufsteigende Zweige unten bis 1 cm Ø, liegende Zweige bis 5 mm Ø, rundlich bis abgeflacht, dann bis 1 cm breit, 2 mm dick, 10 bis 15 cm lang, mit einer schuppigen wächsernen Schicht bedeckt, Färbung reicht von dunkelgrün über beige bis zu violett oder zart rosa; dornenlos. Blätter rudimentär, kurzlebig, Blattbasen verdickt. Blütenstände endständig, mit ein bis fünf Cyathien, diese winzig, ohne Cyathophylle, wie die Zweige gefärbt. E. platyclada var. *hardyi* Rauh, weniger dicht verzweigt, mit dünneren runden Ästen, bis 40 cm lang. Insgesamt sehr variable Art, trotzdem nicht zu verwechseln.
Pflege: Bevorzugt leichten Schatten, während der Wintermonate weitgehend trocken halten, mind. 12 °C. Vermehrung über Samen oder Stecklinge.

E. polyacantha Boissier

Heimat: Eritrea, Somalia, Äthiopien, Süd-Jemen.
Aussehen: Dichter, bis zu 5 m hoher Strauch. Zweige aufsteigend, schwach gegliedert, graugrün bis hellgrün, 4- bis 5-kantig, Seiten flach bis leicht eingesenkt, Kanten leicht flügelig. Blätter rudimentär, kurzlebig. Dornenschilder zu einem breiten Hornband verschmelzend, Dornen paarig, kurz, weit spreizend, in dichtem Abstand zu einander, grau mit schwarzer Spitze. Cyathien an den Zweigspitzen, kurz gestielt, gelb.
Pflege: Während der Wintermonate reduziert gießen, mind. 12 °C. Vermehrung über Samen oder Stecklinge. Langsam wachsende Art, die mit zunehmendem Alter stark an Attraktivität gewinnt.

E. polygona Haworth

Heimat: Rep. Südafrika (Kap-Provinz).
Aussehen: Lockerer, von der Basis her verzweigender Strauch, bis 1,7 m hoch, sehr variabel in Größe, Farbe, Bedornung. Zweige bogig aufsteigend, 7 bis 15 cm Ø, zylindrisch, graugrün, anfangs in der Regel mit sieben, später mit bis zu 30 Rippen, diese durch tief eingesenkte Furchen getrennt, Kanten gerade, spiralig gewunden oder leicht wellig, bis 1,5 cm hoch, kaum gezähnt. Dornen entweder fehlend, einzeln oder in Gruppen von drei bis fünf, aus verholzten Blütenstandsstielen, 4 bis 10 mm lang, spitz, in männlichen Pflanzen häufig zahlreicher und robuster als in weiblichen Pflanzen. Blätter rudimentär, kurzlebig. Cyathien einzeln oder in Gruppen an den Zweigenden, 2 bis 4 mm lang gestielt, Involucrum tassenförmig, purpurn; eingeschlechtlich. Ähnliche Art: *E. horrida* Boissier, zur Unterscheidung siehe dort.

Pflege: Benötigt einen hellen Standort, wintertrocken halten, mind. 8 °C. Vermehrung über Samen und Stecklinge.

E. primulifolia Baker

Heimat: Madagaskar, in trockenen Steppenböden, in 1500 m Höhe.
Aussehen: Zwerg-Euphorbie, die sich nur mit den Blüten über den Erdboden erhebt, mit wenig verzweigter rübenförmiger Wurzel, diese 10 bis 15 cm lang, 5 bis 7 cm Ø, mit braunem, rissigem Korkmantel, in unverzweigten Hauptsproß verjüngend, dieser kurz, sich nicht über den Erdboden erhebend; dornenlos. Sechs bis zwölf Blätter während der Vegetationsperiode in endständiger Rosette, dem Boden aufliegend, länglich oval, matt grün, mit leicht gewelltem oder gekerbtem Rand, kurz gestielt. Blütenstände erscheinen im blattlosen Zustand, endständig, bis 4 cm lang gestielt, mit zwei oder vier Cyathien, Cyathophylle variabel in der Farbe, weiß, rosa oder violett, mit deutlich gezähnten Rändern. Ähnliche Art: *E. quartziticola* Leandri, diese aber mit mehreren Sprossen, Blätter ledrig, gelblich grün, häufig mit rotem Rand, Cyathophylle weiß bis gelb.
Pflege: Sehr nässeempfindlich, benötigt gut durchlässigen Boden, während der Winterruhe (November bis zum Teil Ende Mai!) streng trocken halten, mind. 12 °C. Vermehrung über Samen.

E. pseudocactus A. Berger

Heimat: Rep. Südafrika (Natal).
Aussehen: Strauch mit reduziertem, teilweise im Boden verborgenem Hauptsproß, von der Basis her stark verzweigt, bis 1 m hoch, 2 m Ø. Zweige bogig aufsteigend, selten weiter verzweigend, unregelmäßig segmentiert, Abschnitte 2 bis 15 cm lang, unterhalb der Mitte am breitesten (2,5 bis 4,5 cm), Seiten flach oder leicht eingesenkt, dunkel- oder hellgrün, in der Regel mit U-förmigen, kräftig gelbgrünen Linien, am Grunde meist 3-kantig, zur Spitze hin 4- bis 5-kantig, Kanten unregelmäßig gezähnt. Dornenschilder zu einem breiten grauen Hornband verschmolzen, Dornen paarig, max. 12 mm lang (am kürzesten an den Einschnürungen), braun, später grau. Blätter rudimentär, kurzlebig. Blütenstände einzeln oder zu drei, 2 mm lang gestielt, mit je drei Cyathien, diese vertikal angeordnet, grün bis leuchtend gelb.
Pflege: Wintertrocken halten, mind. 12 °C. Vermehrung über Samen und Stecklinge.

E. pseudoglobosa Marloth

Heimat: Rep. Südafrika (Kap-Provinz).
Aussehen: Zwerg-Euphorbie mit verdicktem Hauptsproß, in fleischige Wurzel übergehend, einen unterirdischen Caudex bildend, an dessen Spitze zahlreiche Zweige entspringen, Pflanzen erheben sich kaum über den umgebenden Boden, bilden dichte, rasenartige Bestände. Männliche Pflanzen: Zweige 1,2 bis 1,5 cm Ø, kugelförmig, einzelne Glieder durch einen kurzen stumpf 8-kantigen Nacken verbunden, Kanten flach warzig. Weibliche Pflanzen: junge Zweige aus zwei oder drei kugelförmigen, 5- bis 6-kantigen Gliedern, bei älteren Zweigen Glieder verlängert, bis 4,2 cm lang, 1,6 bis 2 cm Ø, 5- bis 7-kantig; dornenlos. Blätter rudimentär, kurzlebig. Mehrere Cyathien einzeln an der Spitze der Zweige, bei männlichen Pflanzen etwa 2,5 mm lang gestielt, bei weiblichen Pflanzen etwa 1 mm, grün. Trotz ihrer Ähnlichkeit mit *E. globosa* Sims ist die Pflanze eher mit *E. juglans* Compton, *E. tubiglans* Marloth und *E. jansenvillensis* Nel verwandt.

◁ *Euphorbia polyacantha.*

Pflege: Weitgehend wintertrocken halten, mind. 8 °C. Vermehrung über Samen und Stecklinge.

E. pteroneura A. Berger

Heimat: unbekannt, evtl. Mexiko (Halbinsel Yucatán, Veracruz).
Aussehen: Locker verzweigter Strauch, max. 50 cm hoch. Zweige etwa 0,5 cm Ø, bläulich grün, durch je drei deutlich ausgebildete Kanten, die von jeder Blattbasis nach unten über die vorhergehende Blattbasis herabziehen, insgesamt 5- bis 6-kantig; dornenlos. Blätter an den Sproßenden, wechselständig, eiförmig lanzettlich, 2 bis 4 cm lang und 1 bis 2 cm breit, kurz gestielt, bald abfallend. Blütenstände an den Enden der Sprosse, doldig, kurz gestielt, Cyathien mit vier Honigdrüsen, Cyathophylle groß, herzförmig, hellgrün bis gelbgrün. Ähnliche Arten: *E. phosphorea* Martius, diese aber mit kleinen schuppenartigen Blättern; und *E. weberbaueri* Mansfeld, bis 1 m hoch, Zweige

Euphorbia pseudoglobosa.

Euphorbia primulifolia.
▽

rutenförmig, bis 1 cm Ø, 6-kantig. Die Art wird in Kultur gelegentlich mit der streng 4-kantigen *E. sipolisii* N. E. Brown verwechselt.
Pflege: Während der Wintermonate reduziert gießen. Vermehrung über Samen oder Stecklinge, die allerdings schlecht bewurzeln.

E. pugniformis Boissier

Heimat: Rep. Südafrika (Kap-Provinz, evtl. Natal).
Aussehen: Medusenhaupt-Euphorbie mit dicker, in den kugelförmigen Stamm von 5 bis 8 cm Ø übergehender Hauptwurzel. Zweige in zwei bis drei Reihen um den leicht eingesenkten Scheitel, spreizend oder leicht aufsteigend, an der Basis 6 bis 8 mm Ø, zur Spitze hin verjüngend, 20 cm lang, mit kleinen, fast 6-eckigen Warzen bedeckt; dornenlos. Blätter linear-lanzettlich, 4 bis 6 mm lang, kurzlebig. Cyathien einzeln, um die Scheitelgrube herum angeordnet, weniger zahlreich an den Zweigen, 2 bis 4 mm lang gestielt, Involucrum tassenförmig, mit gelben oder blaßgrünen Honigdrüsen. Häufiger als die eigentliche Wuchsform erhältlich sind eine Stamm-Cristate und vor allem eine Zweig-Cristate, die jedoch in der Regel irrtümlich als Cristate von *E. caput-medusae* Linnaeus bezeichnet werden. Ähnliche Art: *E. woodii* N. E. Brown, diese aber größer (Hauptsproß 12 bis 15 cm Ø), Zweige zylindrisch, Cyathien leuchtend gelb.
Pflege: Weitgehend wintertrocken halten, mind. 8 °C; die Cristaten scheinen etwas empfindlicher zu sein, sie sollten wärmer gehalten werden, und zumindest die Zweig-Cristate benötigt im Winter etwas mehr Wasser. Vermehrung über Samen und Stecklinge.

Euphorbia pteroneura.

E. pulvinata Marloth

Heimat: Rep. Südafrika (Kap-Provinz, Lesotho, KwaZulu, Natal, Transvaal, Swasiland, Oranjefreistaat), auf felsigen Abhängen, bis in 1840 m Höhe.
Aussehen: Zwergstrauch, durch basale Verzweigung und zahlreiche sproßbürtige Wurzeln dichte, 15 bis 30 cm hohe Kissen bildend, max. 2 m Ø. Zweige regelmäßig weiter verzweigend, grasgrün, 2,5 bis 15 cm lang, 2,5 bis 4 cm Ø, anfangs kugelförmig, später

mit sechs bis zehn Rippen, Kanten durch tiefe Furchen von einander getrennt, leicht gezähnt. Dornen einzeln, unregelmäßig verteilt, 6 bis 20 mm lang, blaßrot, später braun oder grau, aus verholzten Blütenstielen. Blätter an trockenen Standorten fast völlig reduziert, an feuchteren Standorten bis zu 4 cm lang, schmal, längere Zeit erhalten bleibend. Cyathien einzeln an den Zweigenden, ungestielt oder sehr kurz gestielt, Involucrum tassenförmig, Honigdrüsen tief purpurfarben, bräunlich rot, gelegentlich gelbgrün; getrenntgeschlechtlich. Ähnliche Arten: *E. aggregata* A. Berger, und *E. ferox* Marloth, zur Unterscheidung siehe erstere.

Pflege: Weitgehend wintertrocken halten, frostertragend (einzelne Exemplare in Kultur bis zu –11 °C). Vermehrung über Stecklinge und Samen.

E. quadrispina S. Carter

Heimat: Kenia, auf felsigen Kalkstein-Hängen, in offenem Buschland, in 400 bis 450 m Höhe.

Aussehen: Zwergstrauch, lockere Matten von 10 cm Höhe und 30 cm Ø bildend, reich verzweigt. Zweige zylindrisch, mit angedeuteten Zähnen, bis 20 cm lang und 9 mm Ø, dunkelgrün, mit unregelmäßiger hellgrüner Färbung. Dornenschilder grau, dreieckig, nach unten zu spitz ausgezogen, Dornen in fünf schwach ausgeprägten, spiralig angeordneten Reihen, zu jeweils zwei Paaren, schwarz, in ihrer Länge sehr variabel, Hauptdornen 3 bis 20 mm lang, Nebendornen 2 bis 10 mm. Blätter rudimentär, kurzlebig. Blütenstände einzeln, ± 1 mm lang gestielt, mit drei Cyathien, diese kurz gestielt, gelb, mit rosa bis orangefarbenen Honigdrüsen.

Pflege: Anspruchsvolle Art, nässeempfindlich, wintertrocken halten, mind. 12 °C. Vermehrung über Samen und Stecklinge.

E. resinifera O. C. Berg

Heimat: Marokko (Altas-Gebirge), in 600 bis 1100 m Höhe, eingeführt auf Hispaniola.

Aussehen: Von der Basis reich, aber unregelmäßig verzweigender Strauch, dichte Polster von 2 m Ø und 50 (max. 100) cm Höhe bildend. Zweige aufsteigend, 4 cm Ø, hell graugrün, häufig mit bläulichem Schimmer oder grün (var. *chlorosoma* Croizat), unsegmentiert, Flächen anfangs eingetieft, später flach, 4-kantig; Kanten andeutungsweise gezähnt. Dornenschilder kurz dreieckig, weit von einander getrennt, Dornen paarig, 5 bis 6 mm (bis 5 cm, var. *chlorosoma*) lang, dunkelbraun. Blätter rudimentär, kurzlebig. Blütenstände an den Zweigenden, kurz gestielt, mit je drei Cyathien, diese mit goldgelben, fast herzförmigen Honigdrüsen.

Pflege: Während der Wintermonate reduziert gießen, erträgt leichten Frost. Vermehrung über Stecklinge.

E. restricta Dyer

Heimat: Rep. Südafrika (Transvaal), in flachgründigem, humusreichem Boden auf Dolomit-Gestein, Grasland in 1300 bis 1500 m Höhe.

Aussehen: Zwergstrauch mit stark gestauchtem, warzigem Hauptsproß, 4 bis 8 cm Ø, dem zwei bis mehrere stammartige Zweige entspringen, die an ihrer Spitze eine Vielzahl in der Regel unverzweigter Äste tragen, dichte Polster von 1 m Ø und 25 cm Höhe bildend. Zweige dunkelgrün, 16 cm lang und 3 cm Ø, segmentiert, Segmente mind. 1 bis 2 cm lang, 4- bis 6-kantig, Kanten schmal flügelartig. Dornenschilder zu einem grauen Hornband verschmolzen, Dornen paarig, spreizend, rötlich, 1 cm lang, Nebendornen rudimentär. Blätter rudimentär, kurzlebig. Blütenstände einzeln an den Zweigenden, mit je drei Cyathien, diese vertikal angeordnet, gelb. Ähnliche Art: *E. enormis* N. E. Brown, zur Unterscheidung siehe dort.

Pflege: Die Art besitzt ein schwach entwickeltes Wurzelsystem, benötigt einen besonders gut durchlässigen Boden bei gleichzeitiger reichlicher Bewässerung, während der Wintermonate weitgehend trocken halten, mind. 12 °C. Vermehrung über Samen und Stecklinge, die typische Wuchsform bilden aber nur Sämlinge aus.

E. richardsiae Leach

Heimat: Malawi.
Aussehen: Reich verzweigter Strauch mit reduziertem, gedrungenem Hauptsproß, bis 1,25 m hoch. Zweige unsegmentiert, 4- bis 5-kantig, Kanten deutlich gebuchtet. Dornenschilder grau, zum Teil verschmelzend, Dornen paarig, rötlich braun, im Alter abfallend, Nebendornen rudimentär. Blätter lanzettförmig, bis 2 cm lang und 6 mm breit, können bei ausreichender Bewässerung lange Zeit erhalten bleiben. Cyathien an den Enden der Zweige, dunkelrot bis purpurfarben.
Pflege: Während der Wintermonate reduziert gießen, mind. 12 °C. Vermehrung über Samen und Stecklinge.

E. rossii Rauh et Buchloh

Heimat: Madagaskar.
Aussehen: Vom Grunde reich verzweigter Strauch, bis 1 m hoch. Zweige aufrecht, glänzend grau bis olivgrün, im Alter mit dicker Wachsschicht bedeckt, bis zu 3 cm Ø, dicht bedornt, Kurztriebe in den Blattachseln. Dornen unterschiedlich lang, Hauptdornen bis 2 cm lang, grau, an der Spitze braun und leicht behaart, horizontal spreizend, von mehreren Nebendornen begleitet. Blätter während der Vegetationsperiode an den Zweigenden, auf Kurztrieben, schmal lanzettlich, bis 4 cm lang und 3 mm breit. Blütenstände an den Enden der Zweige, fast ungestielt, Cyathophylle olivgrün bis weinrot, auf der Rückseite behaart. Ähnliche Art: *E. hofstaetteri* Rauh, zur Unterscheidung siehe dort.
Pflege: Wintertrocken halten, mind. 12 °C. Vermehrung über Samen und Stecklinge.

E. royleana Boissier

Heimat: Indien (Himalaja), auf steinigen Hängen, bis in 2000 m Höhe.
Aussehen: 6 bis 8 m hoher Baum, Stamm 40 bis 50 cm Ø. Zweige aufsteigend, bis 7 cm Ø, segmentiert, 5-kantig, Kanten buchtig. Dornenschilder grau, rund, nicht verschmelzend, Dornen paarig, 4 bis 5 mm lang, abwärts gerichtet, braun. Blätter spatelförmig, dick fleischig, über die Vegetationsperiode erhalten bleibend. Blütenstände an den Zweigenden, kurz gestielt, mit je drei bis vier Cyathien, diese bis 1,5 cm Ø, gelbgrün.
Pflege: Erträgt am Standort sogar zeitweilig Schnee, in Kultur möglichst frostfrei halten, außerhalb der Vegetationsperiode nässeempfindlich, trocken halten. Vermehrung über Samen und Stecklinge. Die Art soll

Euphorbia resinifera.

sehr ungleichmäßig wachsen, gelegentlich kann das Wachstum während eines Jahres ganz ausbleiben.

E. sakarahaensis Rauh

Heimat: Madagaskar, in Trockenwäldern.
Aussehen: Zwergstrauch mit verdicktem Sproß (bis 5 cm Ø), in verdickte Pfahlwurzel übergehend, Sproß reich verzweigt, Pflanzen 30 bis 50 cm hoch, 40 cm Ø. Zweige in Lang- und Kurztriebe gegliedert, Langtriebe 5 bis 7 mm Ø, graubraun, Kurztriebe in den Blattachseln älterer Langtriebe, mit endständiger Rosette. Dornen einzeln, spreizend oder leicht gebogen, dünn, etwa 1 cm lang, Spitze grau, Basis lederbraun. Blätter lanzettförmig, 2 bis 2,5 cm lang, 2 mm breit (Blätter der Kurztriebe kleiner), Oberseite dunkelgrün, Unterseite graugrün. Blütenstände in Gruppen an den Enden der Zweige, bis 1 cm lang gestielt, mit je zwei bis vier Cyathien, diese klein, Cyathophylle spreizend, dreieckig, 5 mm lang, an der Basis 3 mm breit, variabel in Größe und Farbe, gelbgrün bis schokoladenbraun.
Pflege: Wintertrocken, mind. 12 °C. Vermehrung über Samen und Stecklinge, die jedoch vermutlich nicht die typische Pfahlwurzel bilden.

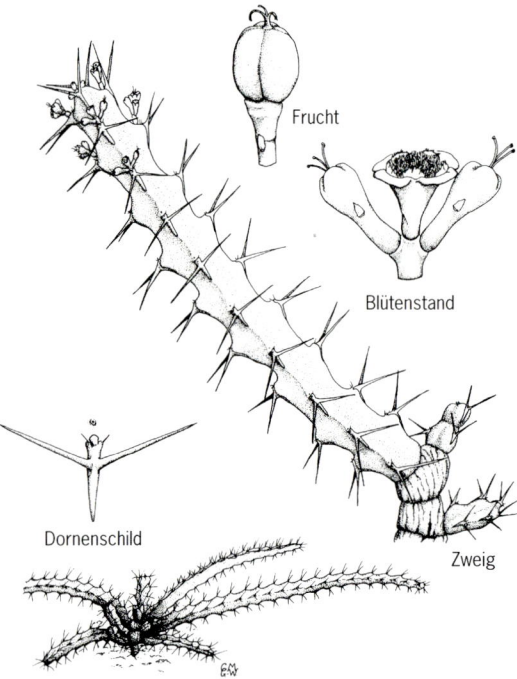

E. samburuensis Bally et S. Carter

Heimat: Nord-Kenia, auf sandig-steinigem Boden, in 1200 bis 1700 m Höhe.
Aussehen: Zwergstrauch mit dicker, fleischiger Wurzel, flache, lockere Polster bildend. Zweige seitlich wachsend, bald dem

Euphorbia samburuensis (nach Carter 1982).

Boden aufliegend, bis 90 cm lang, 1 bis 2 cm Ø, mit fast quadratischem Querschnitt, Seiten graugrün, mit dunkelgrüner Zeichnung an den Kanten, diese gezähnt. Dornenschilder grau, länglich, bis zu 1 cm weit herabgezogen, nicht verschmelzend, Dornen paarig, weit spreizend, bis 2,5 cm lang, rötlich, im Alter grau. Blätter rudimentär, kurzlebig. Blütenstände einzeln, 2,5 mm lang gestielt, verzweigend, Cyathien kurz gestielt, leuchtend gelb.
Pflege: Während der Wintermonate regelmäßig wässern, mind. 14 °C. Kann aufgrund ihres kriechenden Wachstums gut in Hängekörbe gepflanzt werden. Vermehrung über Samen oder Stecklinge.

E. saxorum Bally et S. Carter

Heimat: Kenia, in Felsspalten mit sehr wenig Erde, in 1200 m Höhe.
Aussehen: Zwergstrauch, durch zahlreiche kriechende, locker verzweigte Triebe und unterirdische Ausläufer ein dichtes Geflecht bildend. Zweige bis 45 cm lang, 5 bis 8 mm Ø, dunkelgrün, mit unregelmäßiger, dunkel purpurfarbener Zeichnung, 4-kantig, Kanten flach gezähnt. Dornenschilder auf älteren Zweigen zu einem schmalen grauen Hornband verschmelzend, Dornen paarig, dünn, bis zu 10 mm lang, schwarz, Nebendornen bis 2,5 mm lang. Blätter rudimentär, kurzlebig. Cyathien einzeln, kurz gestielt, scharlachrot.
Pflege: Nässeempfindlich, weitgehend wintertrocken halten, mind. 14 °C. Vermehrung über Samen und Stecklinge.

E. schoenlandii Pax
Foto Seite 30

Heimat: Rep. Südafrika (Kap-Provinz).
Aussehen: Zwerg-Euphorbie mit in der Regel aufrechtem, zylindrischem Sproß, bis zu 20 cm Ø, max. 1,3 m hoch, Oberfläche warzig, Warzen spiralig angeordnet, 6-eckig, 6 bis 12 mm weit dornenähnlich vorgezogen, in eine konische, leicht abwärts gekrümmte Spitze ausgezogen, oberseits mit dreieckiger Vertiefung. Dornen aus verholzten sterilen Blütenstandsstielen, 2,5 bis 5 cm lang, 3 bis 5 mm Ø, aufwärts gebogen, blaßbraun, später weißlich. Blätter an der Sproßspitze, linealisch. Blütenstände erscheinen nach dem Verholzen der Dornen in den Folgejahren an deren Basis, 1,2 bis 2,5 cm lang gestielt, mit jeweils ein bis drei Cyathien, Involucrum tassenförmig, gelbgrün, Honigdrüsen mit grünen, fingerförmigen Fortsätzen. Ähnliche Art: *E. fasciculata* Thunberg, zur Unterscheidung siehe dort.
Pflege: Empfindliche, anspruchsvolle Art, benötigt einen hellen und warmen Stand-

Euphorbia similiramea.

ort, wintertrocken halten, mind. 8 °C. Vermehrung über Samen oder Stecklinge von zuvor decapitierten Pflanzen.

E. septentrionalis Bally et S. Carter

Heimat: Kenia, Uganda, auf sandig-steinigen Böden, in 1075 bis 1850 m Höhe.
Aussehen: Dicht-buschiger Zwergstrauch mit dicker, fleischiger Wurzel. Zweige aufrecht, 15 cm lang, oder niederliegend, bis 50 cm, 5 bis 8 mm Ø, graugrün, häufig mit dunkelgrünen Streifen, zylindrisch bis schwach 4-kantig, Kanten schwach gezähnt. Dornenschilder dreieckig, nicht verschmelzend, Dornen 5 bis 15 mm lang, Nebendornen < 1 mm. Blatt rudimentär, kurzlebig. Blütenstände einzeln, 2,5 mm lang gestielt, mit drei hellgelben Cyathien.
Pflege: Weitgehend wintertrocken halten, mind. 12 °C. Vermehrung über Samen oder Stecklinge.

E. serendipita Newton

Heimat: Kenia, auf steinigen Hängen in etwa 1500 m Höhe.
Aussehen: Reich verzweigter Zwergstrauch, bis 2 m hoch, 2 m Ø. Zweige aufrecht, hellgrün mit zentraler gelblicher Zeichnung, 4-kantig. Dornenschilder grau, verschmelzend, Dornen paarig, 9 bis 11 mm lang, rot, später grau. Blätter rudimentär, kurzlebig. Cyathien einzeln oder zu dreien, dunkelrot, Honigdrüsen rot mit hellen Punkten, insgesamt blaßrot oder orange wirkend. Ähnliche Art: *E. elegantissima* Bally et S. Carter, diese aber weniger stark verzweigend, einfarbig grün, Dornen kürzer, Cyathien einfarbig scharlachrot.
Pflege: Wintertrocken halten, mind. 12 °C. Vermehrung über Stecklinge oder Samen.

E. silenifolia (Haworth) Sweet

Heimat: Rep. Südafrika (Kap-Provinz).
Aussehen: Zwerg-Euphorbie mit spindelförmiger, fleischiger Hauptwurzel von 2 bis 5 cm Ø, in den extrem reduzierten Hauptsproß übergehend. Mit einem oder mehreren sehr kurzen Sprossen, diese stammartig, verzweigt oder unverzweigt, mit brauner Rinde, sich kaum über den Boden erhebend; dornenlos. Blätter während der Vegetationsperiode an der Sproßspitze, dunkelgrün bis blaugrün, linealisch bis elliptisch-lanzettförmig, 2,5 bis 10 cm lang, 2 bis 12 mm breit, in der Regel zugespitzt, etwas eingefaltet, 1,2 bis 10 cm lang gestielt. Blütenstände 2,5 bis 12,5 cm lang gestielt, doldenförmig verzweigt, Cyathien gelbgrün mit dunkel purpurbraunen bis schwarzbraunen Honigdrüsen; getrenntgeschlechtlich.
Pflege: Nässeempfindlich, benötigt einen besonders gut durchlässigen Boden, mind. 8 °C. Durchläuft zwei Ruhephasen (Dezember bis Januar und Juni bis August), in diesen Monaten völlig trocken halten, mind. 8 °C. Vermehrung nur über Samen, die im Herbst ausgesät werden sollten.

E. similiramea S. Carter

Heimat: Tansania, Kenia, auf felsigen Böden (häufig vulkanischen Ursprungs), in 1200 bis 1780 m Höhe.
Aussehen: Zwergstrauch mit dicker fleischiger Wurzel, durch basale Verzweigung lockere, bis zu 30 cm hohe Polstern von etwa 50 cm Ø bildend. Zweige bis 30 cm lang, max. 1,5 cm Ø, kaum verzweigend, ± zylindrisch, mit (vier bis) fünf spiraligen Reihen warziger Erhebungen. Dornenschilder grau, schmal, nach unten zu über etwa die halbe Strecke zum nächsten Dornenpaar ausgezo-

gen, Dornen bis 2 cm lang, grau, Nebendornen rudimentär. Blätter rudimentär, kurzlebig. Blütenstände einzeln, 1 bis 3 mm lang gestielt, mit je drei grüngelben Cyathien. Ähnliche Arten: *E. graciliramea* Pax und *E. laikipiensis* S. Carter, zur Unterscheidung siehe erstere.
Pflege: Während der Wintermonate reduziert gießen, mind 10 °C. Vermehrung über Samen und Stecklinge.

E. sipolisii N. E. Brown

Heimat: Brasilien.
Aussehen: Strauch mit zahlreichen, sich wiederholt verzweigenden, aufrecht orientierten Zweigen; diese durch Einkerbungen in bis 11 cm lange Abschnitte gegliedert, Seiten bis 1 cm breit, leicht eingewölbt, graugrün bis dunkelgrün, junge Triebe zum Teil rötlich, deutlich 4-kantig, Kanten leicht flügelartig vorgezogen, gerötet; dornenlos. Blätter rudimentär, kurzlebig. Blütenstände seitlich oder endständig, verzweigt, mit geringer Anzahl Cyathien, Cyathophylle blaßgrün, Honigdrüsen mit V-förmigen Anhängen.
Pflege: Während der Wintermonate reduziert gießen. Vermehrung über Samen und Stecklinge, die allerdings schlecht bewurzeln.

In Kultur wird gelegentlich *E. pteroneura* A. Berger fälschlich als *E. sipolisii* angeboten.

E. squarrosa Haworth

Heimat: Rep. Südafrika (Kap-Provinz).
Aussehen: Zwerg-Euphorbie mit verdickter, rübenförmiger Hauptwurzel, in den länglich eiförmigen, im Boden verborgenen Hauptsproß übergehend, dieser bis 10 cm Ø. Zweige in Vielzahl in Scheitelnähe entspringend, dem Boden aufliegend oder leicht aufgerichtet, unverzweigt, 1 bis 2,5 cm Ø, 4 bis 15 cm lang, oft verdreht, unsegmentiert, dunkelgrün, 2- bis 5-, in der Regel 3-kantig, Kanten warzig, Warzen zylindrisch-konisch, bis 10 mm hoch. Dornenschilder nicht verschmelzend, Dornen paarig, 1 bis 6 mm lang, rötlich grün, später graubraun. Blätter rudimentär, kurzlebig. Blütenstände einzeln, ungestielt, mit je drei horizontal angeordneten grünen Cyathien. Ähnliche Arten: *E. stellata* Willdenow, diese aber mit abgeflachten, 2-kantigen Zweigen; und *E. micracantha* Boissier, deren Zweige in der Regel 4-kantig.
Pflege: Wintertrocken halten, mind. 8 °C. Vermehrung über Samen und Stecklinge, die auch den typischen Caudex ausbilden sollen.

E. stellaespina Haworth
Foto Seite 14

Heimat: Rep. Südafrika (Kap-Provinz).
Aussehen: Zwergstrauch mit zylindrischem bis kegelförmig gedrungenem Hauptsproß, von der Basis her aufsteigend verzweigt, Polster von max. 1,5 m Ø bildend, bis 1 m hoch. Zweige 5 bis 7,5 cm Ø, aufrecht, unsegmentiert, grün, im Alter braun, Seiten mit 4 bis 6 mm tiefer, längsverlaufender Rinne, 10- bis max. 16-kantig, Kanten durch quer verlaufende Kerben leicht warzenförmig. Dornen einzeln, häufig in unregelmäßig verteilten Zonen angeordnet, aus verholzten, sternförmig (3- bis 5-strahlig) verzweigenden Blütenständen, 4 bis 10 mm lang, gedrungen, Strahlen 4 bis 10 mm lang, grau. Blätter 3 bis 10 mm lang, lanzettlich, fleischig, kurzlebig. Blütenstände einzeln an den Zweigenden, gestielt, verzweigend, mit vier sternförmig angeordneten sterilen Spitzen und einem zentralen Cyathium, Involucrum tassenförmig, 3,5 bis 4 mm Ø, grün-

lich; eingeschlechtlich. Ähnliche Art: *E. pillansii* N. E. Brown, zur Unterscheidung siehe dort.

Pflege: Anspruchsvolle Art, sehr nässeempfindlich, benötigt einen besonders durchlässigen Boden; wintertrocken halten, mind. 8 °C. Vermehrung über Samen oder Stecklinge.

E. stellata Willdenow

Heimat: Rep. Südafrika (Kap-Provinz).
Aussehen: Zwergstrauch mit dicker, rübenförmiger Wurzel, in den kegelförmigen, im Boden verborgenen Hauptsproß übergehend, einen 2,5 bis 6 cm dicken und 7,5 bis 15 cm langen Caudex bildend. Zweige in Vielzahl in Scheitelnähe entspringend, flach dem Boden aufliegend, nicht segmentiert, 8 bis 14 mm breit, 5 bis 30 cm lang, oberseits rinnenförmig eingetieft, mit (gelegentlich schwach angedeuteter) hellgrüner Zeichnung, flach 2-kantig, Kanten buchtig-warzig gezähnt. Dornenschilder nicht verschmelzend, Dornen paarig, 2 bis 4 mm lang, spreizend, graubraun. Blätter rudimentär, kurz-

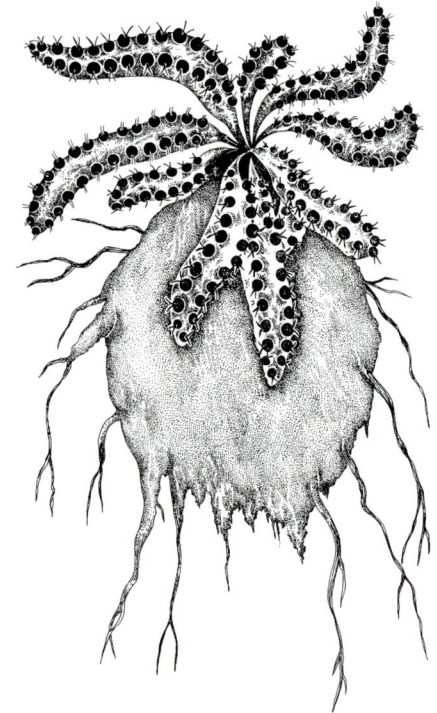

Euphorbia stellata (Le Vaillant 1795)

lebig. Blütenstände einzeln, überwiegend auf die Scheitelregion konzentriert, 2 bis 5 mm lang gestielt, mit je ein bis drei Cyathien, Involucrum halbkugelförmig, blaß gelbgrün. Ähnliche Arten: *E. squarrosa* Haworth und *E. micracantha* Boissier, zur Unterscheidung siehe erstere.

Pflege: Nässeempfindlich, benötigt gut durchlässiges Substrat, wintertrocken halten, mind. 8 °C. Vermehrung über Samen oder Stecklinge, die den typischen Caudex ausbilden sollen.

E. stenoclada Baillon

Heimat: Madagaskar, in Strandnähe, auf Dünen, Kalk-Plateaus und Gneis.

Euphorbia stellata.

Aussehen: Strauch oder kleiner Baum, dicht verzweigt, bis 5 m hoch, Stamm rund, 10 bis 20 cm Ø, mit rissiger Borke. Zweige flach, graugrün, unsegmentiert, Seitenzweige an ihren Enden (in unterschiedlichem Ausmab) spitz dornenförmig auslaufend; dornenlos. Blätter rudimentär, kurzlebig.
Pflege: Während der Wintermonate reduziert gießen, mind. 12°C. Vermehrung über Samen oder Stecklinge, die allerdings sehr schlecht bewurzeln.

E. submamillaris A. Berger

Heimat: Rep. Südafrika (Kap-Provinz).
Aussehen: Zwergstrauch mit max. 2,5 cm dickem, bis zu 10-kantigem, rundlichem Stamm, von der Basis an unregelmäßig verzweigt, kleine, kissenförmige Polster von 10 bis 20 cm Höhe und 50 cm Ø bildend. Zweige 1,6 bis 2,5 cm Ø, aufrecht, unsegmentiert, dunkelgrün, verkorkend, Seiten tief gefurcht, (5-) 7- bis 10-kantig, Kanten 4 bis 5 mm hoch, durch zusätzliche Querfurchen in bis 7 mm breite, zahnartig vorgezogene Felder zerteilt. Dornen einzeln, aus verholzten sterilen Blütenstandsstielen, 1 bis 2 cm lang, rötlich, später braun. Blätter lanzettlich, 5 mm lang, kurzlebig. Cyathien einzeln, 3 bis 4 mm lang gestielt, Stiel purpurfarben, Involucrum glockenförmig, purpurn bis dunkelbraun; eingeschlechtlich. Ähnliche Arten: *E. fimbriata* Scopoli, *E. mammillaris* Linnaeus, *E. nesemannii* Dyer, zur Unterscheidung siehe erstere. Als *E. pfersdorffii* Hort. ex Fobe wird fälschlich eine Form mit zahllosen sehr kleinen, schlanken Zweigen bezeichnet.
Pflege: Während der Wintermonate reduziert gießen, mind. 8°C. Vermehrung über Samen und Stecklinge.

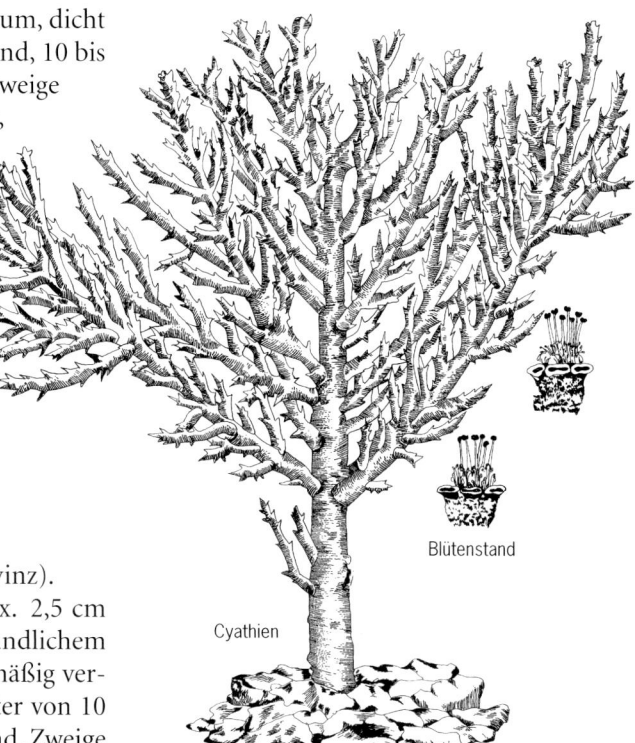

Euphorbia stenoclada
(nach Ursch und Leandri 1954).

Die häufig zu findende Schreibweise *E. submammillaris* ist nach Oudejans (1990) nicht korrekt.

E. susannae Marloth
Foto Seite 31

Heimat: Rep. Südafrika (Kap-Provinz).
Aussehen: Zwerg-Euphorbie mit dicker rübenförmiger Wurzel, in den kurzen, abgeplattet kugeligen Stamm übergehend, dieser 2,5 bis 3,5 cm Ø, Verzweigung unterirdisch, von der Basis her entspringend, bis auf die Höhe des Stammes aufsteigend, dichte, kaum oder gar nicht über den Erdboden herausragende Polster bildend. Zweige zahl-

reich, bis 8 cm lang, unsegmentiert, Hauptsproß und Zweige bläulich grün, Seiten durch tiefe Furchen deutlich getrennt, 12- bis 16-kantig, Kanten warzig, Warzen bis 1 cm lang vorgezogen, in der Regel hakenförmig abwärts gebogen; dornenlos. Blätter rudimentär, kurzlebig. Blütenstände an den Spitzen der Zweige, bei männlichen Pflanzen 4 mm lang gestielt, mit je ein bis zwei Cyathien, bei weiblichen Pflanzen ungestielt, Cyathien gelbgrün; getrenntgeschlechtlich.

Pflege: Benötigt hellen, jedoch vor zuviel direkter Sonneneinstrahlung geschützten Standort, nässeempfindlich, sollte daher nicht so tief gepflanzt werden wie am Standort, während der Wintermonate nicht über längere Zeit völlig durchtrocknen lassen, mind. 8 °C. Vermehrung über Samen und Stecklinge.

E. symmetrica White, Dyer et Sloane

Heimat: Rep. Südafrika (Kap-Provinz), auf steinigem Boden.

Aussehen: Zwerg-Euphorbie mit starker Pfahlwurzel und unverzweigtem, fast kugelförmigem Sproß, meist dicker als hoch (in der Regel bis 7 cm Ø und 6 cm hoch), graugrün mit ausgeprägter purpurfarbener Querstreifung, Sproßspitze eingesenkt, Seiten mit deutlicher längsverlaufender Furche, durch acht (sieben bis neun) breite, nicht hervortretende Rippen gegliedert, auf den Kanten sehr kleine, stumpfe, bräunlich gefärbte Zähnchen; dornenlos. Blätter rudimentär, kurzlebig. Blütenstände an der Sproßspitze auf den Kanten, einzeln (Jungpflanzen) oder in Gruppen bis drei, selten bis fünf, wenn einzeln, dann rudimentäre Blütenstiele mit Lupe erkennbar, nebeneinanderliegende Narben hinterlassend, sehr kurz gestielt (selten bis 2,5 cm), Involucrum tassenförmig, 2,5 bis 4 mm Ø, grün; eingeschlechtlich. Ähnliche Art: *E. obesa* Hooker, zur Unterscheidung siehe dort.

Pflege: Nässeempfindlich, benötigt besonders gut durchlässiges Substrat, wintertrocken halten, mind. 8 °C. Vermehrung über Samen.

E. taruensis S. Carter

Heimat: Kenia, auf steinigem Boden unter Bäumen, zwischen Laub, in 150 bis 480 m Höhe.

Aussehen: Zwergstrauch, durch unterirdische, rhizomartige Sprosse und basale Verzweigungen Poster von 30 bis 45 cm Höhe bildend. Zweige an der Spitze aufwärts biegend, nicht weiter verzweigend, unsegmentiert, 5 bis 8 mm Ø, mittelgrün mit hellgrüner Zeichnung, scharf 4-kantig, Kanten gerade, ungezähnt. Dornenschilder bis 15 mm weit herabgezogen, einander fast berührend, Dornen paarig, extrem dünn und zart, max. 1 mm, schwarz, Nebendornen 1 bis 3 mm lang, etwa 2 mm oberhalb der Dornen, meist dem Sproß angelegt oder ihn umfassend, selten abspreizend. Blätter rudimentär, kurzlebig. Blütenstände einzeln, ungestielt, mit je drei Cyathien, diese breit trichterförmig, bräunlich oder grüngelb. Ähnliche Arten: *E. asthenacantha* S. Carter und *E. tenuispinosa* Gilli, zur Unterscheidung siehe erstere.

Pflege: Während der Wintermonate stark reduziert gießen, mind. 12 °C. Vermehrung unproblematisch durch Abtrennen der Ausläufer und durch Aussaat.

E. tenuispinosa Gilli

Heimat: Tansania, Kenia, zwischen Gras in offenem Buschland, in 150 bis 1100 m Höhe.

Aussehen: Zwergstrauch, bis 2 m hoch. Zweige 5 bis 10 mm Ø, olivgrün mit dunkelgrüner Zeichnung, 4-kantig, Kanten schwach gezähnt. Dornenschilder schmal, nach unten hin lang ausgezogen, verschmelzend oder fast verschmelzend, Dornen paarig, 2 bis 12 mm lang, dünn, schwärzlich, Nebendornen 2 bis 6 mm lang. Blätter rudimentär, kurzlebig. Blütenstände einzeln, kurz gestielt, verzweigend, mit je drei Cyathien, diese braungelb. *E. tenuispinosa* var. *robusta* Bally et S. Carter mit bis zu 15 mm starken Ästen, Dornen bis 15 mm lang, Nebendornen bis 6 mm. Ähnlich sind *E. asthenacantha* S. Carter und *E. taruensis* S. Carter, zur Unterscheidung siehe erstere.
Pflege: Während der Wintermonate reduziert gießen, mind. 14 °C. Vermehrung über Samen und Stecklinge, die allerdings nicht sicher bewurzeln sollen.

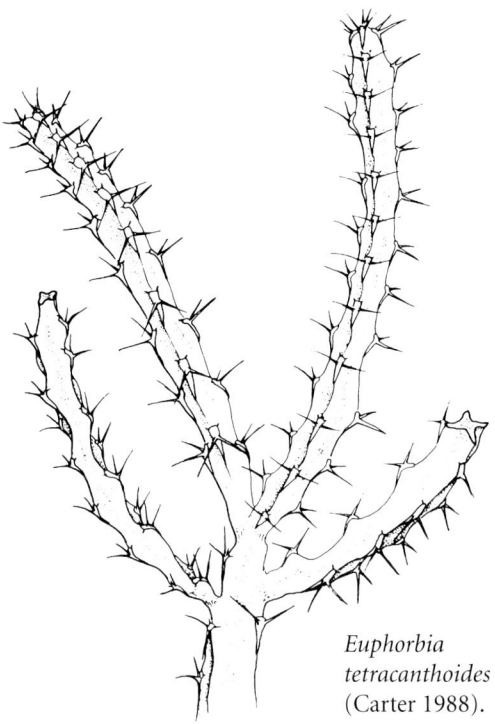

Euphorbia tetracanthoides (Carter 1988).

E. tetracantha Rendle

Heimat: Tansania, Somalia, zwischen Felsen, an steilen, mit vereinzelten Büschen bewachsenen Hängen, in 1750 bis 2200 m Höhe.
Aussehen: Zwergstrauch mit gestauchtem Hauptsproß, basal verzweigend, bis 15 cm hoch. Zweige bis 2 cm Ø, schwach segmentiert, Seiten leicht eingewölbt, dunkelgrün, mit hellerer Zeichnung in der Mitte, nach den Kanten hin ausstrahlend, 4-kantigen, Kanten buchtig. Dornenschilder grau, schmal, weit herabgezogen, in älteren Teilen verschmelzend, Dornen paarig, weit spreizend, bis 15 mm lang, Nebendornen bis 8 mm lang. Blätter rudimentär, kurzlebig. Blütenstände mit je drei Cyathien.
Pflege: Während der Wintermonate reduziert gießen, mind. 12 °C. Vermehrung über Samen und Stecklinge.

E. tetracanthoides Pax

Heimat: Tansania, an steilen Hängen zwischen Felsen, in 1750 bis 2200 m Höhe.
Aussehen: Kleiner, dicht verzweigender Strauch, 20 bis 30 cm hoch, bis 1,5 m Ø. Zweige 10 bis 17 mm Ø, 30 cm lang, blaßgrün, flach oder leicht eingewölbt, jedoch ohne Zeichnung, 4-kantig, Kanten schwach bis deutlich buchtig gezähnt. Dornenschilder grau, ±2,5 mm breit, 2 bis 6 mm weit nach unten ausgezogen, nicht verschmelzend, Dornen paarig, ±4 (2 bis 8) mm lang, weit horizontal spreizend, Nebendornen 0,5 bis 1,5 mm lang, variabel spreizend. Blätter rudimentär, kurzlebig. Blütenstände einzeln, 1,5 mm lang gestielt, mit je drei Cyathien, diese gelbgrün.
Pflege: Während der Wintermonate regelmäßig gießen, mind. 12 °C. Vermehrung

über Samen und leicht bewurzelnde Stecklinge.

E. tirucalli Linnaeus

Heimat: unbekannt, wahrscheinlich Rep. Südafrika (Kap-Provinz, KwaZulu, Natal, Transvaal, Swasiland), Angola, Botswana, Simbabwe, Sambia, Malawi, Mosambik, Tansania, Sansibar, Kenia, Uganda, Ruanda, Burundi, Eritrea, Somalia, Äthiopien, Sudan, Zaire, eingeführt in Florida, Honduras, auf den Westindischen Inseln, den Antillen, Trinidad, in Venezuela, Ecuador, Brasilien, Tasmanien, Ostaustralien, auf Madagaskar, Réunion, Mauritius, in Benin, Ghana, Elfenbeinküste, Senegal, Gambia, auf der arabischen Halbinsel, in Pakistan, Indien, Sri Lanka, Südchina, Taiwan, Indochina, Burma, Thailand, Malaysia, auf Sumatra, Java, Philippinen, den Molukken. Als Kulturfolger (unter anderem Anpflanzung als Hekken) inzwischen weit verbreitet, aber auch verwildert in Steppe und lichten Wäldern, von 0 bis 2000 m Höhe. Wahrscheinlich weltweit die häufigste Euphorbie. Obwohl südafrikanischen Ursprungs, stammt der Name *tirucalli* aus dem Indischen. *Tiru* bedeutet „gut" und *kalli* ist eine häufige Bezeichnung für Euphorbien.
Aussehen: Baum von 5 bis 15 m Höhe oder Strauch, bis 4 m hoch. Zweige zahlreich, bis 2 cm Ø (äußerste Zweige 5 bis 7 mm Ø), quirlig oder gabelig verzweigend, Glieder 7 bis 10 cm lang, zylindrisch, glatt, hellgrün mit sehr feiner weißer, längsverlaufender Streifung; dornenlos. Blätter linealisch-lanzettlich, 4 bis 18 mm lang, 1 bis 3 mm breit, kurzlebig. Cyathien in großer Anzahl an den Zweigenden und Verzweigungen, ungestielt, Involucrum tassenförmig, 3 mm Ø, gelbgrün; eingeschlechtlich. Die Art besitzt einen sehr giftigen Milchsaft.

Pflege: Während der Wintermonate reduziert gießen. Vermehrung erfolgt unproblematisch über Stecklinge.

E. tortirama Dyer

Heimat: Rep. Südafrika (Transvaal), auf unterschiedlichen Böden, in 700 bis 1200 m Höhe.
Aussehen: Zwergstrauch mit dicker, rübenförmiger Wurzel, unmittelbar in den gedrungenen Hauptsproß übergehend, einen knolligen, überwiegend im Boden verborgenen Körper von bis zu 30 cm Länge und 20 cm Ø bildend. Zweige in Vielzahl (20 bis über 50) am Sproßscheitel entspringend,

Euphorbia tortirama (Letty 1937).

niederliegend bis aufsteigend, stark spiralig gedreht, 6 bis 30 cm lang, 2 bis 4,5 cm Ø, anfangs unsegmentiert, später durch Unterdrückung der Warzen und Bedornung bei jedem dritten oder vierten Dornenpaar deutlich eingeschnürt, 3-kantig (anfangs gelegentlich 2-kantig), Kanten warzig, Warzen bis 9 mm hoch. Dornenschilder zu grauer Hornleiste verschmelzend, Dornen paarig, bis 2 cm lang, Nebendornen fehlen. Blätter rudimentär, kurzlebig. Blütenstände einzeln, 2 bis 4 mm lang gestielt, mit je drei Cyathien, diese vertikal angeordnet, Involucrum flach, bis 7 mm Ø, rötlich gelb. Ähnliche Art: *E. groenewaldii* Dyer, diese aber mit wenigen Zweigen, Zweige 2,5 bis 8 cm lang, nicht segmentiert, Dornenschilder nicht verschmelzend, Cyathien rötlich grün.

Pflege: Neigt während der Wintermonate etwas zum Zurücktrocknen der Zweige, daher während der Wintermonate vorsichtig gießen, mind. 12 °C. Vermehrung über Samen oder Stecklinge.

E. trapifolia.

E. transvaalensis R. Schlechter

Heimat: Rep. Südafrika (Transvaal, Swasiland), Namibia, Angola, Simbabwe, Malawi, Mosambik, Tansania, Kenia, in 610 bis 1220 m Höhe.

Aussehen: Kleiner, von der Basis her gabelig verzweigender Strauch, durchschnittlich 0,5, max. 1,5 m hoch. Zweige innen hohl, krautig oder halbsukkulent, später verholzend, Endzweige 6 bis 11 cm lang und 4 bis 5 mm Ø, hellgrün; dornenlos. Blätter während der Vegetationsperiode zu je zwei bis drei längs der Zweige und an den Zweigenden, länglich lanzettförmig oder eiförmig, 3 bis 10,5 cm lang, 1,5 bis 5 cm breit, 0,6 bis 3 cm lang gestielt. Blütenstände an den Zweigenden, 5 bis 20 cm lang gestielt, mehrfach verzweigend, mit laubblattähnlichen Hochblättern, Involucrum tassenförmig, 4 bis 5,5 mm Ø, Honigdrüsen grün, mit auffälligen fingerförmigen Fortsätzen.

Pflege: Im blattlosen Zustand weitgehend trocken halten, benötigt nach erfolgtem Blattaustrieb (unter Umständen erst Ende Mai) stärkere Wassergaben, mind. 10 °C. Vermehrung durch Sämlinge und Stecklinge.

E. trapifolia A. Chevalier

Heimat: Mali, Burkina Faso, Niger.

Aussehen: Fleischiger, später verholzender, an der Spitze stark verzweigter Strauch, 1 bis 2 m hoch. Zweige aufsteigend, bis 2 cm Ø, mit fünf bis acht Reihen spiralig angeordneter Warzen. Dornenschilder grau, nicht verschmelzend, Dornen paarig, bis 8 mm lang, waagerecht spreizend, Nebendornen kürzer. Blätter an den Zweigenden schopfartig angeordnet, fleischig, dreieckig, fächerförmig oder eiförmig, bis 3 cm lang, oben bis 2 cm

breit, zum Stiel hin verschmälert, Spitze zweiteilig. Cyathien erscheinen vor den Blättern, kurz gestielt, gelbgrün.
Pflege: Wintertrocken halten, mind. 14 °C. Vermehrung über Samen und Stecklinge.

Die häufig benutzte Schreibweise *E. trapaeifolia* ist nach OUDEJANS (1990) nicht korrekt.

E. triangularis Desfontaines

Heimat: Rep. Südafrika (Kap-Provinz, KwaZulu, Natal, Transvaal, Swasiland), Mosambik.
Aussehen: Kandelaberförmiger Baum mit 4-kantigem, später rundem, sich mehrfach verzweigendem Stamm und in weiten Abständen etagenweise angeordneten, im Alter abfallenden Zweigen, 9 bis 20 m hoch, Krone bis 2 m Ø. Zweige wiederholt verzweigend, abstehend, leicht herabhängend, an den Spitzen aufwärts gebogen, bis zu 2 m lang, deutlich in 7,5 bis 30 cm lange Segmente gegliedert, 3,7 bis 10 cm Ø, 3- bis 5-kantig (in der Regel 3-kantig), Kanten flügelartig zusammengedrückt, 3 bis 4 mm dick, zur Spitze hin verjüngend, zentrale Achse 2 cm Ø. Dornenschilder einzeln oder Kanten mit unterbrochener oder durchgehender grauer oder brauner Hornleiste, Dornen paarig, 3 bis 10 mm lang, spreizend, braun, später grau. Blätter rudimentär, kurzlebig. Blütenstände zu zwei bis drei, 2 bis 3 mm lang gestielt, mit je drei Cyathien, diese vertikal angeordnet, Involucrum tassenförmig, gelbgrün. Ähnliche Art: *E. grandidens* Haworth, diese aber mit kaum segmentierten Zweigen, bis 2 cm Ø.
Pflege: Während der Wintermonate reduziert gießen, mind. 10 °C. Vermehrung über Samen und Stecklinge, die einfach bewurzeln.

E. trichadenia Pax

Heimat: Rep. Südafrika (KwaZulu, Natal, Transvaal), Angola, Sambia.
Aussehen: Zwerg-Euphorbie mit gedrungenem, unterirdischen Caudex, aus einer rübenförmigen Wurzel und dem nach oben hin sich verjüngenden Sproß bestehend, weitgehend im Boden verborgen, bis 20 cm Ø. Zweige am Sproßscheitel entspringend, 2,5 bis 10 cm lang, krautig, höchstens an der Basis verholzend, während der Ruheperiode vertrocknend; dornenlos. Blätter während der Vegetationsperiode über die ganze Länge der Zweige verteilt, ungestielt, spitz grasartig, oft leicht gebogen, längsgefaltet, die obersten Blätter 1 bis 5 mm breit,

Euphorbia trichadenia (Letty 1928).

1,8 bis 6 cm lang, tiefere Blätter kleiner. Cyathien einzeln in den Achseln der Zweige (gelegentlich zu drei bis fünf in endständigen, gestielten Blütenständen), Involucrum tassenförmig, 8 bis 10 mm Ø, Honigdrüsen mit drei bis zwölf fadenförmigen, 1,5 bis 3 mm langen Fortsätzen, grün. Ähnliche Art: *E. pseudotuberosa* Pax, diese aber Involucrum 6 bis 8 mm Ø.

Pflege: Benötigt einen sehr hellen Standort, da die dünnen Zweige sonst zu stark austreiben, nässeempfindlich, in den Ruhezeiten (Juni bis August und Dezember bis Januar) trocken halten, Mindesttemperatur in dieser Zeit 8 °C, während der Hauptwachstumszeit (Februar bis Mai und September bis November) regelmäßig gießen, Mindesttemperatur 12 °C. In Kultur wird der Caudex wegen seiner Form, aber auch zum Schutz vor Nässe meist oberirdisch gepflanzt. Vermehrung ausschließlich über Samen.

E. tridentata Lamarck

Heimat: Rep. Südafrika (Kap-Provinz).
Aussehen: Zwerg-Euphorbie, von der Basis her verzweigend, mit unterirdischen Rhizomen, Hauptsproß in die verdickte Wurzel übergehend. Zweige wiederholt weiterverzweigend, spreizend aufsteigend, bis 15 cm lang, 8 bis 12 mm Ø, segmentiert, warzig, Warzen 6-eckig, 6 bis 8 mm Ø. Dornenlos. Blätter 4 bis 6 mm lang, 3 bis 4 mm breit, (länglich) elliptisch, dunkelgrün mit rötlichem, fein gezähntem Rand, kurzlebig. Cyathien zu drei bis vier an den Zweigenden, 4 mm lang gestielt, Involucrum tassenförmig, 2,7 bis 17 mm Ø, Honigdrüsen 5 mm Ø, mit zwei Lippen, die untere am äußeren Rand mit drei oder vier spreizenden, fingerförmigen Fortsätzen, diese 2 bis 3 mm lang, weiß. Ähnliche Arten: *E. globosa* (Harworth) Sims und *E. ornithopus* Jacquin, zur Unterscheidung siehe erstere.
Pflege: Benötigt sehr hellen Standort, weitgehend wintertrocken halten, mind. 8 °C. Vermehrung durch Aussaat oder Teilung der Rhizome.

E. trigona Miller

Heimat: unklar, vermutlich Indien, eingeführt auf Réunion, Mauritius, Neukaledonien, Mikronesien.
Aussehen: Strauch oder kleiner Baum. Zweige steil aufrecht, dunkelgrün mit unregelmäßiger heller Zeichnung, in bis zu 25 cm lange Abschnitte gegliedert, 4 bis 6 cm Ø, 2- bis 4-, meist 3-kantig, Kanten schwach flügelartig zusammengedrückt, stark buchtig gezähnt. Dornen paarig, 4 bis 5 mm lang, rötlich braun. Blätter spatelförmig, bis 5 cm lang, kurz gestielt, lange erhalten bleibend. Cyathien kurz gestielt. In Kultur existieren fast weiße sowie rötliche Zuchtformen.
Pflege: Während der Wintermonate reduziert gießen, mind. 6 °C. Vermehrung über Stecklinge.

E. tuberculata Jacquin

Heimat: Rep. Südafrika (Kap-Provinz)
Aussehen: Medusenhaupt-Euphorbie, Sproß zur Spitze hin keulig verdickt, völlig oder teilweise im Boden verborgen, in eine lange verdickte Hauptwurzel übergehend, die sich im unteren Teil gelegentlich gabelt, an der Sproßspitze eine Vielzahl aufrechter oder niederliegender Zweige, bis 75 cm hoch. Zweige zur Spitze hin verdickt, dort bis 4 cm Ø, blaßgrün, gelegentlich weißlich, warzig, Warzen spiralförmig angeordnet, rhombisch. Dornen aus verholzten Blütenstandsstielen, bis 5 cm lang. Blätter 0,5 bis 4 cm lang, 1,5 mm breit, fleischig, bis zu

Euphorbia tridentata.

E. tubiglans Marloth

Heimat: Rep. Südafrika (Kap-Provinz).
Aussehen: Zwerg-Euphorbie mit rübenförmiger Wurzel, in einen fast kugelförmigen, völlig im Erdboden verborgenen, verkorkenden Hauptsproß von bis zu 4,5 cm Ø übergehend. Zweige in geringer Anzahl an der Sproßspitze, aufrecht, nach unten stielartig (bis 15 mm lang) verjüngt, 13 bis 22 mm Ø, 4 bis 8 (bis 12) cm lang, bläulich wachsartig bereift, Seiten tief gefurcht, 5-kantig, Kanten leicht gezähnt. Dornen aus verholzten Blütenstielen, etwa 2 mm lang. Blätter rudimentär, kurzlebig. Cyathien endständig, einzeln, bis 1 cm lang gestielt (männliche Pflanzen) oder kürzer (weibliche Pflanzen), Involucrum glockenförmig, Honigdrüsen rötlich; eingeschlechtlich.
Pflege: Während der Wintermonate vorsichtig gießen, mind. 8 °C. Vermehrung über Sämlinge. Stecklinge bewurzeln zwar, bilden aber nicht den typischen rübenförmigen Caudex.

E. tulearensis Rauh

Heimat: Madagaskar, auf Kalkgestein, im Schatten unter Gebüsch.
Aussehen: Zwerg-Euphorbie mit reduziertem Hauptsproß und dicker, rübenförmiger Wurzel und vielen Seitenwurzeln. Zweige aufrecht, eine kissenartige Krone bildend. Dornen paarig, an der Basis verdickt, Nebendornen papierartig dünn. Blätter fleischig, grauviolett, kurz gestielt, nach oben eingerollt, Ränder gewellt. Cyathien aufrecht, 5 mm Ø, Cyathophylle breit eiförmig, violettgrau. Ähnliche Arten: *E. cap-saintemariensis* Rauh und *E. parvicyathophora* Rauh, zur Unterscheidung siehe erstere.
Pflege: Benötigt einen sehr hellen, aber vor direkter Sonneneinstrahlung geschützten

einer Vegetationsperiode erhalten bleibend. Cyathien in Gruppen an den Zweigspitzen, 0,5 bis 4 cm lang gestielt, Stiele wachsen während der Fruchtreife bis 5 cm lang, Involucrum breit schalenförmig, bis 1,8 cm Ø, Honigdrüsen samtig grünbraun, 3,5 mm lang, 5 mm breit, mit drei bis sechs cremefarbenen, an der Spitze oft scharlachroten, fingerförmigen, zurückgebogenen Fortsätzen.
Pflege: Während der Wintermonate reduziert wässern, mind. 8 °C. Vermehrung über Samen.

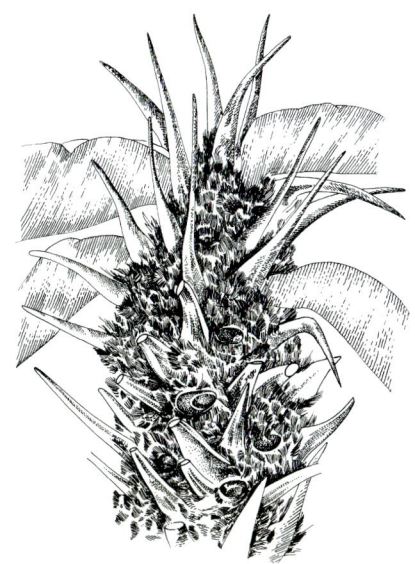

Euphorbia tuleariensis (Rauh 1978).

Platz, nässeempfindlich, wintertrocken halten, mind. 8 °C. Vermehrung über Samen oder Stecklinge. Sehr langsam wachsende Art.

E. uhligiana Pax

Heimat: Tansania, Kenia, auf steinig-sandigen Böden, an Hängen mit offenem Buschland, in 400 bis 1600 m Höhe.
Aussehen: Zwergstrauch mit rübenförmiger, fleischiger Wurzel, durch basale Verzweigung dichte Polster bildend. Zweige aufrecht, dunkelgrün, oft mit blaßgrüner unregelmäßiger Zeichnung, unsegmentiert, 30 (bis 100) cm lang, ±1 cm Ø, 4-kantig, Kanten flügelartig zusammengedrückt, spitz gezähnt, Zähne bis 7 mm hoch. Dornenschilder bis 5 mm oberhalb der Dornen, mit zwei weit spreizenden, 2 bis 5 mm langen Armen, am Ende Nebendornen, nach unten weit ausgezogen, jedoch nicht verschmelzend, Dornen paarig, oft an der Basis über 2 mm verschmolzen, bis 13 mm lang, grau,

Nebendornen bis 2,5 mm lang. Blätter rudimentär, kurzlebig. Blütenstände über den gesamten Sproß verteilt, einzeln oder bis zu drei, sich sukzessive entwickelnd, 1 bis 2,5 mm lang gestielt, mit je drei gelben Cyathien.
Pflege: Während der Wintermonate reduziert gießen, mind. 12 °C. Vermehrung über Samen und Stecklinge.

E. umfoloziensis Peckover

Heimat: Rep. Südafrika (Natal), in gut durchlässigem, rotem, sandigem Lehm.
Aussehen: Zwergstrauch mit verdickter rübenförmiger Hauptwurzel von bis zu

Euphorbia uhligiana.

10 cm Ø, in den kurzen, in der Regel im Boden verborgenen Hauptsproß übergehend. Zweige zahlreich, 5 bis 8 cm lang, 25 bis 40 mm Ø, blaugrün, mit hellgrüner Zeichnung, gerade, segmentiert, 3- bis 5-kantig. Kanten spitzwarzig. Dornenschilder zum Teil verschmelzend; Dornen paarig, 5 bis 10 mm lang, dünn, Nebendornen 1 bis 2 mm lang oder fehlend. Blätter rudimentär, kurzlebig. Blütenstände an den Zweigenden, in der Regel auf ein Cyathium reduziert, 3 bis 5 mm lang gestielt, Involucrum tassenförmig, gelb. Ähnliche Art: *E. vandermerwei* Dyer, diese aber ohne rübenförmige Hauptwurzel, mit längeren, dünneren Zweigen und rötlichen Cyathien.
Pflege: Wintertrocken halten, mind. 10 °C. Vermehrung über Samen.

E. valida N. E. Brown

Heimat: Rep. Südafrika (Kap-Provinz), in sandigem Lehm und Böden mit hohem Tonanteil.
Aussehen: Zwerg-Euphorbie mit wenigen oberflächennahen Wurzeln und kugelförmigem, im Alter zylindrischem, gelegentlich von der Basis her verzweigendem Hauptsproß, bis 40 cm hoch und 20 cm Ø. Sproß hellgrün, mit deutlicher blaugrüner, V-förmiger Zeichnung, Scheitel leicht eingesenkt, Seiten deutlich gefurcht, 8-kantig, Kanten oft spiralig gedreht. Dornen aus verholzten Blütenstandsstielen. Blätter rudimentär, kurzlebig. Blütenstände in der Nähe des Scheitels, 2 cm lang gestielt, wiederholt verzweigend, insgesamt bis 6 cm lang (männliche Pflanzen) oder kürzer gestielt, weniger verzweigend (weibliche Pflanzen), Involucrum tassenförmig, 3 bis 4 mm Ø (weibl. Pflanzen kleiner), grün; eingeschlechtlich. Ähnliche Art: *E. meloformis* Aiton, zur Unterscheidung siehe dort.

Pflege: Nässeempfindlich, wintertrocken halten, im Sommer reichliche Wassergaben, mind. 6 °C. Vermehrung über Samen.

E. vandermerwei Dyer

Heimat: Rep. Südafrika (KwaZulu, Natal, Transvaal), in erdgefüllten Felstaschen über Granitgestein.
Aussehen: Zwergstrauch mit verdickter, nicht rübenförmiger Hauptwurzel, in den kurzen, meist in zwei Äste aufgeteilten, in der Regel im Boden verborgenen Hauptsproß übergehend, oberirdisch durch zahlreiche Verzweigungen dichte Polster von bis zu 20 cm Höhe bildend. Zweige bis max. 40 cm lang, 15 bis 25 mm Ø, gerade oder leicht spiralig gedreht, undeutlich segmentiert, 4- bis 5-kantig, Kanten spitzwarzig. Dornenschilder klein, gelegentlich verschmelzend, Dornen paarig, bis 1 cm lang, rot, später grau, Nebendornen rudimentär. Blätter rudimentär, kurzlebig. Blütenstände in der Regel auf ein Cyathium reduziert, sehr kurz gestielt, Involucrum tassenförmig, rot. Ähnliche Art: *E. umfoloziensis* Peckover, zur Unterscheidung siehe dort.
Pflege: Während der Wintermonate reduziert gießen, mind. 12 °C. Vermehrung über Samen, Stecklinge bilden nicht die typische Form aus.

E. viguieri Denis
Foto Seite 31

Heimat: Madagaskar, auf steinigem kalkreichem Untergrund, in Küstennähe.
Aussehen: Säulenförmiger, in der Regel unverzweigter Stamm, nach oben hin keulig verdickt, 40 bis 60 cm (var. *tsimbazazae* Ursch et Leandri: bis 150 cm) hoch, oben max. 30 cm Ø, hellgrün, mit weißlichen

Blattnarben, 5- oder 6-kantig, Kanten zusammengedrückt. Dornen aus breit dreieckigen, spitz zulaufenden Blattpolstern, 2 cm (var. *ankarafantsiensis* Ursch et Leandri) bis 2,5 cm (var. *capuroniana* Ursch et Leandri) lang, von mehrspitzigen hellbraunen Nebenblattdornen flankiert, miteinander an der Basis verschmelzend. Blätter während der Vegetationsperiode an den Zweigenden schopfartig zusammengedrängt, oval, bis 9 cm lang und 3 cm breit, kurz gestielt, kräftig grün, mit leuchtend rotem Blattgrund und heller Mittelrippe. Blütenstände erscheinen vor den Blättern, ungestielt (var. *capuroniana*) oder unterschiedlich lang gestielt, mit je vier bis acht (var. *capuroniana*) bis 32 Cyathien (var. *tsimbazazae*), Cyathophylle aufrecht, das Cyathium röhrenförmig einschließend, grün (var. *vilanandrensis* Ursch et Leandri), gelbgrün mit roten Rändern (var. *ankarafantsiensis*, var. *capuroniana*) oder leuchtend rot (var. *tsimbazazae*).

Pflege: Im blattlosen Zustand völlig trocken halten, mind. 14 °C. Vermehrung über Samen.

E. virosa Willdenow

Heimat: Rep. Südafrika (Kap-Provinz, Bophuthatswana), Namibia, Angola.
Aussehen: Großer Strauch mit gedrungenem, max. 30 cm langem, spiralig gedrehtem Hauptsproß und zahlreichen von der Basis her entspringenden, aufsteigenden Zweigen, 1,3 bis 2 (bis 2,7) m hoch, 1,5 bis über 3 m Ø. Zweige in der Regel nicht gedreht, in der oberen Hälfte weiterverzweigend, in 5 bis 8 cm lange Segmente gegliedert, max. 5 bis 9 cm Ø, graugrün, Seiten eben, an der Basis oft 3-kantig, später 5- bis 8-kantig, Kanten unregelmäßig, fast rechtwinklig gebuchtet. Dornenschilder zu kräftigen grauen Hornleisten verschmolzen, Dornen paarig, anfangs dunkelrot bis schokoladenbraun, später grau, weit spreizend, bis 13 mm lang. Blätter rudimentär, kurzlebig. Blütenstände einzeln an den Zweigenden, max. 1 mm lang gestielt, mit je drei Cyathien, diese vertikal angeordnet, Involucrum tassenförmig, 1 cm Ø. *E. virosa* soll den giftigsten Milchsaft unter allen Euphorbien besitzen und sollte entsprechend vorsichtig gehandhabt werden! Ähnliche Arten: *E. hottentota* Marloth, zur Unterscheidung siehe dort.

Pflege: Wintertrocken halten, mind. 8 °C. Vermehrung über Samen und Stecklinge.

E. vittata S. Carter

Heimat: Nördliches Kenia, auf kiesigen Böden, in offenem Buschland, in 700 bis 1200 m Höhe.
Aussehen: Zwergstrauch, kleine lockere Polster bildend. Zweige zum Teil dem Boden aufliegend, wenig verzweigend, bis 30 cm lang und 2 cm Ø, unsegmentiert, dunkelgrün mit längsverlaufender gelbgrüner Streifung, 4-, selten 5-kantig, Kanten spiralig, gezähnt. Dornenschilder grau, nach oben in 3 mm lange Arme verzweigend, nach unten lang ausgezogen, aber nicht verschmelzend, Dornen paarig, bis 2 cm lang, graubraun, Nebendornen max. 2,5 mm lang. Blätter rudimentär, kurzlebig. Blütenstände zu ein bis drei, ±1,5 mm lang gestielt, mit je drei gelben Cyathien.

Pflege: Etwas nässeempfindlich, während der Wintermonate stark reduziert gießen, mind. 12 °C. Vermehrung über Samen und Stecklinge.

E. weberbaueri Mansfeld

Heimat: Peru, bis in etwa 2000 m Höhe.
Aussehen: Kleiner, dicht verzweigter Strauch mit aufrechten, im Alter verholzenden Zweigen, 1 m hoch. Zweige dunkelgrün, rutenförmig, in länglich ovale Abschnitte gegliedert, 5 bis 8 mm Ø, von jeder Blattbasis drei deutlich ausgebildete Kanten nach unten über die vorhergehende Blattbasis herabziehend, dadurch 6-kantig. Dornen-

Euphorbia valida. ▷

los. Blätter überwiegend an den Sproßenden, wechselständig, schuppenartig, bis 1,5 mm lang und 1 mm breit. Cyathien sehr kurz gestielt, an den Enden der Sprosse, mit kleinen hellgrünen bis gelbgrünen Hochblättern. Ähnliche Arten: *E. phosphorea* Martius und *E. pteroneura* A. Berger, zur Unterscheidung siehe letztere.
Pflege: Während der Wintermonate reduziert gießen. Vermehrung über Samen oder Stecklinge, die allerdings, wenn bereits verholzende Teile geschnitten werden, nur schlecht bewurzeln.

E. wildii Leach

Heimat: Simbabwe, auf felsigem, basischem Gestein, in Savannen, in 1500 m Höhe.
Aussehen: Gedrungener Strauch oder kleiner Baum mit verdickter, fast knolliger Wurzel, bis 3 m hoch, Stamm zylindrisch, selten verzweigt, 7,5 bis 10 cm Ø, mit warziger Oberfläche. Wenn vorhanden, Zweige spreizend aufsteigend, bis 5 cm Ø, mit fünf spiralig angeordneten Reihen von Warzen (Blattpolstern) bedeckt. Dornen aus verholzten Blütenstandsstielen. Blätter blei-

Euphorbia virosa.

Euphorbia vittata.

ben während der Vegetationsperiode erhalten, endständig, bis 12 cm lang, 4 cm breit, spitz ausgezogen, leicht längsgefaltet. Blütenstände 3 bis 6 (bis 10) cm lang gestielt, Stiele 5 mm Ø, mit 5 cm langen, 2 cm breiten Hochblättern, Cyathien 6 cm lang gestielt, leuchtend grün oder grüngelb, sehr groß (1,6 cm Ø), unterhalb der endständigen Cyathien zum Teil weitere Verzweigungen.

Pflege: Im Winter sehr reduziert gießen. Vermehrung über Samen oder Stecklinge.

E. xylophylloides Brongniart
Foto Seite 37

Heimat: Madagaskar.
Aussehen: Strauch oder kleiner Baum mit bis zu 2 m hohem, vom Grunde und höher verzweigendem Stamm und aufrechten, quirlig gestellten, weit ausladenden Zweigen, insgesamt bis 8 m hoch. Zweige stark abgeflacht, 2-kantig, ±3 mm dick, in bis zu 15 cm lange Abschnitte gegliedert, hellgrün, frische Triebe deutlich rötlich behaart; dornenlos. Blätter schuppenförmig, kurzlebig.

Pflege: Während der Wintermonate reduziert gießen, mind. 12 °C. Vermehrung über Samen oder Stecklinge.

Die Art ist evtl. identisch mit *E. enterophora* Drake.

Artenliste mit Synonymen

Für den Sammler sukkulenter Euphorbien ist eine Zusammenstellung der Namen sukkulenter Euphorbien hilfreich. Da immer wieder einmal Pflanzen in Sammlerkreisen – aber auch in der Fachliteratur – unter ungültigen Namen geführt werden, sind in der folgenden Liste nach bestem Wissen sowohl die korrekten Namen als auch ungültige Namen *aller mehr oder weniger sukkulenten Euphorbien* aufgenommen. Für letztere wurde ebenfalls nach bestem Wissen eine Zuordnung zu den gültigen Namen vorgenommen, dabei wurde im wesentlichen auf OUDEJANS (1990 und 1993) sowie auf die Arbeiten von CARTER zurückgegriffen.

In die Übersicht wurden nur die auf der systematischen Ebene unterhalb der Arten einzuordnenden Unterarten mit aufgenommen. Sie werden durch Anfügung der Abkürzung ssp. (für Subspecies) und des Namens der Unterart gekennzeichnet. Dagegen wird aus Gründen der Übersichtlichkeit auf eine Auflistung der zahllosen *Varietäten* (var.) oder *Formen* (f. bzw. fa.) verzichtet.

Da noch immer neue Euphorbien-Arten beschrieben werden und gleichzeitig Veränderungen hinsichtlich des Status bekannter Taxa vorgenommen werden, stellt diese Liste lediglich eine Annäherung an den augenblicklichen Zustand dar. Für eine Vollständigkeit kann schon allein aus diesen Gründen nicht gebürgt werden.

Gültige Namen erscheinen *kursiv*, zweifelhafte oder ungültige Artnamen sind in steiler Schrift wiedergegeben.

abdelkuri Balfour 1903
abyssinica Engler 1892
 = *ampliphylla* Pax 1897
abyssinica Gmelin 1791
acalyphoides Hochstetter ex Boissier 1862
 ssp. *acalyphoides*
 ssp. *cicatricosa* S. Carter 1988
acanthothamnos Heldreich et Sartori 1859
acaulis Roxburgh 1832
 = *fusiformis* Hamilton ex Don 1825
acrurensis N. E. Brown 1912
 = *abyssinica* Gmelin 1791
actinoclada S. Carter 1982
aculeata Forskal 1775
adenensis Deflers 1887
 = *balsamifera* Aiton ssp. *adenensis* (Deflers) Bally 1974
adenochila S. Carter 1990

adenopoda Baillon 1860
adjurana Bally et S. Carter 1982
aequoris N. E. Brown 1915
aeruginosa Schweickerdt 1935
aethiopum Croizat 1941
 = *abyssinica* Gmelin 1791
aggregata Berger 1906
alata Hooker 1844
albanica N. E. Brown 1915
albertensis N. E. Brown 1915
albipollinifera Leach 1985
albovillosa Pax 1904
 = *gueinzii* Boissier 1862
alcicornis Baker 1887
alfredii Rauh 1987
alluaudii Drake 1903
 ssp. *alluaudii*
 ssp. *oncoclada* (Drake) Friedmann et Cremers 1976
alternicolor N. E. Brown 1915
 = *aggregata* Berger 1906

amarifontana N. E. Brown 1915
ambatofinandranae Leandri 1966 = *stenoclada* Baillon 1887 ssp. *ambatofinandranae* (Leandri) Cremers 1978
ambohipotsiensis Ursch et Leandri 1955
ambovombensis Rauh et Razafindratsira 1987
ambroseae Leach 1964
ammak Schweinfurth 1899
ampliphylla Pax 1897
anacantha Aiton 1789
 = *tridentata* Lamarck 1788
anachoreta Sventenius 1969
anagalloides Baker 1890
 = *trichophylla* Baker 1883
anahaka Poisson 1985
analalavensis Leandri 1966
angrae N. E. Brown 1915

angtae N. E. Brown 1936
    Identität unklar
angularis Klotzsch 1861
angustiflora Pax 1904
ankarensis Boiteau 1942
annamarieae Rauh 1991
anomala Pax 1908
    = *glanduligera* Pax 1894
anoplia Stapf 1923
antankara Leandri 1946
    = *pachypodioides* Boiteau 1942
anticaffra Lotsy et Goddijn 1928
    = *bothae* Lotsy et Goddijn 1928
antiquorum Linnaeus 1753
antiquorum Forskal 1775
    = p.p. *cactus* Ehrenberg ex Boissier 1862
    = p.p. *inarticulata* Schweinfurth 1899
antiquorum E. Meyer 1843
    = *hamata* (Haworth) Sweet 1818
antisyphilitica Zuccarini 1832
antso Denis 1921
aphylla Broussonet ex Willdenow 1809
appariciana Rizzini 1990
appendiculata Bally et S. Carter 1988
applanata Thulin et Al Ghifri 1995
arabica Hochstetter et Steudel 1860
arahaka Poisson 1912
araucana Philippi 1895
arborescens Hort. Angl. ex Salm-Dyck 1834
    = *grandidens* Haworth 1825
arborescens Roxburgh 1832
    = *antiquorum* Linnaeus 1753
arbuscula Balfour 1882–1883
arceuthobioides Boissier 1860
argillicola Dinter 1914
    evtl. = *namibensis* Marloth 1909
arida N. E. Brown 1915

armata Thunberg 1800
    = *loricata* Lamarck 1788
armourii Millspaugh 1895
arrecta N. E. Brown 1915
    = *mixta* N. E. Brown 1925
articulata Burman 1760
artifolia N. E. Brown 1915
aspericaulis Pax 1899
asthenacantha S. Carter 1982
astroites Fischer et Meyer 1845
atoto G. Forster 1786
atrocarmesina Leach 1968
    ssp. *arborea* Leach
    ssp. *atrocarmesina*
atroflora S. Carter 1987
atropurpurea Broussonet ex Willdenow 1809
atrospina N. E. Brown 1915
atrox S. Carter 1992
attastoma Rizzini 1990
aureoviridiflora (Rauh) Rauh 1992
avasmontana Dinter 1928
awashensis Gilbert 1993
baga A. Chevalier 1933
baillonii Boissier ex Baillon 1860
    = *boissieri* Baillon 1860
baioensis S. Carter 1982
bakeriana Baillon 1886
    = *tetraptera* Baker 1885
baleensis Gilbert 1992
baliola N. E. Brown 1915
ballyana Rauh 1966
ballyi S. Carter 1963
balsamifera Aiton 1789
    ssp. *adenensis* (Deflers) Bally 1974
    ssp. *balsamifera*
banae Rauh 1993
baradii S. Carter 1992
barbicollis Bally 1965
bariensis S. Carter 1992
barnardii White, Dyer et Sloane 1941
barnhartii Croizat 1934
baronii Bojer 1907
    = *milii* Des Moulins 1826
barteri N. E. Brown 1912
    = *kamerunica* Pax 1904

basutica Marloth 1910
    = *clavarioides* Boissier 1860
baumii Pax 1908
    evtl. = *monteiri* Hooker 1865
bayeri Leach 1988
baylissii Leach 1964
beaumieriana Hooker et Cosson 1874
    = *officinarum* Linnaeus ssp. *beaumieriana* (Hooker et Cosson) Vindt 1960
beharensis Leandri 1946
beillei A. Chevalier 1933
bellica Hiern 1900
benguelensis Pax 1898
    = *trichadenia* Pax 1894
benoistii Leandri 1947
bergeri N. E. Brown 1915
    = wahrscheinlich Kultur-Hybride
bergeriana Dinter 1914
    = *gariepina* Boissier ssp. *balsamea* (Welwitsch ex Hiern) Leach 1980
bergii White, Dyer et Sloane 1941
bergii Klotzsch et Garcke 1859
    = *burmannii* E. Meyer 1862
berorohae Rauh et Hofstätter 1995
berotica N. E. Brown emend. Leach 1975
berthelotii C. Bolle ex Boissier 1862
    = *lamarckii* Sweet 1818
betacea Baillon 1886
bevilaniensis Croizat 1934
biaculeata Denis 1921
biglandulosa Willdenow 1814
    = *burmannii* E. Meyer 1862
biharamulensis S. Carter 1987
bilocularis N. E. Brown 1912
    = *reinhardtii* Volkens 1899
bitataensis Gilbert 1993
boinensis Denis ex Humbert et Leandri 1966
boissieri Baillon 1860
boiteaui Leandri 1946

bojeri (Hooker) Klotzsch et
   Garcke 1859
   = *milii* Des Moulins 1826
bolusii N. E. Brown 1915
bongensis Kotschy et Peyritsch
   1866
bongolavensis Rauh 1993
borenensis M. Gilbert 1987
bosseri Leandri 1965
bothae Lotsy et Goddijn 1928
bougheyi Leach 1964
bourgeauana Gay 1862
brachiata E. Meyer 1862
brachyphylla M. Denis 1921
brakdamensis N. E. Brown 1915
braunii Schweinfurth 1863
   = *longetuberculosa*
   Hochstetter ex Boissier 1862
braunsii N. E. Brown 1915
bravoana Sventenius 1954
breonii Hort. ex Steudel 1840
   = *milii* Des Moulins 1826
breviarticulata Pax 1904
brevirama N. E. Brown 1915
brevis N. E. Brown 1911
brevitorta Bally 1959
brunellii Chiovenda 1951
bruynsii Leach 1981
bubalina Boissier 1860
bulbispina Rauh et
   Razafindratsira 1991
bupleurifolia Jacquin 1797
bupleurifolia E. Meyer 1843
   = *oxystegia* Boissier 1860
burgeri Gilbert 1993
burmannii E. Meyer ex Boissier
   1862
buruana Pax 1904
bussei Pax 1903
buxoides A. Radcliffe-Smith 1971
bwambensis S. Carter 1987
cactus Ehrenberg ex Boissier
   1862
caducifolia Haines 1914
caerulescens Haworth 1827
   Schreibweise umstritten, evtl.
   coerulescens
calamiformis Bally et S. Carter
   1985

calderensis Philippi 1895
   = *copiapina* Philippi 1860
calycina N. E. Brown 1912
   = *reinhardtii* Volkens 1899
calyculata Kunth 1817
cameronii N. E. Brown 1962
canaliculata Lamarck 1788
   = *clava* Jacquin 1784
canariensis Linnaeus 1753
canariensis Forskal 1775
   = *parciramulosa* Schweinfurth
   1899
canariensis Tremeaux 1853
   evtl. = *reinhardtii* Volkens
   1899
candelabrum Kotschy 1857
   gegenwärtig umstritten,
   welcher Name Priorität hat,
   evtl. identisch mit *reinhardtii*
   Volkens 1899
candelabrum Welwitsch 1856
   gegenwärtig umstritten,
   welcher Name Priorität hat
cannellii Leach 1974
cap-manambatoensis Rauh 1995
cap-saintemariensis Rauh 1970
captiosa N. E. Brown 1915
   = *ferox* Marloth 1913
capuronii Ursch et Leandri 1955
caput-areum M. Denis 1921
caput-commelinii Hort. ex
   White, Dyer et Sloane 1941
   = *caput-medusae* Linnaeus
   1753
caput-medusae Linnaeus 1753
caput-medusae Lamarck 1788
   = siehe „*bergeri* N. E. Brown"
   1915
caput-medusae E. Meyer 1843
   = *decepta* N. E. Brown 1915
caracasana (Klotzsch et Garcke)
   Boissier 1862
carinulata Bally et S. Carter 1988
carteriana Bally 1964
carunculifera Leach 1970
   ssp. *carunculifera*
   ssp. *subfastigiata* Leach 1974
cassythoides Boissier 1860
cataractarum S. Carter 1987

caterviflora N. E. Brown 1915
cattimandoo Elliot ex Wight
   1853
cedrorum Rauh et Hebding 1993
celata Dyer 1974
cereiformis Linnaeus 1753
cereiformis Lamarck 1788
   evtl. = *heptagona* Linnaeus
   1753
cereiformis K. Schumann 1898
   = *fimbriata* Scopoli 1788
cerifera Alcocer 1911
   = *antisyphilitica* Zuccarini
   1832
cervicornis Boissier 1860
   = *hamata* (Haworth) Sweet
   1818
chamaecormos Chiovenda 1929
   = *schizacantha* Pax 1897
charleswilsoniana Vlk 1997
chersina N. E. Brown 1915
cibdela N. E. Brown 1915
ciliolata Pax 1898
   = *transvaalensis* R. Schlechter
   1896
cirsioides Costantin et Gallaud
   1905
   = *stenoclada* Baillon 1887
clandestina Jacquin 1804
classenii Bally et S. Carter
   1974
clava E. Meyer 1843
   = *bubalina* Boissier 1860
clava Jacquin 1784
clavarioides Boissier 1860
clavata Salisbury 1796
   = *clava* Jacquin 1784
clavigera N. E. Brown 1915
clivicola Dyer 1951
coerulans Pax 1898
coerulescens Haworth 1827
   Schreibweise umstritten, evtl.
   caerulescens
colliculina White, Dyer et Sloane
   1941
collina Philippi 1857
colubrina Bally et S. Carter
   1982
columnaris Bally 1964

commelinii de Candolle 1813
= *caput-medusae* Linnaeus 1753
commersonii Baillon 1921
commiphoroides Dinter 1909
= *guerichiana* Pax 1894
comosa Vellozo 1829
complexa Dyer 1937
compressa Boissier 1862
confertiflora Volkens 1899
= p.p. *reinhardtii* Volkens 1899
= p.p. *heterochroma* Pax 1895
confinalis Dyer 1951
ssp. *confinalis*
ssp. *rhodesiaca* Leach 1966
confluens Nel 1933
conformis N. E. Brown 1912
= *negromontana* N. E. Brown 1911
congestiflora Leach 1970
consobrina N. E. Brown 1911
conspicua N. E. Brown 1912
= p.p. *candelabrum* Welwitsch 1856
= p.p. *eduardoi* Leach 1986
= p.p. *parviceps* Leach 1974
= p.p. *teixeirae* Leach 1974
= p.p. *vallaris* Leach 1974
contorta Leach 1964
controversa N. E. Brown 1912
= *abyssinica* Gmelin 1791
cooperi N. E. Brown ex Berger 1906
copiapina Philippi 1860
corniculata Dyer 1949
coronata Thunberg 1794
wahrscheinlich = *clava* Jacquin 1784
corymbosa N. E. Brown 1915
corynoclada von Mueller 1886
= *plumerioides* Teysmann 1858
cotinifolia Linnaeus 1753
cowellii Oudejans 1989
crassipes Marloth 1909
cremersii Rauh et Razafindratsira 1991
crispa (Haworth) Sweet 1827

crispata Lemaire 1857
= *lemaireana* Boissier 1862
croizatii Leandri 1946
cryptocaulis M. Gilbert 1987
cryptospinosa Bally 1963
cubensis Boissier 1866
cucumerina Willdenow 1799
Existenz fraglich
cumulata Dyer 1931
cuneata Vahl 1791
ssp. *cuneata*
ssp. *cretacea* S. Carter 1992
ssp. *lamproderma* S. Carter 1980
ssp. *spinescens* (Pax) S. Carter 1980
ssp. *wajirensis* S. Carter 1980
cuneneana Leach 1976
ssp. *cuneneana*
ssp. *rhizomatosa* Leach 1976
cuprispina S. Carter 1987
curocana Leach 1975
currori N. E. Brown 1911
= *matabelensis* Pax 1901
curvirama Dyer 1931
cussonioides Bally 1958
cylindrica White, Dyer et Sloane 1941
cylindrifolia Marnier-Lapostolle et Rauh 1961
ssp. *cylindrifolia*
ssp. *tubifera* Rauh 1963
cynanchoides Drake 1903
= *orthoclada* Baker 1887
cyparissioides Pax 1894
dalettiensis M. Gilbert 1987
damarana Leach 1975
daphnoides Baillon 1887
darbandensis N. E. Brown 1913
dasyacantha S. Carter 1992
dauana S. Carter 1987
daviesii E. A. Bruce 1940
davyi N. E. Brown 1915
dawei N. E. Brown 1912
debilispina Leach 1992
decaryana Croizat 1934
= *hedyotoides* N. E. Brown 1911
decaryi A. Guillaumin 1933

decepta N. E. Brown 1915
decidua Bally et Leach 1975
decliviticola Leach 1973
decorsei Drake 1903
decussata E. Meyer 1843
= *indecora* N. E. Brown 1915
Präferenz umstritten
decussata P. G. Meyer 1967
= *giessii* Leach 1982
dedzana Leach 1992
defoliata Urban 1912
deightonii Croizat 1938
dejecta N. E. Brown 1911
= *cyparissioides* Pax 1894
dekindtii Pax 1904
delphinensis Ursch et Leandri 1955
demissa Leach 1976
dendroides Linnaeus 1753
denisiana A. Guillaumin 1929
denisii Oudejans 1989
depauperata Hochstetter ex Richard 1850
desmondii Keay et Milne-Redhead 1955
dhofarensis S. Carter 1992
dichroa S. Carter 1982
didiereoides Denis et Leandri 1934
dilobadena S. Carter 1985
dinteri Berger 1906
disclusa N. E. Brown 1912
= *abyssinica* Gmelin 1791
discrepans S. Carter 1987
discreta N. E. Brown 1915
= *woodii* N. E. Brown 1915
dispersa Leach 1974
dissitispina Leach 1977
distinctissima Leach 1992
divaricata Jacquin 1784
= *dendroides* Linnaeus 1753
djurensis Schweinfurth ex Pax 1894
= *bongensis* Kotschy et Peyritsch 1866
dolichoceras S. Carter 1980
dracunculoides Lamarck 1788
dregeana E. Meyer ex Boissier 1862

dumeticola Bally et S. Carter 1976
dunensis S. Carter 1992
duranii Ursch et Leandri 1955
duseimata Dyer 1934
echinata Salm-Dyck 1834
  = *cereiformis* Linnaeus 1753
echinus Hooker et Cosson 1874
  = *officinarum* Linnaeus ssp. *echinus* (Hooker et Cosson) Vindt 1960
ecklonii (Klotzsch et Garcke) Baillon 1863
eduardoi Leach 1968
eendornensis Dinter 1932
  = *fusca* Marloth 1912
eilensis S. Carter 1992
elastica Marloth 1910
  = *dregeana* E. Meyer 1862
elata Brandegee 1914
elegantissima Bally et S. Carter 1974
ellenbeckii Pax 1903
elliotii Leandri 1945
elliptica Thunberg 1800
  = *silenifolia* (Haworth) Sweet 1827
elquiensis Philippi 1895
emirnensis Baker 1883
engleri Pax 1895
engleriana Dinter 1921
  Existenz fraglich
enneagona Haworth 1803
  = evtl. *fimbriata* Scopoli 1788
enneagona Berger 1902
  = *aggregata* Berger 1906
enopla Boissier 1860
enopla Berger 1906
  = *heptagona* Linnaeus 1753
enormis N. E. Brown 1915
ensifolia Baker 1883
enterophora Drake 1899
  ssp. *crassa* Cremers 1977
  ssp. *enterophora*
ephedroides E. Meyer ex Boissier 1862
epiphylloides S. Kurz 1873
eriantha Bentham 1844

ericifolia Pax 1903
  = *cyparissioides* Pax 1894
erigavensis S. Carter 1992
erlangeri Pax 1903
ernestii N. E. Brown 1915
erosa Berger 1906
  = *fimbriata* Scopoli 1788
erosa Willdenow 1814
  evtl. = *cereiformis* Linnaeus 1753
erythraeae (Berger) N. E. Brown 1912
  = *abyssinica* Gmelin 1791
erythroxyloides Baker 1883
esculenta Marloth 1908
espinosa Pax 1894
etuberculata Bally et S. Carter 1985
eumyrmodes Baker ex Poisson 1912
  = *tetraptera* Baker 1885
euonymoclada Croizat 1940
eustacei N. E. Brown 1913
evansii Pax 1909
evansii N. E. Brown 1915
  = *triangularis* Desfontaines 1906
excelsa White, Dyer et Sloane 1941
exilis Leach et G. Williamson 1990
exilispina S. Carter 1987
eyassiana Bally et S. Carter 1982
falsa N. E. Brown 1925
  = *meloformis* Aiton 1789
famatamboay Friedmann et Cremers 1976
  ssp. *famatamboay*
  ssp. *itampolensis* Friedmann et Cremers 1976
fanshawei Leach 1973
fascicaulis S. Carter 1977
fasciculata Thunberg 1800
faucicola Leach 1977
faurotii Franchet 1887
  = *triaculeata* Forskal 1775
ferox Marloth 1913
fianarantsoae Ursch et Leandri 1955

fidjiana Boissier 1862
fiherenensis Poisson 1912
filiflora Marloth 1913
fimbriata Scopoli 1788
fimbriata Hort. Paris ex. Baillon 1860
  = *antiquorum* Linnaeus 1753
fimbriata N. E. Brown 1915
  = *nesemannii* Dyer 1934
fissispina Bally et S. Carter 1987
flanaganii N. E. Brown 1915
fleckii Pax 1898
  Existenz fraglich
fluminis S. Carter 1982
forolensis Newton 1995
fortissima Leach 1964
fortuita White, Dyer et Sloane 1941
fournieri Rebut 1893
  = *leuconeura* Boissier 1862
fractiflexa S. Carter et J. Wood 1982
fragiliramulosa Leach 1970
  = *negromontana* N. E. Brown 1911
francescae Leach 1984
  = *quadrata* Nel 1935
franckiana Berger 1906
francoana Boissier 1860
francoisii Leandri 1946
frankiana Berger 1936
  = *franckiana* Berger 1906
franksiae N. E. Brown 1915
fraterna N. E. Brown 1912
  = p.p. *dekindtii* Pax 1904
  = p.p. *strangulata* N. E. Brown 1913
frickiana N. E. Brown 1931
  evtl. = *pseudoglobosa* Marloth 1929
friedrichiae Dinter 1914
friesiorum (Haessler) S. Carter 1985
fructuspina (Haworth) Sweet 1818
  siehe „*bergeri* N. E. Brown" 1915

fructuspini Miller 1768
  = *caput-medusae* Linnaeus 1753
frutescens N. E. Brown 1915
fruticosa Forskal 1775
furcata N. E. Brown 1911
fusca Marloth 1910
fusca Phillips 1929
  vermutlich = *duseimata* Dyer 1934
fuscolanata Gilli 1971
fusiformis Hamilton ex Don 1825
galgalana S. Carter 1992
galpinii Pax 1898
  = *transvaalensis* R. Schlechter 1896
gardenifolia Hort. ex Jacobsen 1954
  = *undulatifolia* Janse 1953
gariepina Boissier 1860
  ssp. *balsamea* (Welwitsch ex Hiern) Leach 1980
  ssp. *gariepina*
gatbergensis N. E. Brown 1915
gaumeri Millspaugh 1898
geayi Constantin et Gallaud 1905
  = *tirucalli* Linnaeus 1753
geldorensis S. Carter 1992
geminispina Haworth ex Loudon 1832
  Existenz fraglich
gemmea Bally et S. Carter 1982
genistoides J. P. Bergius 1767
genoudiana Ursch et Leandri 1955
gentilis N. E. Brown 1915
  ssp. *gentilis*
  ssp. *tanquana* Leach 1988
geroldii Rauh 1994
giessii Leach 1982
gilbertii Berger 1906
  = *micracantha* Boissier 1860
gillettii Bally et S. Carter 1977
  ssp. *gillettii*
  ssp. *tenuior* S. Carter 1977
giumboensis Haessler 1931

glandularis Leach et G. Williamson 1990
  = e*xilis* Leach et Williams 1990
glanduligera Pax 1894
globosa (Haworth) Sims 1826
globulicaulis S. Carter 1990
glochidiata Pax 1897
glomerata Hort. ex Berger 1906
  = *globosa* (Haworth) Sims 1826
goetzei Pax 1900
  evtl. = *transvaalensis* R. Schlechter 1896
golisana N. E. Brown 1911–1912
  = *phillipsiae* N. E. Brown
gorgonis Berger 1910
gorinii Chiovenda 1932
  = *pirottae* Terracciano 1894
gossweileri Pax 1909
  = *trichadenia* Pax 1894
gossypina Pax 1894
gottlebei Rauh 1992
gracilicaulis Leach 1969
gracilipes Baillon 1860
  = *pyrifolia* Lamarck 1788
graciliramea Pax 1904
grandialata Dyer 1937
grandicornis Goebel ex N. E. Brown 1897
  ssp. *grandicornis*
  ssp. *sejuncta* Leach 1970
grandidens Goebel 1889
  = *grandicornis* Goebel ex N. E. Brown 1897
grandidens Haworth 1825
grandidens Sim 1907
  = *triangularis* Desfontaines 1906
grandidieri Baillon 1886
grandifolia Haworth 1812
grandis Lemaire 1857
  = *abyssinica* Gmelin 1791
graniticola Leach 1964
grantii Oliver 1875
graveolens N. E. Brown 1915
  = *restituta* N. E. Brown 1915
greenwayi Bally et S. Carter 1974

  ssp. *breviaculeata* S. Carter 1987
  ssp. *greenwayi*
gregaria Marloth 1910
griseola Pax 1904
  ssp. *griseola*
  ssp. *mashonica* Leach 1967
  ssp. *zambiensis* Leach 1967
groenewaldii Dyer 1938
grosseri Pax 1903
guatemalensis Stanley et Steyermark 1944
gueinzii Boissier 1862
guerichiana Pax 1894
guiengola Buck et Huft 1977
guillauminiana Boiteau 1942
guillemetii Ursch et Leandri 1955
gummifera Boissier 1860
gymnocalycioides M. Gilbert et S. Carter 1984
gymnoclada Boissier 1860
gynophora Pax 1904
  = *espinosa* Pax 1894
gypsophila S. Carter 1992
habanensis Hort. ex Jacobsen 1954
  = *lactea* Haworth 1812
hadramautica J. G. BAKER 1894
hainanensis Croizat 1940
halipedicola Leach 1970
halleri Dinter 1937
  = *gariepina* Boissier ssp. *balsamea* (Welwitsch ex Hiern) Leach 1980
hallii Dyer 1953
hamata (Haworth) Sweet 1818
handeniensis S. Carter 1985
handiensis O. Burchard 1912
hararensis Pax 1907
  = *abyssinica* Gmelin 1791
hastisquama N. E. Brown 1915
  = *caterviflora* N. E. Brown 1915
hedyotoides N. E. Brown 1911
helenae Urban 1908
helicothele Hort. ex Croizat 1938
  = *teke* Schweinfurth ex Pax 1938

helicothele Hort. Gallaud 1953
    = undulatifolia Janse 1953
helicothele Lemaire 1857
    = nivulia Hamilton 1825
hepatica Bally et S. Carter 1982
    = reclinata Bally et S. Carter 1985
heptagona Linnaeus 1753
heptagona Berger 1906
    = evtl. *pentagona* Haworth 1828
hermanschwartzii Rauh 1991
hermentiana Lemaire 1858
    = *trigona* Miller 1768
hernandezpachecoi Caballero 1935
    = *officinarum* Linnaeus 1753 ssp. echinus (Hooker et Cosson) Vindt 1960
herrei White, Dyer et Sloane 1941
heteracantha Pax 1904
    = *subsalsa* Hiern 1900 ssp. subsalsa
heterochroma Pax 1895
    ssp. heterochroma
    ssp. tsavoensis S. Carter 1987
heterodoxa Müller-Argoviensis 1874
heterospina S. Carter 1987
    ssp. baringoensis S. Carter 1987
    ssp. heterospina
hexagona Nuttall ex Sprengel 1826
hierosolymitana Boissier 1853
hildebrandtii Baillon 1886
hirta Linnaeus 1753
hislopii N. E. Brown 1913
    = *milii* Des Moulins 1826
hofstaetteri Rauh 1992
holmesiae Lavranos 1992
holochlorina Rizzini 1990
hopetownensis Nel 1933
horombensis Ursch et Leandri 1955
horrida Boissier 1860
horwoodii S. Carter et Lavranos 1978

hottentota Marloth 1930
huanchahana (Klotzsch et Garcke) Boissier 1862
hubertii Pax 1912
huillensis Pax 1899
    = *cyparissioides* Pax 1894
humayensis Brandegee 1905
huttoniae N. E. Brown 1915
    = *inermis* Miller 1768
hydnorae E. Meyer ex Boissier 1862
    = *mauritanica* Linnaeus 1753
hypericifolia Linnaeus 1753
hypogaea Marloth 1910
hystrix Jacquin 1797
    = *loricata* Lamarck 1788
hystrix Marloth 1908
    = *eustacei* N. E. Brown 1913
iharanae Rauh 1995
imbricata E. A. Bruce 1933
    = *daviesii* E. A. Bruce 1940
imerina Cremers 1984
imitata N. E. Brown 1911
immersa Bally et S. Carter 1967
imparispina S. Carter 1992
impervia Berger 1906
    = *heterochroma* Pax 1895
implexa Stapf 1908
    = *gossypina* Pax 1984
inaequilatera Sonder 1850
inaequispina N. E. Brown 1911
inarticulata Schweinfurth 1899
inconstantia Dyer 1931
inculta Bally 1964
indecora N. E. Brown 1915
    = *decussata* E. Meyer 1843, Präferenz umstritten
indurescens Leach 1975
inelegans N. E. Brown 1911
    = p.p. *inornata* N. E. Brown 1925
    = p.p. *matabelensis* Pax 1901
inermis Miller 1768
infausta N. E. Brown 1915
    = *meloformis* Aiton 1789
infesta Pax 1904
    evtl. = *triaculeata* Forskal 1775
infossa M. Gilbert 1988

ingens E. Meyer ex Boissier 1862
ingenticapsa Leach 1971
inornata N. E. Brown 1925
insulaeeuropae Pax 1909
    = *stenoclada* Baillon 1887
intercedens Pax 1904
    = *quinquecostata* Volkens 1899
intisy Drake 1900
intricata S. Carter 1985
inundaticola Leach 1992
isacantha Pax 1904
isalensis Leandri 1946
    evtl. = *mainiana* Poisson 1912
isaloensis Drake 1899
jaegeriana Pax 1909
    = *matabelensis* Pax 1901
jaliscensis Robinson et Greenmann 1894
jansenvillensis Nel 1935
jatrophoides Pax 1903
    = *smithii* S. Carter 1985
joanieranensis Ursch et Leandri 1967
johannis S. Carter 1992
johnsonii N. E. Brown 1911
    = *knuthii* Pax 1904 ssp. johnsonii (N. E. Brown) Leach 1973
johnstonii Mayfield 1991
joyae Bally et S. Carter 1985
jubata Leach 1964
juglans Compton 1935
juttae Dinter 1914
juvoklanti Pax 1909
    evtl. = *Elaeophorbia drupifera* (Thonning ex Schumacher) Stapf
kaessneri Pax 1909
kalaharica Marloth 1930
    = *avasmontana* Dinter 1928
kalisana S. Carter 1982
kamerunica Pax 1904
kamponii Rauh et Petignat 1995
kanalensis Boissier 1866
    = *plumerioides* Teijsmann 1858
kaokoensis (White, Dyer et Sloane) Leach 1976

karasmontana Dinter ex White, Dyer et Sloane 1941
  = *avasmontana* Dinter 1928
karroensis (Boissier) N. E. Brown 1915
keithii Dyer 1951
kerrii Craib 1911
khandallensis Blatter et Hallberg 1921
kibwezensis N. E. Brown 1912
  = *bussei* Pax 1903
kiritensis Bally et S. Carter 1988
knobelii Letty 1934
knuthii Pax 1904
  ssp. *johnsonii* (N. E. Brown) Leach 1973
  ssp. *knuthii*
kondoi Rauh et Razafindratsira 1989
lacei Craib 1911
lactea Haworth 1812
lactiflua Philippi 1860
lagunillarum Croizat 1967
laikipiensis S. Carter 1987
lamarckii Sweet 1818
  ssp. *lamarckii*
  ssp. *regisjubae* (Gay) Oudejans 1993
lambii Sventenius 1960
lancifolia Schlechtendal 1832
larica Boissier 1860
laro Drake 1899
  = *tirucalli* Linnaeus 1753
lateriflora Schumacher 1827
latimammillaris Croizat 1933
  = p.p. *fimbriata* Scopoli 1788
  = p.p. *nesemannii* Dyer 1934
laurentii De Wildeman 1908
  = *teke* Schweinfurth ex Pax 1894
laurifolia Lamarck 1788
lavicola S. Carter 1980
lavrani Leach 1981
laxiflora Kuntze 1898
  = *bubalina* Boissier 1860
leandriana P. Boiteau 1942
ledermanniana Pax et Hoffmann 1910
ledienii Berger 1906

lemaireana Boissier 1862
  = *nyikae* Pax 1895
leonensis A. Chevalier 1911
  = *beillei* A. Chevalier 1933
leonensis N. E. Brown 1911
leontopoda S. Carter 1992
letestui J. Raynal 1966
leucochlamys Chiovenda 1929
leucodendron Drake 1903
  = *alluaudii* Drake 1903
leuconeura Boissier 1972
leviana Croizat 1934
  = *cereiformis* Linnaeus 1753
lignosa Marloth 1909
ligularia Roxburgh 1832
linearibracteata Leach 1973
lividiflora Leach 1964
lohaensis Baillon 1887
  = *orthoclada* Baker 1887
lombardensis Nel 1933
  = *micracantha* Boissier 1860
longibracteata Pax 1898
  = *monteiri* Hooker 1865
longifolia Baillon 1862
  = *boissieri* Baillon 1860
longifolia Lamarck 1788
  = *mellifera* Aiton 1789
longipetiolata Pax et Hoffmann 1910
  = *schimperiana* Scheele 1843
longipetiolatus Klotzsch et Garcke 1862
  = *silenifolia* (Haworth) Sweet 1827
longispina Chiovenda 1929
longituberculosa Hochstetter ex Boissier 1862
lophogona Lamarck 1788
loricata Lamarck 1788
louwii Leach 1980
luapulana Leach 1992
lumbricalis Leach 1986
lundelliana Croizat ex Lundell 1943
lupulina Boissier 1860
lutzenbergeriana Croizat 1967
lycioides Boissier 1860

lyciopsis Pax 1895
  = *cuneata* Vahl 1791 ssp. *spinescens* (Pax) S. Carter 1980
lydenburgensis Schweickerdt et Letty 1933
lyttoniana Dexter 1935
  evtl. = *pseudocactus* Berger 1906
macella N. E. Brown 1915
macraulonia Philippi 1895
macroglypha Lemaire 1857
macropus (Klotzsch et Garcke) Boissier 1862
madagascariensis Commerson ex Lamarck 1788
  = *lophogona* Lamarck 1788
magnicapsula S. Carter 1987
magnidens Haworth ex Salm-Dyck 1834
  = *grandidens* Haworth 1825
mahabobokensis Rauh 1995
mahafalensis Denis 1921
mainiana Poisson 1912
mainty Denis ex Leandri 1966
makallensis S. Carter 1981
maleolens Phillips 1932
malevola Leach 1964
  ssp. *bechuanica* Leach 1964
  ssp. *malevola*
mamillosa Lemaire 1855
  = *squarrosa* Haworth 1827
mammillaris Linnaeus 1753
mancinella Baillon 1886
  evtl. = *adenopoda* Baillon 1880
mandrariensis Drake 1899
mandravioky Leandri 1958
mangokyensis M. Denis 1921
margaratae S. Carter 1992
marginata Pursh 1814
marientalensis Dinter 1941
  = *rudis* N. E. Brown 1915
marlothiana N. E. Brown 1915
marlothii N. E. Brown 1915
  = *marlothiana* N. E. Brown 1915
marlothii Pax 1888
  = *monteiri* Hooker 1865
marsabitensis S. Carter 1982

masirahensis Ghazanfar 1993
matabelensis Pax 1901
mauritanica Linnaeus 1753
mayuranathanii Croizat 1940
mbaluensis Pax 1904
    = *bussei* Pax 1903
media N. E. Brown 1911
    = *tirucalli* Linnaeus 1753
medusae Thunberg 1794
    = *caput-medusae* Linnaeus 1753
melanacantha Drake 1903
    = *milii* Des Moulins 1826
melanohydrata Nel 1935
melanosticta E. Meyer 1843
    = *mauritanica* Linnaeus 1753
mellifera Aiton 1789
meloformis Aiton 1789
meloniformis Aiton ex Link 1822
    = *meloformis* Aiton 1789
membranacea Pax 1895
    = *usambarica* Pax 1894 ssp. *usambarica*
memoralis Dyer 1952
menelikii Pax 1907
    = *ampliphylla* Pax 1897
meridionalis Bally et S. Carter 1982
merkeri N. E. Brown 1911
    = *gossypina* Pax 1894
mesembryanthemifolia Jacquin 1760
meyeri Nel 1933
    = *nelii* White, Dyer et Sloane 1941
micracantha Boissier 1860
migiurtinorum Chiovenda 1929
milii Des Moulins 1826
millotii Ursch et Leandri 1955
mira Leach 1986
miscella Leach 1984
    = *celata* Dyer 1974
misera Bentham 1844
mitis Pax 1904
    = *heterochroma* Pax 1895 ssp. *heterochroma*
mitriformis Bally et S. Carter 1976

mixta N. E. Brown 1925
mlanjeana Leach 1973
mogadorensis Hort. ex Jahandiez 1921
    = *resinifera* Berg 1863
monacantha Pax 1903
monadenioides M. Gilbert 1987
monocephala Pax 1909
    = *scheffleri* Pax 1909
monteiri Hooker 1865
    ssp. *brandbergensis* B. Nordenstam 1974
    ssp. *monteiri*
    ssp. *ramosa* Leach 1968
monteiroi Hooker ex Range 1934
    = *monteiri* Hooker 1865
moratii Rauh 1970
morinii Berger 1902
    = *heptagona* Linnaeus 1753
mosaica Bally et S. Carter 1976
muirii N. E. Brown 1915
mulemae Rendle 1905
    = *grantii* Oliver 1875
multiceps Berger 1905
multiclava Bally et S. Carter 1974
multifida N. E. Brown 1915
multifolia White, Dyer et Sloane 1941
multiramosa Nel 1935
mundtii N. E. Brown 1915
mundtii Klotzsch et Garcke 1860
    = *inaequilatera* Sonder 1850
mundtii Dyer ex Jacobsen 1954
    = *caterviflora* N. E. Brown 1915
muricata Thunberg 1800
    evtl. = *brachiata* E. Meyer 1862
murielii N. E. Brown 1912
    = *reinhardtii* Volkens 1899
mwinilungensis Leach 1976
myrioclada S. Carter 1992
namaquensis N. E. Brown 1915
namibensis Marloth 1909
namuskluftensis Leach 1983
nana Royle 1836
    = *fusiformis* Hamilton ex Don 1825

napoides Pax 1897
natalensis Hort. ex Berger 1906
    = *ingens* E. Meyer ex Boissier 1862
ndurumensis Bally 1965
    = *tenuispinosa* Gilli 1974
neglecta N. E. Brown 1912
    = *abyssinica* Gmelin 1791
negromontana N. E. Brown 1911
nelii White, Dyer et Sloane 1941
neobosseri Rauh 1992
neocaledonica Boissier 1866
neohumbertii Boiteau 1942
neovolkensii Pax 1904
    = *nyikae* Pax 1895
neriifolia Linnaeus 1753
nesemannii Dyer 1934
neumanni Hort. ex Baillon 1860
    = *milii* Des Moulins 1826
neutra Berger 1906
    evtl. = *abyssinica* Gmelin 1791
nigrispina N. E. Brown 1911
nigrispinoides Gilbert 1993
nivulia Hamilton 1825
nogalensis (Haessler) S. Carter 1988
norfolkiana Boissier 1862
norfolkica Boissier ex Seemann 1861
    = *fidjiana* Boissier 1862
noxia Pax 1894
nubica N. E. Brown 1911
nubigena Leach 1976
nyassae Pax 1904
    ssp. *mentiens* S. Carter 1987
    ssp. *nyassae*
nyikae Pax 1895
nyikae Werth
    = *angularis* Klotzsch 1861
obcordata Denis 1921
    = *denisii* Oudejans 1989
obesa Hooker 1903
obliqua Bauer 1833
oblongicaulis Baker 1895
    = *hadramautica* J. G. Baker 1894
obovalifolia A. Richard 1850
    evtl. = *abyssinica* Gmelin 1791

obovalifolia N. E. Brown 1912
 = *ampliphylla* Pax 1897
obtusifolia Poiret 1812
 = *lamarckii* Sweet 1818
odontophora S. Carter 1982
odontophylla Willdenow ex Schlechtendal 1814
 = *cereiformis* Linnaeus 1753
officinarum Linnaeus 1753
 ssp. *beaumieriana* (Hooker et Cosson) Vindt 1960
 ssp. *echinus* (Hooker et Cosson) Vindt 1960
 ssp. *officinarum*
ogadenensis Bally et S. Carter 1985
oligoclada Leach 1976
omariana M. Gilbert 1990
oncoclada Drake 1903
 = *alluaudii* Drake 1903 ssp. *oncoclada* (Drake) Friedmann et Cremers 1976
opuntioides Welwitsch ex Hiern 1900
orabensis Dinter 1914
 evtl. = *namibensis* Marloth 1909
orbiculifolia S. Carter 1990
ornithopus Jacquin 1809
orthoclada Baker 1887
 ssp. *orthoclada*
 ssp. *vepretorum* (Drake) Leandri 1962
otjipembana Leach 1976
ovalleana Philippi 1895
oxystegia Boissier 1860
pachyclada S. Carter 1992
pachypodioides Boiteau 1942
paganorum A. Chevalier 1948
 Existenz fraglich, evtl. = *sudanica* A. Chevalier 1932
pampeana Spegazzini 1893
pancheri Baillon 1861
panchganiensis Blatter et McCann 1931
papilionum S. Carter 1992
parciramulosa Schweinfurth 1899
parvicaruncula Hassall 1977

parviceps Leach 1974
parvicyathophora Rauh 1986
parvimamma Boissier 1862
 evtl. = *caput-medusae* Linnaeus 1753
parvimamma Berger 1899
 siehe „*bergeri* N. E. Brown" 1915
passa N. E. Brown 1915
 = *woodii* N. E. Brown 1915
patula (Miller) Haworth 1768
 evtl. = *anacantha* Aiton 1789
pauliana Ursch et Leandri 1955
paxiana Dinter 1921
pedemontana Leach 1988
pedilanthoides Denis 1921
peltigera E. Meyer ex Boissier 1862
pendula (Haworth) Sweet 1818
 = *Sarcostemma* spec.
pentagona Haworth 1828
pentops White, Dyer et Sloane 1941
perangusta Dyer 1938
perarmata S. Carter 1992
perpera N. E. Brown 1915
perplexa Leach 1992
 ssp. *kasamana* Leach 1992
 ssp. *perplexa*
perrieri Drake 1899
persistens Dyer 1938
persistentifolia Leach 1965
pervilleana Baillon 1860
petiolaris Sims 1805
petraea S. Carter 1982
petricola Bally et S. Carter 1982
pfersdorffii Hort. ex Fobe 1898
 = *submamillaris* Berger 1906
phillipsiae N. E. Brown 1903
phillipsioides S. Carter 1992
phosphorea Martius 1828
phylloclada Boissier 1862
phymatoclada Boissier 1860
 = *mauritanica* Linnaeus 1753
physoclada Boissier 1860
pillansii N. E. Brown 1913
pilulifera Linnaeus 1753
 = *hirta* Linnaeus 1753
pimeleodendron Pax 1912
 = *robecchii* Pax 1897

pirottae Terracciano 1894
piscatoria Aiton 1789
piscidermis M. Gilbert 1974
pistiifolia Boissier 1862
 = *ecklonii* (Klotzsch et Garcke) Baillon 1863
plagiantha Drake 1903
planiceps White, Dyer et Sloane 1941
platyacantha Drake 1903
 evtl. = *milii* Des Moulins 1826
platyacantha Pax 1904
 = *dumeticola* Bally et S. Carter 1976
platycephala Pax 1894
platyclada Rauh 1970
platygona Knippels 1993
 = *platyclada* Rauh 1970
platymammillaris Croizat 1932
 = *fimbriata* Scopoli 1788
platyrrhiza Leach 1976
plumerioides Teijsmann ex Hasskarl 1858
podocarpifolia Urban 1924
poissonii Pax 1902
polyacantha Boissier 1860
polycephala Marloth 1931
polygona Haworth 1803
polygona Marsilius 1788
 = *fimbriata* Scopoli 1788
polygonata Loddiges 1828
 evtl. = *cereiformis* Linnaeus 1753
pomiformis Thunberg 1800
 = *meloformis* Aiton 1789
ponderosa S. Carter 1992
porphyrantha Philippi 1895
portulacoides Linnaeus 1753
primulifolia Baker 1881
proballyana Leach 1968
procumbens N. E. Brown 1906
 = *woodii* N. E. Brown 1915
procumbens Meerburg 1789
 = *stellata* Willdenow 1799
procumbens Miller 1768
 evtl. = *pugniformis* Boissier 1862
prona S. Carter 1992
prostrata Aiton 1789

proteifolia Boissier 1862
  = *bupleurifolia* Jacquin 1797
pseudobrachiata Dinter 1923
  = *cibdela* N. E. Brown 1915
pseudoburuana Bally et S. Carter 1982
pseudocactus Berger 1906
pseudodendroides Lindberg 1932
  = *lamarckii* Sweet 1818
pseudoduseimata White, Dyer et Sloane 1941
pseudoengleri Pax 1909
  = *engleri* Pax 1895
pseudofulva Miranda 1950
pseudoglobosa Marloth 1929
pseudograntii Pax 1901
pseudohypogaea Dinter 1921
pseudotuberosa Pax 1908
pteroclada Leach 1976
pteroneura Berger 1906
pubiglans N. E. Brown 1915
pugniformis Boissier 1862
pugniformis Baker 1870
  = *woodii* N. E. Brown 1915
pulvinata Marloth 1909
punicea Swartz 1788
pyrifolia Lamarck 1788
pyriformis N. E. Brown 1915
  = *meloformis* Aiton 1789
qarad Deflers 1896
quadrangularis Pax emend. Leach 1980
quadrata Nel 1935
quadrialata Pax emend. Bally 1973
quadrilatera Leach 1980
quadrispina S. Carter 1982
quaitensis S. Carter 1988
quartziticola Leandri 1946
quercifolia Hempel 1904
  = *undulatifolia* Janse 1953
quinquecostata Volkens 1899
racemosa E. Meyer 1843
  = *rhombifolia* Boissier 1860
radians Bentham 1839
radiata E. Meyer ex Boissier 1862
  = *clava* Jacquin 1784

radiata Thunberg 1800
  = *stellata* Willdenow 1799
radula Poisson
  Existenz fraglich
ramiglans N. E. Brown 1915
ramipressa Croizat 1934
ramofraga Denis et Humbert ex Leandri 1952
ramulosa Leach 1966
rangeana Dinter 1954
  = *rudis* N. E. Brown 1915
razafinjohanyi Ursch et Leandri 1955
reclinata Bally et S. Carter 1985
rectirama N. E. Brown 1915
regisjubae Gay 1846
  = *lamarckii* Sweet ssp. *regisjubae* (Gay) Oudejans
reinhardtii Volkens 1899
  siehe Anmerkung zu *candelabrum* Kotschy 1857
renouardii Pax 1902
  = Elaeophorbia drupifera (Thonning ex Schumacher) Stapf 1827
reptans Bally et S. Carter 1977
resinifera O. C. Berg 1863
restituta N. E. Brown 1915
restricta Dyer 1951
rhipsalioides Lemaire 1857
  = *tirucalli* Linnaeus 1753
rhipsaloides Welwitsch 1867
  = *tirucalli* Linnaeus 1753
rhombifolia Boissier 1860
richardiana Baillon 1860
  = *abyssinica* Gmelin 1791
richardsiae Leach 1977
  ssp. *richardsiae*
  ssp. *robusta* Leach 1977
riebeckii Pax 1899
rivae Pax 1897
robecchii Pax 1897
robivelonae Rauh 1994
rogeri N. E. Brown 1911
  = *balsamifera* Aiton 1789
rossii Rauh et Buchloh 1967
rowlandii Dyer 1958
royleana Boissier 1862
rubella Pax 1903

rubriseminalis S. Carter 1988
rubrispinosa S. Carter 1982
rubromarginata Newton 1992
rubrostriata Drake 1903
  = *milii* Des Moulins 1826
rudis N. E. Brown 1915
rudolfii N. E. Brown 1915
ruficeps S. Carter 1980
rugosiflora Leach 1990
ruspolii Chiovenda 1916
  = *robecchii* Pax 1897
sacchii Chiovenda 1916
  = *grosseri* Pax 1903
sagittaria Marloth 1930
  = *avasmontana* Dinter 1928
salota Leandri 1947
sakarahaensis Rauh 1992
samburuensis Bally et S. Carter 1982
sancta Pax 1907
  = *ampliphylla* Pax 1897
sanguinea Steudel et Hochstetter 1840
  = *inaequilatera* Sonder 1850
sansalvador Hort. ex Fobe 1904
  = *resinifera* Berg 1863
santapaui Henry 1964
sapiifolia Baillon 1886
  evtl. = *adenopoda* Baillon 1861
sapinii De Wildeman 1908
sarcodes Boissier 1860
sarcostemmatoides Dinter 1921
sarcostemmoides J. H. Willis 1975
saxorum Bally et S. Carter 1974
scarlatina S. Carter 1987
scatorrhiza S. Carter 1992
schaeferi Dinter 1921
  = *gariepina* Boissier 1860 ssp. *gariepina*
scheffleri Pax 1909
schimperi Presl 1846
schimperiana Scheele 1843
schinzii Pax 1898
schizacantha Pax 1897
schlechtendalii Boissier 1860
schmitzii Leach 1976
schoenlandii Pax 1905
scitula Leach 1976

scolopendrea Haworth 1812
  = *stellata* Willdenow 1799
scolopendria Donn 1804
  = *stellata* Willdenow 1799
scoparia N. E. Brown 1911
  = *tirucalli* Linnaeus 1753
scopiformis Klotzsch et Garcke 1860
  = p.p. *arceuthobioides* Boissier 1860
  = p.p. *mixta* N. E. Brown 1925
scopoliana Steudel 1841
  = *fimbriata* Scopoli 1788
scyphadena S. Carter 1990
sebsebei Gilbert 1993
segetalis Linnaeus 1753
sekukuniensis Dyer 1940
selousiana S. Carter 1987
semperflorens Leach 1970
sennii Chiovenda 1932
sepium N. E. Brown 1911
  = *balsamifera* Aiton 1789
septentrionalis Bally et S. Carter 1974
  ssp. *gamugofana* Gilbert 1992
  ssp. *septentrionalis*
sepulta Bally et S. Carter 1976
serendipita Newton 1993
seretii De Wildeman 1908
  ssp. *seretii*
  ssp. *variantissima* Leach 1969
serpentina Hort. ex Sleight 1935
  = *inermis* Miller 1768
serpiformis Boissier 1862
  siehe *scopiformis* Klotzsch et Garcke 1862
sessiliflora Roxburgh 1832
sessiliflora E. Meyer 1843
  = *gummifera* Boissier 1860
setispina S. Carter 1992
silenifolia (Haworth) Sweet 1827
siliciicola Dinter 1914
  = *juttae* Dinter 1914
similiramea S. Carter 1987
similis Berger 1906
  = *ingens* E. Meyer 1862
sipolisii N. E. Brown 1893
smithii S. Carter 1985
socotrana Balfour 1882–1883

somalensis Pax 1897
spartaria N. E. Brown 1911
spathulata Richard ex Gilbert 1990
  = *abyssinica* Gmelin 1791
speciosa Leach 1992
spicata E. Meyer 1862
spinea N. E. Brown 1915
spinicapsula Rauh et Petignat 1993
spiralis Balfour 1884
splendens (Bojer ex Hooker) Rafinesque 1837
  = *milii* Des Moulins 1826
squamosa Masson 1906
  = *bupleurifolia* Jacquin 1797
squarrosa Haworth 1827
stapelioides Boissier emend. White, Dyer et Sloane 1941
stapelioides Herre 1936
  = *herrei* White, Dyer et Sloane 1941
stapfii Berger 1906
stegmatica Nel 1935
  = *oxystegia* Boissier 1860
stellaespina Haworth 1827
stellata Willdenow 1799
stenoclada Baillon 1887
  ssp. *ambatofinandranae* (Leandri) Cremers 1978
  ssp. *stenoclada*
stevenii Bailey 1910
stolonifera Marloth 1941
strangulata N. E. Brown 1913
  ssp. *deminuens* Leach 1969
  ssp. *strangulata*
striata Thunberg 1800
stuhlmannii Pax 1897
  = *schimperiana* Scheele 1843
stuhlmannii Schweinfurth 1900
  = *dumeticola* Bally et S. Carter 1976
stuhlmannii Schweinfurth ex Volkens 1899
  = *heterochroma* Pax 1895
stygiana Watson 1844
suareziana Croizat 1934
  = *tirucalli* Linnaeus 1753

subapoda Baillon 1887
  evtl. = *primulifolia* Baker 1881
subfalcata Hiern 1900
  = *trichadenia* Pax 1894
submamillaris Berger 1906
subpeltatophylla Rauh 1993
subsalsa Hiern 1900
  ssp. *fluvialis* Leach 1976
  ssp. *subsalsa*
subscandens Bally et S. Carter 1982
subumbellata Steudel 1862
  = *copiapina* Philippi 1860
sudanica A. Chevalier 1932
suffulta P. Bruyns 1990
superans Nel 1950
susanholmesiae Binojk. et Gopalan 1993
susannae Marloth 1929
symmetrica White, Dyer et Sloane 1941
taboraensis Haessler 1931
taitensis Pax 1904
  = *tenuispinosa* Gilli 1974
tanaensis Bally 1974
tannensis Sprengel 1807
  ssp. *eremophila* (A. Cunningham) Hassall 1977
  ssp. *tannensis*
tardieuana Leandri 1946
taruensis S. Carter 1987
teixeirae Leach 1974
teke Schweinfurth ex Pax 1938
tellierei A. Chevalier 1933
  evtl. = *sudanica* A. Chevalier 1932
tenax Burchell 1822
tenuirama Schweinfurth 1906
tenuispinosa Gilli 1974
tescorum S. Carter 1982
tessellata (Haworth) Sweet 1818
  = *caput-medusae* Linnaeus 1753
tetracantha Pax 1901
  = *nyassae* Pax ssp. *nyassae* 1904
tetracantha Rendle 1896
tetracanthoides Pax 1901

tetragona Haworth 1827
tetragona Sim 1907
  = *pentagona* Haworth 1828
tetragona Baker 1869
  = *micracantha* Boissier 1860
tetraptera Baker 1885
thi Schweinfurth 1868
thinophila Philippi 1873
tholicola Leach 1992
thouarsiana Baillon 1860
thulinii S. Carter 1992
thymifolia Linnaeus 1753
tirucalli Linnaeus 1753
tirucalli Forskal 1775
  = *schimperi* Presl 1846
tirucalli Thunberg 1800
  = p.p. *arceuthobioides* Boissier 1860
  = p.p. *burmannii* E. Meyer 1862
  = p.p. *mauritanica* Linnaeus 1753
togoensis Pax 1909
  = *lateriflora* Schumacher 1827
torta Pax et K. Hoffmann 1910
tortilis Rottler ex Ainslie 1826
tortirama Dyer 1937
tortistyla N. E. Brown 1911
trachycarpa Pax 1903
  = *depauperata* Hochstetter 1850
transvaalensis R. Schlechter 1896
trapifolia A. Chevalier 1933
triaculeata Forskal 1775
triangularis Desfontaines ex Berger 1906
trichadenia Pax 1894
trichophylla Baker 1883
tridentata Lamarck 1788
trigona Miller 1768
trigona Roxburgh 1814
  = *barnhartii* Croizat 1934
trinervia Schumacher 1827
tripartita S. Carter 1992
truncata N. E. Brown 1915
  = *clavarioides* Boissier 1860
tsimbazazae Leandri 1946
  Existenz fraglich
tuberculata Jacquin 1797

tuberculatoides N. E. Brown 1915
tuberosa Linnaeus 1753
tubiglans Marloth 1934
tuckeyana Steudel ex Webb 1849
tugelensis N. E. Brown 1915
tulearensis Rauh 1988
turbiniformis Chiovenda 1929
turkanensis S. Carter 1982
ugadensis Pax et Hoffmann 1910
uhehensis Pax 1900
  = *platycephala* Pax 1894
uhligiana Pax 1909
umbonata S. Carter 1992
umbraculiformis Rauh 1993
umfoloziensis Peckover 1991
undulatifolia Janse 1953
unicornis Dyer 1951
unispina N. E. Brown 1911
usambarica Pax 1894
ussanguensis N. E. Brown 1912
  = *cooperi* N. E. Brown ex Berger 1906
uzmuk S. Carter et Wood 1982
vaalputsiana Leach 1988
vajravelui Binojkumar et Balakrishnan 1991
valida N. E. Brown 1915
vallaris Leach 1974
vandermerwei Dyer 1937
varians Haworth 1812
  = *nivulia* Hamilton 1825
venenata Marloth 1930
venenifica Tremaux ex Kotschy 1862
vepretorum Drake 1903
  = *orthoclada* Baker 1887 ssp. *vepretorum* (Drake) Leandri 1942
verruculosa N. E. Brown 1925
versicolores Williamson 1995
viduiflora Leach 1974
viguieri Denis 1921
villicaulis Richard ex Baillon 1906
viminalis Burman 1768
  = *burmannii* E. Meyer 1862
viminalis Miller 1768
  = *tirucalli* Linnaeus 1753

viperina Berger 1902
  = *inermis* Miller 1768
virosa Willdenow 1930
  ssp. *arenicola* Leach 1971
  ssp. *virosa*
virosa Boissier 1862
  = *coerulescens* Haworth 1827
vittata S. Carter 1982
volkensii Werth 1901
  = *nyikae* Pax 1895
volkmanniae Dinter 1928
vulcanorum S. Carter 1982
wakefieldii N. E. Brown 1912
waterbergensis Dyer 1951
weberbaueri Mansfeld 1931
whellanii Leach 1967
wildii Leach 1975
wilhelmi Hort. ex White, Dyer et Sloane 1941
  = *multiceps* Berger 1905
williamsonii Leach 1969
wilmaniae Marloth 1931
wilsonii Vlk 1997
„ungültige" Beschreibung
winkleri Pax 1901
  = *ampliphylla* Pax 1897
woodii N. E. Brown 1915
xanthadenia Denis 1921
  = *mahafalensis* Denis 1921
xanthi Engelmann ex Boissier 1862
xbacensis Millspaugh 1898
xylacantha Pax 1904
xylophylloides Brongniart 1857
  evtl. = *enterophora* Drake 1899
zakamenae Leandri 1945
zoutpansbergensis Dyer 1938

Literaturhinweise

Aktuelle deutschsprachige Literatur ist leider äußerst spärlich: vereinzelt finden sich Artikel zu Euphorbien in der Verbandszeitschrift der Deutschen, Österreichischen und Schweizer Kakteen-Gesellschaften „Kakteen und andere Sukkulenten" (KuaS) sowie häufiger in „Die anderen Sukkulenten", der Zeitschrift der Fachgesellschaft andere Sukkulenten. Garten-Bücher über Kakteen (und andere Sukkulenten) geben ebenfalls in wechselndem Umfang Informationen über Euphorbien.

Mit dem Wort **Bestimmungsschlüssel** gekennzeichnete Titel enthalten Bestimmungsschlüssel für die in ihnen abgehandelten Arten. **Ein umfassender Schlüssel für alle sukkulenten Euphorbien existiert nicht.**

Berger, A. (1907): Sukkulente Euphorbien. Eugen Ulmer, Stuttgart. **Bestimmungsschlüssel**.

Berry, N. (1990): Seed raising. Euphorbiaceae Study Group Bulletin 3 (2), 39–40.

Boissier, P.E. (1862): Euphorbiaceae, Euphorbieae. In: de Candelle, A. (Hrsg.): Prodromus Systematis Naturalis Regni Vegetalis 15 (2), 1–188. Masson and Son, Paris.

Brewerton, D.V. (1975): The Succulent Euphorbias. British Cactus and Succulent Society, Handbook No. 2., Oxford.

Burr, B., Supthut, D. (Hrsg.) (1994): Artenschutz bei Sukkulenten. Schumannia 1 (Sonderheft der Deutschen Kakteen-Gesellschaft).

Butler, A. (1988): Arabian Euphorbias. Euphorbiaceae Study Group Bulletin 1 (1), 10–15.

Calvin, M. (1987): Fuel oils from euphorbs and other plants. Botanical Journal of the Linnean Society 94, 97–110.

Carter, S. (1982): New Succulent Spiny Euphorbias from East Africa. Hooker's Icones Plantarum, Vol. XXXIX, Part III. **Bestimmungsschlüssel**.

Carter, S. (1987): Problems of distinction among succulent *Euphorbia* species from eastern tropical Africa. Botanical Journal of the Linnean Society 94, 67–78. **Bestimmungsschlüssel**.

Carter, S. (1988): Euphorbia section Somalica in Somalia. Euphorbia Journal 5, 26–38. **Bestimmungsschlüssel**.

Carter, S. (1994a): Updating the flora: Euphorbias from East Africa. Euphorbia Journal 9, 210–220. **Bestimmungsschlüssel**.

Carter, S. (1994b): A preliminary classification of Euphorbia subgenus Euphorbia. Annals of the Missouri Botanical Garden 81, 368–379.

Carter, S., Gilbert, M.G. (1987): Euphorbia heterochroma, E. stapfi and related taxa. Kew Bulletin 42 (2), 385–394. **Bestimmungsschlüssel**.

Carter, S., Radcliff-Smith, A. (1988): Euphorbiaceae (Part 2). in: Polhill, R.M. (Hrsg.): Flora of Tropical East Africa. Balkema, Rotterdam. **Bestimmungsschlüssel**.

Chevalier, A. (1933): Les Euphorbes crassulascentes de l'Ouest et du Centre Africain et leurs usages. Revue de Botanique Appliquée and D'Agriculture Tropicale 13, 531–570. **Bestimmungsschlüssel**.

Clarke, M. (1994): Germination Times for Succulent Plant Seeds. Cactus and Succulent Journal (U.S.) 66, 285–288.

Croizat, L. (1965): An Introduction to the Subgeneric Classification of Euphorbia L. with stress on the South African and Malagasy species. Webbia 20, 573–706.

Croizat, L. (1972): An introduction to the subgeneric classification of *Euphorbia* L. with stress on the South African and Malagasy species III. Webbia 27, 1–221.

De Filipps, R.A. (1987): Topics in the Succulent Plant Trade: Euphorbias. In: Fuller, D., Fitzgeralds, S. (eds.): Conservation and commerce of cacti and other succulents. Washington D.C. (World Wildlife Fund).

Deil, U., Müller-Hohenstein, K. (1988). Euphorbias from ‚Arabia felix': Habitats and Distribution. Euphorbia Journal 5, 108–120. **Bestimmungsschlüssel**.

Denis, M. (1921): Les Euphorbiées des Iles australes d'Afrique. Nemour (Thèse).

Eggli, U. (1994a): Sukkulenten. Eugen Ulmer, Stuttgart.

Eggli, U. (1994b): Xerophytic Euphorbias from Brazil. Euphorbia Journal 9, 11–23.

Eggli, U., Taylor, N. (Eds.) (1994): List of Names of Succulent Plants (other than Cacti) from Repertorium Plantarum Succulentarum (1950–1992). Kew and Zürich.

The Euphorbia Journal; seit 1983 ± jährlich in Buchform erscheinend, Strawberry Press, Mill Valley (USA).

Evans, F. J., Edwards, M. C. (1987): Activity correlations in the phorbol ester series. Botanical Journal of the Linnean Society 94, 231–246.

Ewest, W., Dornig, V., Schmidt, C. (1996): Sukkulentenkultur im Freiland unter mitteleuropäischen Bedingungen. Die anderen Sukkulenten 28, 8–19.

Fourie, S. P. (1984): Threatened Euphorbias in the Transvaal. Euphorbia Journal 2, 75–90. **Bestimmungsschlüssel**.

Fourie, S. P. (1985): An Introduction to the succulent Euphorbias of the Transvaal, Part 1: Trees. Euphorbia Journal 3, 52–73.

Fourie, S. P. (1987): An Introduction to the succulent Euphorbias of the Transvaal, Part 2: Shrubs. Euphorbia Journal 4, 48–68.

Fourie, S. P. (1988): An Introduction to the succulent Euphorbias of the Transvaal, Part 3: Dwarf Shrubs I. Euphorbia Journal 5, 83–93.

Fourie, S. P. (1991): An Introduction to the succulent Euphorbias of the Transvaal, Part 4: Spineless Dwarfs. Euphorbia Journal 7, 103–116.

Gilbert, M. G. (1987): Two new geophytic species of *Euphorbia* with comments on the subgeneric grouping of its African members. Kew Bulletin 42 (1), 231–244.

Haage, W. (1976): Das praktische Kakteenbuch. 9. Auflage, Neumann, Radebeul.

Hargreaves, B. J. (1992): The Succulent Euphorbias of Botswana. Euphorbia Journal 8, 45–50.

Hargreaves, B. J. (1994): The Succulent Euphorbias of Malawi. Euphorbia Journal 9, 174–189.

Jacobsen, H. (1981): Das Sukkulentenlexikon. 2. Auflage, Fischer, Stuttgart and New York.

Jonkers, B. (1994): Distribution and habitat of Euphorbia in Oman. Euphorbia Journal 9, 30–62.

Knees, S. (1988): Plants in peril. Kew Magazine 5 (2), 88–92.

Koutnik, D. (1984): A brief taxonomy of the Euphorbia clava-loricata complex (Treisia). Euphorbia Journal 2, 39–50.

Koutnik, D. (1996): Making Sense of the succulent Spurges. Euphorbia Journal 10, 60–97.

Koutnik, D., van Jaarsveld, E. (1987): The succulent Euphorbias of the Cape Peninsula of South Africa. Euphorbia Journal 4, 77–91.

Krietsch, A. (1995): Kunstlicht als Zusatzbeleuchtung in Pflanzenkulturen. Kakteen und andere Sukkulenten 46 (2), 40–41.

Lavant, P., Suntjens, R. (1996): Euphorbias of La Gomera, Canary Islands. Euphorbia Journal 10; 32–59.

Leandri, J. (1946): Contribution à l'étude des Euphorbes de madagascar, X. Euphorbes du groupe Diacanthium. Notulae Systematicae XII, 156–164. **Bestimmungsschlüssel**.

Leandri, J. (1953): Les Euphorbes épineuses et coralliformes de Madagascar. Cactus. (Paris) 35, 141–146.

Leandri, J. (1962): Notes sur les Euphorbiacées Malgaches. Adansonia II, 220–223.

Marx, G. (1992): She may be symmetrical, but she's no square … Euphorbiaceae Study Group Bulletin 5 (1), 4–10; (zur Unterscheidung von *E. symmetrica*- und *E. obesa*-Sämlingen).

Marx, G. (1992): The succulent Euphorbias of the southeastern Cape Province, Part 1: Dwarf Species and smaller shrubs. Euphorbia Journal 8, 74–102.

Marx, G. (1994): The succulent Euphorbias of the southeastern Cape Province, Part 2: Shrubs and trees. Euphorbia Journal 9, 63–83.

Marx, G. (1996): Einige Bemerkungen zu Klima-Extremwerten in der Ostkap-Provinz Südafrikas. Die anderen Sukkulenten 27, 3–7.

Mitich, L. W. (1983): The subglobose Euphorbias. Euphorbia Journal 1, 33–44.

Morris, B. (1989): A practical note on pollination. Euphorbiaceae Study Group Bulletin 2 (2), 5–8.

Newton, L. E. (1992): An annotated and illustrated

checklist of the Succulent Euphorbias of West Tropical Africa. Euphorbia Journal 8, 112–122.

Oudejans, R.C.H.M. (1990): World Catalog of Species Names Published in the Tribe Euphorbieae (Euphorbiaceae) with their geographical distribution. Selbstverlag des Autors, Scherpenzeel.

Oudejans, R.C.H.M. (1993): World Catalog of Species Names Published in the Tribe Euphorbieae (Euphorbiaceae) with their geographical distribution. Cumulative Supplement I. Selbstverlag des Autors, Scherpenzeel.

Pax, F., Hoffmann, K. (1931): Euphorbiaceae. in: Engler, A., Harms, H. (Hrsg.): Die natürlichen Pflanzenfamilien. 2. Auflage, Band 19c: 207–223. W. Engelmann, Leipzig.

Peckover, R.G. (1991): *Euphorbia umfoloziensis* (*Euphorbiaceae*), a new species from central Natal. Aloe, 28 (2), 36–39. **Bestimmungsschlüssel**.

Pritchard, D., Pritchard, A. (1994): Conservation of the type locality of *Euphorbia obesa*. Euphorbiaceae Study Group Bulletin 7 (3), 139–141.

Rauh, W. (1978): *Euphorbia cap-saintemariensis* var. *vukarensis*, Rauh, var. nov. Cactus and Succulent Journal, Vol. L., 263–265.

Rauh, W. (1979): Die Grossartige Welt der Sukkulenten. Parey, Hamburg und Berlin.

Rauh, W. (Hrsg.) (1984): Anatomisch-biochemische Untersuchungen an Euphorbien. Tropische und subtropische Pflanzenwelt 45.

Rauh, W. (1985): Madagascarian Euphorbias: Life and growth forms, Part 1. Euphorbia Journal 3, 19–37.

Rauh, W. (1987a): Madagascarian Euphorbias: Life and growth forms, Part 2. Euphorbia Journal 4, 11–26.

Rauh, W. (1987b): New and little known Euphorbias from Madagascar. Cactus and Succulent Journal (U.S.) 59, 251–255.

Rizik, A.-F.M. (1987): The chemical constituents and economic plants of the Euphorbiaceae. Botanical Journal of the Linnean Society 94, 293–326.

Rogers, C.W. (1988): Leaf propagation of Euphorbiaceae. Euphorbiaceae Study Group Bulletin 1 (2), 17–19.

Rowley, G.D. (1987): Caudiciform and pachycaul succulents. Strawberry Press, Mill Valley.

Seigler, D.S. (1994): Phytochemistry and systematics of the Euphorbiaceae. Annals of the Missouri Botanical Garden 81, 380–401.

Singh, M. (1992): Succulent Euphorbias from India. Euphorbia Journal 8, 55–59.

Singh, M. (1992): Tuberous-rooted Euphorbias of India. Euphorbia Journal 8, 123–125.

Singh, M. (1994): Succulent Euphorbiaceae of India. Selbstverlag der Autorin, New Delhi. **Bestimmungsschlüssel**.

Sosath, S., Ott, H.H., Hecker, E. (1988): Irritant principles of the spurge family (Euphorbiaceae) XIII, Oligocyclic and macrocyclic diterpene esters from latices of some *Euphorbia* species utilized as source plants of honey. Journal of Natural Products 51 (6), 1062–1074.

Ursch, E., Leandri, J. (1954): Les Euphorbes malgaches épineuses et charnues du Jardin Botanique de Tsimbazaza. Mémoires de l'Institut Scientifique de Madagascar, Série B, Tome V. **Bestimmungsschlüssel**.

Walker, C.C., Thorburn, M. (1987): The Euphorbias of Gran Canaria, Canary Islands. Euphorbia Journal 4, 32–47. **Bestimmungsschlüssel**.

Walker, M. (1991): Germinating Euphorbiaceae. The Euphorbia Journal 7, 4–5.

Webster, G.L., Brown, W.V., Smith, B.N. (1975): Systematics of photosynthetic carbon fixation pathways in Euphorbia. Taxon 24, 27–33.

Wheeler, L.C. (1943): The Genera of the living Euphorbieae. The American Midland Naturalist 30, 456–503.

White, A., Dyer, R.A., Sloane, B.L. (1941): The Succulent Euphorieae (Southern Africa). 2 Bände, Abbey Garden Press, Pasadena, (Calif.). **Bestimmungsschlüssel**.

Wijnands, D.O. (1983): The Botany of the Commelins. Balkema, Rotterdam.

Williamson, G. (1996): The succulent Euphorbia species of the Richtersveld and southern Namib Desert (Sperrgebiet). Euphorbia Journal 10, 98–133. **Bestimmungsschlüssel.**

Wichtige Adressen

Deutsche Kakteen-Gesellschaft e.V.
Geschäftsstelle
Betzenriedweg 44
D–72800 Eningen unter Achalm

(Innerhalb der DKG existiert eine „Fachgesellschaft andere Sukkulenten e.V." mit einer Interessengemeinschaft Euphorbia, deren Anschriften über die Geschäftsstelle zu erfragen sind)

Gesellschaft Österreichischer Kakteenfreunde
Lazarettgasse 79
A-2700 Wiener Neustadt

Schweizerische Kakteen-Gesellschaft/Association Suisse des Cactophiles
Sekretariat
CH–5400 Baden

Brithish Cactus and Succulent Society
15 Brentwood Crescent
Hall Road
GB-York Y01 5HU

Cactus and Succulent Society of America
P.O.Box 35034
Des Moines
IA 50315–0301
USA

The Euphorbiaceae Study Group
11 Shaftesbury Avenue
Penketh
Warrington
GB-Cheshire WA5 2PD

Bildquellen

Farbfotos
Eberhard Morell, Dreieich: Titelfoto, Umschlagrückseite, Seite 11, 30
Alle anderen Aufnahmen stammen vom Autor.

Zeichnungen
Die Zeichnungen auf den Seiten 12, 25, 82, 109, 119, 127, 142, 143 und 151 fertigte Kerstin Heß, Stuttgart, nach Vorlagen aus der Fachliteratur.
Seite 9: *Euphorbia obesa*. Originalzeichnung: Connell, E. in The Flowering Plants of South Africa, 1940. Aus: Euphorbia Journal, Band 1,1983.
Seite 12: *Euphorbia caput-medusae*. Originalzeichnung: Burmann (1738): Rar. Afr. Plant., Aus: White, A., Dyer, R.A., Sloane, B.L. (1941): The Succulent Euphorieae (Southern Africa). 2 Bände. Abbey Garden Press Pasadena, Calif.
Seite 13: Formen von Dornenschildern und Nebenblattdornen. Originalzeichnung: Carter, S., Radcliff-Smith, A. (1988): Euphorbiaceae (Part 2). in: Polhill, R.M. (Hrsg.): Flora of Tropical East Africa. Balkema Rotterdam.
Seite 17: *Euphorbia officinarum*. Originalzeichnung: Dodonaeus (1583): Stirpium Historiae. Aus: Euphorbia Journal, Band 2.
Seite 18: *Euphorbia virosa*. Originalzeichnung: Paterson (1789): Narrative of Four Journeys. Aus: White, A., Dyer, R.A., Sloane, B.L. (1941): The Succulent Euphorieae (Southern Africa). 2 Bände. Abbey Garden Press, Pasadena, Calif.
Seite 19: Originalzeichnung: Blanc Katalog, Philadelphia, 1887. Aus: White, A., Dyer, R.A., Sloane, B.L. (1941): The Succulent Euphorieae (Southern Africa). 2 Bände. Abbey Garden Press, Pasadena, Calif.
Seite 25: Aufbau des Cyathiums. Nach: W. Rauh (1979): Die großartige Welt der Sukkulenten. Verlag Paul Parey, Berlin und Hamburg. 2. Auflage.
Seite 75: *Euphorbia asthenacantha*. Nach: Carter, S. (1982): New Succulent Spiny Euphorbias from East Africa. Hooker's Icones Plantarum, Vol. XXXIX, Part III.
Seite 76: *Euphorbia baioensis* Nach: Carter, S. (1982): New Succulent Spiny Euphorbias from

East Africa. Hooker's Icones Plantarum, Vol. XXXIX, Part III.

Seite 79: *Euphorbia bubalina*. Originalzeichnung: Letty, C., in The Flowering Plants of South Africa. Aus: White, A., Dyer, R. A., Sloane, B. L. (1941): The Succulent Euphorieae (Southern Africa). 2 Bände. Abbey Garden Press, Pasadena, Calif.

Seite 82: *Euphorbia cap-saintemariensis* var. *vukarensis*. Nach: Rauh, W., (1978): Euphorbia cap-saintemariensis var. Vukanrensis, Rauh, var. nov. Cactus and Succulent Journal, Vol. L., 263–265

Seite 83: *Euphorbia capuronii*. Nach: Ursch, E., Leandri, J. (1954): Les Euphorbes malgaches épineuses et charnues du Jardin Botanique de Tsimbazaza. Mémoires de l'Institut Scientifique de Madagascar, Série B, Tome V.

Seite 85: *Euphorbia clandestina*. Originalzeichnung: Jacquin (1804): Horti Caesari Schoenbrunnensis. Aus: Euphorbia Journal, Band 2, 1984.

Seite 92: *Euphorbia dichroa*. Nach: Carter, S. (1982): New Succulent Spiny Euphorbias from East Africa. Hooker's Icones Plantarum, Vol. XXXIX, Part III.

Seite 106: *Euphorbia grandicornis*. Originalzeichnung: Letty, C., in The Flowering Plants of South Africa 1937. Aus: White, A., Dyer, R. A., Sloane, B. L. (1941): The Succulent Euphorieae (Southern Africa). 2 Bände. Abbey Garden Press, Pasadena, Calif.

Seite 109: *Euphorbia horombensis*. Nach: Ursch, E., Leandri, J. (1954): Les Euphorbes malgaches épineuses et charnues du Jardin Botanique de Tsimbazaza. Mémoires de l'Institut Scientifique de Madagascar, Série B, Tome V.

Seite 112: *Euphorbia knobelii*. Originalzeichnung: Letty, C., in The Flowering Plants of South Africa 1934. Aus: White, A., Dyer, R. A., Sloane, B. L. (1941): The Succulent Euphorieae (Southern Africa). 2 Bände. Abbey Garden Press, Pasadena, Calif.

Seite 118: *Euphorbia meridionalis*. Nach: Carter, S. (1982): New Succulent Spiny Euphorbias from East Africa. Hooker's Icones Plantarum, Vol. XXXIX, Part III.

Seite 119: *Euphorbia millotii*. Nach: Ursch, E., Leandri, J. (1954): Les Euphorbes malgaches épineuses et charnues du Jardin Botanique de Tsimbazaza. Mémoires de l'Institut Scientifique de Madagascar, Série B, Tome V.

Seite 127: *Euphorbia pauliana*. Nach: Ursch, E., Leandri, J. (1954): Les Euphorbes malgaches épineuses et charnues du Jardin Botanique de Tsimbazaza. Mémoires de l'Institut Scientifique de Madagascar, Série B, Tome V.

Seite 130: *Euphorbia pillansii*. Originalzeichnung: Letty, C., in The Flowering Plants of South Africa 1929. Aus: White, A., Dyer, R. A., Sloane, B. L. (1941): The Succulent Euphorieae (Southern Africa). 2 Bände. Abbey Garden Press, Pasadena, Calif.

Seite 138: *Euphorbia samburuensis*. Nach: Carter, S. (1982): New Succulent Spiny Euphorbias from East Africa. Hooker's Icones Plantarum, Vol. XXXIX, Part III.

Seite 142: *Euphorbia stellata*. Originalzeichnung: Le Vaillant (1795): Second African Journey. Aus: White, A., Dyer, R. A., Sloane, B. L. (1941): The Succulent Euphorieae (Southern Africa). 2 Bände. Abbey Garden Press, Pasadena, Calif.

Seite 143: *Euphorbia stenoclada* . Nach: Ursch, E., Leandri, J. (1954): Les Euphorbes malgaches épineuses et charnues du Jardin Botanique de Tsimbazaza. Mémoires de l'Institut Scientifique de Madagascar, Série B, Tome V.

Seite 145: *Euphorbia tetracanthoides*. Originalzeichnung: Carter, S., Radcliff-Smith, A. (1988): Euphorbiaceae (Part 2). in: Polhill, R. M. (Hrsg.): Flora of Tropical East Africa. Balkema, Rotterdam.

Seite 146: *Euphorbia tortirama*. Originalzeichnung: Letty, C., in The Flowering Plants of South Africa 1937. Aus: White, A., Dyer, R. A., Sloane, B. L. (1941): The Succulent Euphorieae (Southern Africa). 2 Bände. Abbey Garden Press, Pasadena, Calif.

Seite 148: *Euphorbia trichadenia*. Originalzeichnung: Letty, C., in The Flowering Plants of South Africa 1928. Aus: White, A., Dyer, R. A., Sloane, B. L. (1941): The Succulent Euphorieae (Southern Africa). 2 Bände. Abbey Garden Press, Pasadena, Calif.

Seite 151: *Euphorbia tulearensis*. Nach: Rauh, W., (1978): Euphorbia cap-saintemariensis var. Vukanrensis, Rauh, var. nov. Cactus and Succulent Journal, Vol. L., 263–265

Register

(**Fettgedruckte Seitenzahlen** verweisen
auf die Beschreibung der Art,
Sternchen * auf Abbildungen)

Aeonium lindleyi 22
Agaloma 32
Aleurites fordii 20
Andere Sukkulenten 12
Anthacantha 29
Areole 10
Artenschutz 63 ff.
Aussaat 50 f.

Bedornung 13
Bestäubung 49
Bewurzelungshormon 52 f.
Biologische Bekämpfung 61
Blattgrund 8
Blattgrunddorn 13
Blattstecklinge 53
Blautafeln 60
Blüte 23
Blütenstand 26
Blütenstandsstiel 14
Botanische Systematik 23
Bundesartenschutzverordnung 66 f.

Caudexpflanzen 38
Chamaesyce 28
Christusdorn 118
CITES-Abkommen 65 ff.
Cristate 38
Cyathium 24 ff., 25*
Cyathophyll 25
Cymen 26

Dactylanthes 29
Dodonaeus 17
Dornenblüher 35
Dränagematerial 42, 46
Dreidorner 34
Düngung 43

Eindorner 34
Empfindliche Arten 47 f.
Endadenium 23, 26
Elaeophorbia 23, 27

– gossweileri 23
Eremophyton 28
Erscheinungsformen, Gliederung 27 ff.
Espinosae 28
EU-Artenschutzverordnung 65 f.
Euphorbia 12, 23, 26 ff.
– abdelkuri 9, 10*, 32, **69**
– abyssinica 19
– actinoclada 70
– aequoris 48
– aeruginosa 13, 52, **70**, 70*, 115
– aggregata **71**, 71*, 97
– albipollinifera 71
– alfredii 25, 37*, 38, **72**
– alluaudii 71*, **72**
– ssp. alluaudii 72
– ssp. oncoclada 72
– ambovombensis 55, 66, **72**, 74*
– anachoreta 66
– angustiflora 34, **73**
– ankarensis 32, 38, 53, 66, 72, **73**, 74*
– antiquorum 18 f., 22, 32
– antisyphilitica 20, 25, 25*
– aphylla 29, 30*, 34, **73**
– appariciana 32
– arida 74
– asthenacantha 13, **74**, 75*
– atropurpurea 28, 33*, 34, **75**
– atrospina 93
– atrox 48
– aureoviridiflora 2*, **75**
– avasmontana 45*, **76**
– – var. sagittaria 76
– baioensis **76**, 76*
– ballyana 76
– balsamifera 18, 28, 30*, 34, 52, 66, **77**, 78
– ssp. adenensis 77

– ssp. balsamifera 77
– baroensis 29
– beharensis 77
– bongolavensis 77
– bourgeauana 34, **77**
– bravoana 34, 75, **78**
– brevitorta 53, **78**
– brunellii 48, **78**
– bubalina 35, **79**, 79*
– bupleurifolia 25*, 29, 35, 36*, 52, 66, **79**
– buruana 80
– bussei 80
– – var. bussei 80
– – var. kibwezensis 13*, 80
– cactus **81**, 81*
– – var. aureo-variegata 81
– – var. tortirama 81
– canariensis 11*, 18 f., 34, 54, **81**
– cap-manambatoensis 75, **82**
– cap-saintemariensis 55, **82**, 82*, 84*
– capuronii **83**, 83*
– cereiformis 35, **84**
– clandestina **84**, 85*
– classenii 85
– clava 18, 29, 84
– caput-medusae 6*, 12*, 20, 29, 35, 52, **83**, 135
– clavarioides 22, 48, **85**
– candelabrum 13*, 22, 54
– – var. clavarioides 85
– – var. truncata 85
– clavigera 86
– clivicola 86
– coerulescens 86
– colliculina 99
– colubrina 48, **87**
– columnaris 48, 54
– complexa 115
– confinalis 52
– cooperi 17, 20, 22, **87**, 104

– – var. calidicola 87
– – var. cooperi 87
– crassipes 87
– cremersii 48, 54, 66, **88**
– – f. viridifolia 88
– crispa 46, 48, 66, **88**, 88*
– croizatii 89
– cuneata 28
– cuneneana 48
– cylindrica 84, **89**
– cylindrifolia 53, 66, 89*, **90**
– – ssp. cylindrifolia 90
– – ssp. tubifera 90
– dauana 34, **90**
– davyi 90
– debilispina 90
– decaryi 32, 54, 66, 73, **91**
– – var. spirosticha 91
– decepta 74, 88
– decidua 54, **91**
– desmondii 22
– dichroa **92**, 92*
– didiereoides 32, **92**, 93*
– dregeana 19
– duranii 93
– eilensis 48
– elegantissima 140
– ellenbeckii 48
– enopla 93
– – Komplex 45*, **93**
– enormis 93*, **94**
– enterophora 29, 38, **94**
– – var. crassa 94
– epiphylloides 12
– esculenta 20, **94**, 99
– espinosa 29, **95**, 96*
– eyassiana **95**, 96*
– fasciculis 48
– fasciculata 95
– ferox 56, **96**, 96*
– fianarantsoae 97
– fiherenensis 38, 48
– fimbriata 97
– fissispina 48, 102

- *flanaganii* 29, 35, **97**, 98*
- *fluminis* 48
- *fortuita* 48, 95, **99**
- *fractiflexa* 81, **99**
- *franckiana* 87, **99**
- *francoisii* 52 f., 64, 66, **100**, 102
- *friedrichiae* 48
- *fruticosa* 55
- *fusca* 48, 88, **100**
- *fusiformis* 48
- *galgalana* 100
- *gariepina* 48
- *gemmea* 34, 48, **101**
- *genistoides* 12
- *genoudiana* 101
- *gentilis* 48, 111
- *globosa* 29, 35, **101**
- *glochidiata* 13*, 14 , 31*, 32, 34, **102**
- *golisana* 48, 54
- *gorgonis* 22, 29, 35, 37*, 72, **102**
- *gottlebei* 103
- *graciliramea* 13*, **103**
- *grandialata* 103
- *grandicornis* 13, 34, 55, **104**, 106*
- *grandidens* 19*
- *graniticola* 34, **104**
- *grantii* 28, 122
- *greenwayi* 34, 36*, **105**
- *griseola* 17, 115
- – ssp. *mashonica* 52
- *groenewaldii* 53
- *guillauminiana* 48, 66, **105**
- *gymnocalycioides* 48, 66
- *hadramautica* 48, 80, **105**
- *hallii* 48
- *hamata* 13, 20, 35, **105**
- *handiensis* 19, 65 f., **106**, 107*
- *hedyotoides* 106
- *helioscopia* 12
- *heptagona* 93
- *heterochroma* 108
- *heterospina* 108
- – ssp. *baringoensis* 13*
- *hofstaetteri* 108
- *horombensis* **108**, 109*
- *horrida* 29, 35, 45*, **109**
- – var. *striata* 109
- *horwoodii* 48
- *hottentota* 109

- *hypogaea* 48
- *iharanae* 75
- *inconstantia* **110**, 110*
- *inermis* 35, 45*, 95, 99, **110**
- *ingens* 19 f., 22, 54, 87
- *isacantha* 34, **110**
- *jansenvillensis* **111**, 133
- *juglans* 133
- *juttae* 34, 48, **111**
- *kamerunica* 22
- *keithii* 111
- *knobelii* **112**, 112*
- *knuthii* 52, **112**
- *kondoi* 48, **112**
- *lactea* 19*, **113**
- *laikipiensis* 103
- – ssp. *regisjubae* 16
- *lambii* 65
- *lathyris* 12
- *leandriana* 103
- *ledienii* 20, 87
- *leontopoda* 80
- *leuconeura* 35, 37*, **113**
- *lignosa* 15, 33*, 34, 48, **114**
- *longituberculosa* 28, 48
- *lophogona* 32, **114**
- – var. *tenuicaulis* 114
- *loricata* 52
- *louwii* 70, **114**
- *lydenburgensis* 108, **115**
- *magnicapsula* 80, **115**
- *mahafalensis* 101, **115**
- *maleolens* 35, 90, **116**, 116*
- *mammillaris* 29, 35, 55, 97, **116**
- *matabelensis* 95
- *mauritanica* 18, 19
- *melanohydrata* 48
- *meloformis* 26, 29, 35, 36*, **117**
- *meridionalis* 102, **117**, 118*
- *micracantha* **118**, 141
- *milii* 22, 25, 31*, 32, 52, **118**
- – var. *bevilaniensis* 118
- – var. *breonii* 55, **119**
- – var. *hislopii* 55, **118**
- – var. *longifolia* 118
- – var. *milii* 119
- – var. *roseana* 119
- – var. *splendens* 119
- – var. *tananarivae* 119
- – var. *tenuispinosa* 118

- – var. *vulcanii* 119
- *millotii* 38, 53, 66, **119**, 119*
- *misera* 119
- *monacantha* 34, **120**, 120*
- *monadenioides* 48
- *monteiri* 25*, **120**, 121*
- *moratii* 48, 54 f., 66, 88, **122**
- – var. *moratii* 122
- – var. *multiflora* 122
- *mosaica* 48, 54
- *multiceps* 48, 66
- *multiclava* 48, 54
- *multiramosa* 48
- *mundtii* 48
- *namaquensi* 48, 66
- *namibensis* 48
- *napoides* 105
- *neobosseri* **122**
- *neohumbertii* 25, 35, 66, 76, **122**, 124*
- *neriifolia* 16, 18, 19*, 22, **123**, 124*
- *nesemannii* 97, **123**
- *nivulia* 18
- *obesa* 8, 9*, 12, 29, 35, 37*, 52, 55, 64, **123**
- *odontophora* 124
- *officinarum* 16 ff., 17*, 19, **125**, 125*
- – ssp. *beaumieriana* 125
- – ssp. *echinus* 125
- – ssp. *officinarum* 125
- *oncoclada* 52
- *opuntioides* 12, **125**, 125*
- *ornithopus* 29, 35, 36*, 102, **126**
- *oxystegia* 79
- *pachypodioides* 12, 53, 66, **126**
- *parciramulosa* 126
- *parvicyathophora* 66, 82
- *pauliana* 26, **127**, 127*
- *pedemontana* 106, **127**
- *pedilanthoides* 12, 66, 113, **128**
- *peltigera* 13, 14*, 106, **128**
- *pentagona* 84, 110, **129**
- *peplus* 12
- *perangusta* 112, 128*, **129**
- *persistens* 129
- *persistentifolia* **130**, 130*

- *petrea* 130
- *phillipsiae* 48
- *phosphorea* 34, 134
- *pillansii* 15, 130*, **131**, 131*
- *piscidermis* 35, 48, 52, 54, 55*, 66, **131**
- *platycephala* 38, 46, 48
- *platyclada* 131*, **132**
- – ssp. *platyclada* 52
- – var. *hardyi* 132
- *poissonii* 22
- *polyacantha* **132**, 134*
- *polygona* 35, 84, 109 f., **132**
- *primulifolia* 38, 46, 48, 54f, **133**, 134*
- *pseudocactus* 133
- *pseudoduseimata* 48
- *pseudoglobosa* **133**, 134
- *pseudotuberosa* 48, 149
- *pteroneura* 32, **134**, 135*
- *pugniformis* 18, 35, **135**
- *pulvinata* 71, 97, **107**
- *quadrangularis* 48
- *quardispina* 48, **136**
- *quartziticola* 66, 133
- *resinifera* 16, 19, **136**, 138*
- – var. *chlorosoma* 136
- *restituta* 22
- *restricta* 94, **136**
- *richardsiae* 137
- *rivae* 28, 48
- *rossii* 137
- *royleana* 137
- *rubella* 48
- *rudis* 48
- *sakarahaensis* 138
- *samburuensis* **138**, 138*
- *sarcodes* 32
- *saxorum* 48, **139**
- *scatorrhiza* 28
- *scheffleri* 28
- *schinzii* 70, 115
- *schizacantha* 48
- *schoenlandii* 29, 30*, 48, 95, **139**
- *septentrionalis* 13*, **140**
- *serendipita* 140
- *silenifolia* 48, 88, **140**
- *similiramea* 103, 139*, **140**
- *sipolisii* 34, 135, **141**
- *spinea* 114
- *squarrosa* 32, 34, 38, 66, **141**

- *stapelioides* 13, 48
- *stapfii* 108
- *stellaespina* 14*, 15, 29, 48, 131, **141**
- *stellata* 38, 141, **142**, 142*
- *stenoclada* 15, 29, 38, 52, **142**, 143*
- *submamillaris* 97, **143**
- *subsalsa* 48
- *sudanica* 22
- *susannae* 29, 31*, **143**
- *symmetrica* 35, 124, **144**
- *taruensis* 34, 74, **144**
- *tenuispinosa* 13, 74*, **144**
- – var. *robusta* 145
- *tetracantha* 145
- *tetracanthoides* **145**, 145*
- *tetragona* 20, 22
- *tirucalli* 18f., 19*, 22, 29, **146**
- *tortirama* 53, **146**, 146*
- *transvaalensis* 28, **147**
- *trapifolia* **147**, 147*
- *triaculeata* 34
- *triangularis* 19f, **148**
- *trichadenia* 28, 66, **148**, 148*
- *tridentata* 101, 126, **149**
- *trigona* 18, 34, 55, **149**
- *tuberculata* 149
- *tuberosa* 48
- *tubiglans* 111, 133, **150**, 150*
- *tugelensis* 79
- *tulearensis* 66, 82, **150**, 151*
- *turbiniformis* 35, 48
- *uhligiana* 13*, **151**, 151*
- *umfoloziensis* 151
- *uniglans* 28
- *unispina* 13, 34, 48
- *vaalputsiana* 111
- *valida* 35, 117, **152**, 154*
- *vandermerwei* 152
- *venenifica* 34
- *verruculosa* 48
- *viguieri* 14, 25, 31*, 32, 35, 52, 66, **152**
- – var. *ankarafantsiensis* 153
- – var. *capuroniana* 153

- – var. *tsimbazazae* 152
- – var. *vilanandrensis* 153
- *virosa* 18*, 20, 109, **153**, 154*
- *vittata* **153**, 155*
- *wakefieldii* 13*
- *weberbaueri* 32, 34, 134, 154
- *wildii* 154
- *woodii* 135
- *xylacantha* 120
- *xylophylloides* 37*, 38, 94, **155**
Euphorbiaceae 23
Euphorbiaceae Study Group 65
Euphorbus 16

Federbuschstrauch 34
Fettsäureester 61
Fingerblüher 35
Flügelripper 34
Frucht 26, 50

Gabeldorner 34
Gelbtafeln 60
Geophyt 8
Gießen 44
- Regeln 46
Gliederbäumchen 33
Goniostema 32
Gummi Euphorbium 16, 19

Hevea brasiliensis 19
Hippocrates 16
Hochblatt 24f
Honigdrüse 25

Infloreszenzdorn 14
Involucrum 24

Jatropha 23, 27

Kakteen 10, 15
Kanteneuphorbie 35
Keimfähigkeit 51
Kleinia anteuphorbium 22
König Juba II 16
Konvergenz 10
Koralleneuphorbie 38
Krankheiten 56ff.
Kultur 39ff.

Kulturhistorische Bedeutung 16ff.

Lacanthis 32
Licht 41
Linné, Carl v. 16ff., 26
Lyciopsis 28f

Manhiot glaziovii 20
Manhiot utilissima 20
Medusea 29
Medusenhaupt-Euphorbie 35, 53
Mehltau 56
Meleuphorbia 29
Meloneneuphorbie 35
Milchsaft 10, 16, 19f., 54
Miniatur-Schopfrosettenbaum 35
Monadenium 23, 26
Morphologie 23ff.
– Blüte 23ff.
– Früchte 26

Nebenblattdornen 13
Nematoden 60
Nützlinge 62

Pedilanthus 23, 26
Pflanzenleuchte 41
Pflanzenschutz 56ff.
– Behandlungsmethoden 60ff.
– Pflanztopf 44
Pfropfen 54
Plinius der Ältere 16
Pseudomedusea 29
Pteroneura 32
Pyrethroide 61
Pyrethrum 61

Ricinus communis 20
Rote Spinne 60
Ruheperiode 44

Samen 26
Samenernte 50
Säuleneuphorbie 38
Schachtelhalmbrühe 61
Schädlinge 56ff.
Scheindorn 15
Schmierläuse 58
Schmierseifenlösung 61
Senecio anteuphorbium 22
Somalica 28

Spinnmilben 60
Spitzentrockenheit 57
Sproßdorn 15
Spurenelement-Dünger 43
Stecklinge 38, 52f.
Stecklingsschnitt 52
Sterilisation 50
Stipulardornen 13
Substrat 42f., 53
Sukkulente 8ff.
Synadenium 23, 27

Temperatur 47, 51, 53
Theophrast 16
Thripse 59
Tithymalus 28
Tirucalli 29
Trauermücken 59
Treisia 29
Trichadenia 28
Two-step-cutting-method 53

Überwinterungstemperatur 47
Umtopfen 43
Untergattungen 28ff.
Unterlage 54

Verdunstungsschutz 9
Vermehrung 49ff.
– Aussaat 49ff.
– Stecklinge 52ff.
– Propfen 54f.
Vierdorner 34
Volksmedizin 21f.
Volldünger 43

Wärmebehandlung 61
Warzenzweigige 35
Washingtoner Artenschutzübereinkommen 65f.
Wasserversorgung 44, 46
Weiße Fliege 57
Wolläuse 58
Wuchsformen 32ff.
Wurzelfäule 56
Wurzelläuse 58
Wolfsmilchgewächse 12, 23

Zweidorner 34
Zweigsteckling 53